高等学校规划教材

化学史
简明教程

韩福芹　陈大树　编

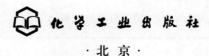
化学工业出版社

·北京·

内 容 简 介

《化学史简明教程》共分 7 章。本着厚今薄古的原则，少讲古代，适当多讲近代和现代的化学发展。对古代化学、近代化学和现代化学发展过程中的具有里程碑意义的重大事件、重大发现、重要化学理论的形成、发展和影响，以及著名化学家对化学发展做出的贡献进行了比较系统的阐述和介绍。

《化学史简明教程》内容丰富，资料翔实，通俗易懂，可作为高等院校化学、化工等专业学生的化学史教材，也可供化学工作者自学参考。

图书在版编目（CIP）数据

化学史简明教程/韩福芹，陈大树编. —北京：化学
工业出版社，2021.5（2024.1重印）
　高等学校规划教材
　ISBN 978-7-122-38595-6

Ⅰ.①化…　Ⅱ.①韩…②陈…　Ⅲ.①化学史-世界-
高等学校-教材　Ⅳ.①O6-091

中国版本图书馆 CIP 数据核字（2021）第 035024 号

责任编辑：刘俊之　　　　　　　　文字编辑：陈　雨
责任校对：宋　玮　　　　　　　　装帧设计：韩　飞

出版发行：化学工业出版社（北京市东城区青年湖南街 13 号　邮政编码 100011）
印　　刷：三河市航远印刷有限公司
装　　订：三河市宇新装订厂
787mm×1092mm　1/16　印张 13¼　字数 285 千字　　2024 年 1 月北京第 1 版第 3 次印刷

购书咨询：010-64518888　　　　　　售后服务：010-64518899
网　　址：http://www.cip.com.cn
凡购买本书，如有缺损质量问题，本社销售中心负责调换。

定　　价：39.00 元

前言

《化学史简明教程》是为了适应我国化学教育发展的需要，为化学及相关专业的学生学习化学史课程而编写的，同时对化学工作者也有一定的参考价值。

开设化学史课程是改革化学相关专业课程结构的一项内容。科学家、特别是一流的大科学家非常重视科学史。美、英、日、德等国都开设科学史和专科史课程。我国老一辈的化学家、教育家也很重视化学史的教育。近年来，师范院校化学系几乎都开设了化学史课程。我国老一辈的化学家丁绪贤先生认为学习化学史有以下益处：

（1）打破狭窄的专业局限，统观化学全局，扩充眼界；

（2）养成看问题的发展观点和正确历史观；

（3）从根本上给人们一种训练，提供化学知识的稳固基础；

（4）从前人成败中取得借鉴，观往知来，从前人那里继承优秀遗产。

我国著名化学家傅鹰曾说："一门科学的历史是那门科学中最宝贵的部分，化学给我们知识，化学史给我们智慧"。以史为镜，可以使人耳聪目明。

本书是在参考国内外有关化学史方面的书籍的基础上，结合多年的教学实践编写而成。全书共分 7 章，包括绪论、化学知识的萌芽与积累、近代化学的诞生、近代化学的发展、现代化学的建立、现代化学的全面发展、近代和现代的中国化学、现代化学的发展趋势。本书分古代、近代和现代三个时期介绍并分析了化学史上重要化学理论观念的形成过程和影响，对著名化学家对化学发展做出的贡献也进行了比较详细的介绍。

本书在编写过程中得到东北林业大学化学化工与资源利用学院无机化学教研室同事们的大力支持，也得到东北林业大学重点专业建设基金资助，在此表示衷心感谢。

限于编者水平，本书中一定会有不当之处，恳请广大读者批评指正，编者将不胜感激。

编者
2020 年 12 月

目 录

第3章　近代化学的发展　　52

绪论

0.1 化学史的研究内容

　　化学史是科学史的一个分支。科学史是人类在长期社会实践活动中，关于自然知识的系统的历史的描述。化学史则是人类在长期社会实践过程中，对大自然化学知识的系统的历史的描述。因此，化学史不是纯粹的自然科学，而是自然科学与历史科学相互交叉形成的一门特殊的历史科学。它通过化学发展过程中的历史现象或历史事件、重大化学发现或成果的孕育、形成、发展、传播和影响来探讨化学知识本身产生和发展的条件、原因及其社会作用，以揭示化学科学发展的规律。其中，化学发展过程中的现象、事件、发现或成果是化学史研究的前提和基础，化学发展过程、化学知识本身产生和发展的条件、原因及社会作用是化学史研究的内容，揭示化学发展的规律是化学史研究的结果和目的，也是化学史研究所要追求的目标。因此，化学史是研究化学历史发展过程与发展规律的科学。

　　化学史也是化学的一个分支学科，与化学的其他分支学科有区别，也有联系。化学的其他分支学科，以讲授知识的理论和现状为目的，随着学科的不断发展更新其内容。化学史则不然，它是从化学发展的历史角度，从纵的方向上，阐述从化学的萌芽开始，经过漫长的岁月，怎样发展成为现代化学的历史过程，即化学怎样产生、发展和繁荣起来的全过程的系统阐述。

　　化学史书的体裁各有不同，化学史家的分期也不尽相同。本书遵循厚今薄古的原则，少讲古代，适当多讲近代和现代的化学发展，为了分期简明，划分为古代化学时期、近代化学时期和现代化学时期：17世纪中叶以前为古代化学时期，17世纪中叶～19世纪末为近代化学时期，19世纪末20世纪初以来为现代化学时期。

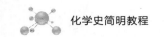

0.2　学习化学发展史的意义

学习和研究化学史的重要意义早已被化学家和化学史家深刻理解。学习和研究化学的目的是为了掌握化学变化的规律，提取或合成有用的产品，为人类造福。学习和研究化学史的目的是为了更好地学习和研究化学，更好地实现为人类造福的目标。具体来说，学习化学史有以下几方面的积极意义。

（1）学习化学史，有助于科学精神的培养

科学发现三要素：科学知识是基础，科学精神是保证，科学思想方法是灵魂。

例如，尽管瑞典化学家舍勒和英国化学家普利斯特里在 1773 年和 1774 年已分别独立制得了氧气，但是，法国化学家拉瓦锡才真正揭示了氧的本质和意义，建立了氧化燃烧理论。拉瓦锡之所以能超越同时代化学家取得重大成功的一个重要原因，就是因为他充满了生机勃勃的创造意识和批判精神，他思想解放，不受传统观念束缚，重视在实践基础上的理论思维。

1774 年，普利斯特里本来发现了能使化学领域发生一场革命的氧元素，但是，由于他受陈旧燃素说的思想束缚，硬把新发现的事实套入到旧理论的框框中，认为是发现了脱燃素空气，因而也就"在真理碰到鼻尖上的时候还是没有得到真理"，不仅如此，在二十年后还是坚持错误不放。相反，拉瓦锡不迷信权威和教条，座右铭是："不靠猜想，而要根据事实。"强调"一切都要从事实出发"，对于有声望的前辈化学家所做过的实验和得出的结论，也不肯轻易相信，而要自己动手重新做实验，推翻了燃素说，实现了化学上的一场深刻革命。从普利斯特里的失败和拉瓦锡的成功，我们能够看到：具有科学精神对于科学发现是何等重要，只有具有科学精神，才能找到科学真理。

（2）学习化学史，有助于掌握正确的科学方法

掌握正确的科学方法之一就是善于借鉴别人的经验、方法。化学史不仅是各种化学观念材料的来源，而且还是继承化学传统的一种重要手段。在科学家们的实验记录、研究总结、回忆录、书信、手稿和讲演报告中，必然蕴含着各种化学观念、化学方法以及方法论等方面的第一手宝贵资料。如英国物理学家卢瑟福在巴黎的一次科学报告中预言了中子的存在，法国著名的物理学家约里奥·居里夫妇因为没有参会，导致虽然他们在实验中发现了中子，但是错误地解释为是高能 γ 射线，错过了发现中子的机会。而卢瑟福的学生、年轻的英国物理学家查德威克在得知了约里奥·居里夫妇的实验结果后，马上意识到这是他的老师卢瑟福预言的中子所产生的实验结果，马上重复这个实验，宣布发现了中子，并因此获得诺贝尔奖。而约里奥·居里夫妇失去了一次获得诺贝尔奖的机会。这个事例告诫人们要注意借鉴别人的经验、方法。

（3）学习化学史，有助于培养为科学献身的精神和严谨治学的态度

化学理论的建立、化学元素和物质的发现都不是一帆风顺的。例如，1898 年，居里夫妇发现一种新元素——放射性元素钋（Po），命名为钋（即"波兰"的意思）。之后，他们又从铀矿中提炼出一种钡化合物，浓缩后又得到一种新的放射性元素，它的放射性比纯铀强 900 倍，所以居里夫妇又宣布第二种新元素镭的发现。有人说"没有原子量，就没有镭，镭在哪里？"面对这种挑战，居里夫人没有退缩，而是决定从矿物中把镭提炼出来。购买价格便宜的提炼过铀的残渣，借了理化学校的一个破木棚，在这样艰苦的条件下，夜以继日地辛勤工作 4 年，1902 年，居里夫人终于从 8 吨沥青铀矿中提炼出 1 克氯化镭，初步测定它的原子量是 225，直到 1910 年，经过长达 12 年不屈不挠的研究工作，终于提炼出纯镭。这种为科学献身的精神和严谨治学的态度激励了无数化学工作者在崎岖的科学之路上不断攻克难关前行。

（4）学习化学史，有利于培养人才的合理知识结构和独立工作能力

一个化学工作者，如果不了解化学的历史，他的知识结构是不完全的，就像一位论文作者不了解论文题目的由来一样，做出的论文也绝不会是一流的。所以培养现代化学人才，要提倡学习化学史。无论是做毕业论文，还是将来从事科学研究，学习化学史，可以将全部化学连贯起来通盘考察其成功与失败的原因，分析和比较各种方法的优劣，寻求研究问题的方法和规律，尽可能少走弯路。

从事化学教育，作教师，要有广博的知识，才能适应目前素质教育的需要。学习化学史，了解了化学发现的情节和进程，能够说明一个化学的难题是怎样一步一步得到解决的，把问题放到历史发展的长河中去追本溯源，或从概念的起源加以探索，这样的授课才能调动学生的学习主动性、研究性，提高学习兴趣。

例如，讲到电离的概念"电解质溶解于水或受热熔化时离解成自由移动的离子的过程"时，讲出电离理论的提出过程：阿仑尼乌斯提出电离理论时遭到门捷列夫为首的大化学家们的反对，按照经典电化学理论，电解质通电后才有可能发生分离，怎么能自动分离呢？电解和电离本质没理解，这是当时化学家们犯的错误，也是现在的学生理解易出现问题的地方。此外，当时的化学家们还认为，如果能发生电离，那么像氯化钠水溶液中会自动出现金属钠和具有毒性的氯气，而事实没有，这是因为没有弄明白分子、原子和离子间的本质差别，从而又犯了一个错误。这样的讲解，不仅提高学习兴趣，还加深了学生对问题的理解。

（5）学习化学史，有利于培养学生自觉的唯物主义观点

化学，简单地说是研究物质变化的科学，化学发展的本身充满了辩证法。化学史是人类认识自然界中化学现象的发展史，贯穿了辩证唯物主义和历史唯物主义。在化学发展过程中不免出现错误的或唯心主义的认识问题的观点和方法，但是在发展过程中，最终都是唯物主义取得胜利。对于化学理论的建立、完善和发展及在化学史上的积极意义和局限性的分析与说明，有利于培养学生的辩证唯物主义和历史唯物主义观点。

0.3　化学发展史课程开设的现状

科学史的史实告诉我们，科学家、特别是一流的大科学家非常重视科学史。1904

年，法国著名科学家郎之万首先倡导在自然科学教学中运用历史的方法。此后，美国化学会会长和哈佛大学校长等人又进一步论述了它的必要性。美、英、日、德、苏联等的高校都开设科学史和专科史课程。日本著名化学教育家山冈望身体力行，在长达六十年之久的教育生涯中，坚持了化学、化学史、化学教育相结合的"三位一体"的原则，受到日本政府的奖励。我国老一辈的化学家、教育家也很重视化学史的教育，早在 20 世纪 30 年代，丁绪贤先生就首先在北大开设化学史课，20 世纪 50 年代，袁翰青先生在北师大开设化学史课，近来，师范院校化学系几乎都开设了化学史课程。

丁绪贤先生认为：研究科学史就是发展科学、改进科学教育的有力手段。他认为学习化学史的益处有：

（1）打破狭窄的专业局限，统观化学全局，扩充眼界；

（2）养成看问题的发展观点和正确历史观；

（3）从根本上给人们一种训练，提供化学知识的稳固基础；

（4）从前人成败中取得借鉴，观往知来，从前人那里继承优秀遗产。

我国著名化学家傅鹰也说："一门科学的历史是那门科学中最宝贵的部分，化学给我们知识，化学史给我们智慧"。"它山之石，可以攻玉"。以史为镜，可以使人耳聪目明。

化学史这一学科已显示出它的强大生命力，它告诉我们，虽然历史上的化学已成为过去，但是，化学的历史中蕴涵的具有生命的精神传统却将永存。

第 1 章

化学知识的萌芽与积累

在古代，化学没有具体的研究对象，没有严格的化学概念，更谈不上化学理论，因而科学的化学也不存在，化学在这一时期主要以知识的形态存在着、积累着。古代的化学，虽然经历了漫长的岁月，但是知识积累得缓慢、分散，使化学始终处于萌芽状态。尽管这些化学知识很肤浅，但却是古代化学思想的主要依据，是化学历史长河的源头，是化学科学的历史起点，是化学史的重要构成部分。这个时期的化学知识主要来源于四个方面。一是原始实用化学，指的是古代的化学工艺，如陶瓷、玻璃、冶金等。二是原始理论化学，指的是古代的化学观念。三是炼金术，化学的原始形式，也是古代化学发展的最高形式。四是医药化学和冶金化学，它们在从炼金术到科学化学的转变中起了桥梁作用。

1.1 古代的化学工艺

1.1.1 化学史的发端

科学的发生和发展是由生产决定的。古代化学就是在生产实践中孕育和诞生的。人类在长期的观察、实践和思索中首先认识了火，并有意识地控制、利用火。摩擦取火是人类利用摩擦所创造的高温条件来支配火这种化学运动的表现，是最原始的化学技艺。取火方法的发明是人类历史上一件划时代的大事。恩格斯对此曾评价："就世界性的解放作用而言，摩擦生火还是超过了蒸汽机，因为摩擦生火第一次使人类支配了一种自然力，从而最终把人同动物分开。"自从发明了人工取火的方法，人类就得到了用火的自由，为实现一系列化学变化打开了方便之门。古代化学工艺是以人类学会用火为中心

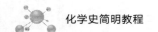

的。利用火，人类可以实现许多有用的物质变化；利用火，人们学会了烧制陶瓷、冶炼金属、酿制酒醋和染色等。随着火的应用，处于原始状态的古代化学胚胎也就孕育其中了。化学的历史作为一门学问，几乎与人类的历史一样悠久。可以说，人类学会使用火，就开始了最早的化学实践活动，标志着化学史的发端。

1.1.2 陶瓷和玻璃

陶器的制造是新石器时代开始的重要标志，是古代文明的直接载体。制陶技术是人类掌握的第一项化学工艺技术，给人类的生活带来很大的变化，具有重要的意义。这项化学工艺技术大约发明于一万年以前的新石器时代早期。迄今我们看到的最早的陶器出土于我国江西、陕西等地，西亚地区出土的陶器也有八千多年的历史。其发展主要经历了以下几个阶段。

（1）夹砂红陶阶段

夹砂红陶阶段出现在一万年以前。1962年，在江西省万年县发现了一个新石器时代早期的洞穴，从中发现残陶片90余片，全是夹砂红陶，质地粗糙，不均匀地掺杂有大小不等的石英粒，质松易碎，胎色以红褐色为主，兼有红、灰、黑三色，这是火候低、受热不均匀造成的。陶片薄厚不等，器内壁凹凸不平，明显看出是手捏而成。这些都反映了当时制陶技术与人类的其他文明一样具有原始性。

（2）彩陶阶段

彩陶阶段出现在距今约五六千年前的仰韶文化时期。这时的制陶技术已有相当大的进步，陶器烧制已普遍采用陶窑，使高温条件进一步提高。陶器不仅在选择原料、成型和烧成方面取得了一定成就，在装饰上也有重要的发展。仰韶时期的细泥彩陶最有名，它代表了当时制陶工艺的最高水平，所以考古学家就把仰韶文化称为彩陶文化。彩陶的表面呈红色，经过磨光，绘有美丽的图案。彩绘是把有色的天然矿物涂绘在陶坯上，通常红色的是用赭石即赤铁矿，黑色的是用含铁锰较高的红土，烧制时，陶土中的铁被充分氧化，成品多呈红色或红褐色，因此仰韶文化中红陶居多。

（3）黑陶阶段

黑陶阶段出现于四千多年前的龙山文化时期。1931年，在山东章丘县龙山镇城子崖发现了新石器时代晚期的龙山文化，发现其制陶技术较之仰韶文化时期有了明显的进步。在龙山文化遗址中出土的黑陶，不仅制作精美，而且陶坯在入窑前被磨光，薄薄的被称为"蛋壳陶"。这种薄胎黑陶在将烧成时用泥封窑，采用徐徐加水的方法降低温度，使窑内缺氧，陶器在还原焰中焙烧，使陶土中的氧化铁还原成四氧化三铁，从而得到漂亮的黑陶。

（4）白陶阶段

白陶阶段出现在三千多年前的商代。这一时期，陶器品种增多，既有一般的红陶、灰陶，又有精美的黑陶，还出现了少量的白陶。白陶的原料是高岭土，尽管当时白陶产品少，但在制陶用料上是一次重要的突破，为发明瓷器奠定了基础。

（5）釉陶阶段

商代在陶器制作中出现了一个重要成就，这就是发明了施釉技术，开始出现釉陶，即在陶器的外表涂一层釉，这样陶器表面不仅光滑美观，更重要的是不透水，便于洗涤和使用。据分析，商周时代使用的釉是石灰釉，它是由石灰石或方解石等碳酸盐加上一定量的黏土和其他物质配制成的。其中氧化钙是釉的助熔剂，硅是釉的主体，铁和铜是釉料的着色剂。到了汉代，出现了以黄丹（PbO）、铅粉 $[2PbCO_3 \cdot Pb(OH)_2]$ 作为基本助熔剂的铅釉，因为它在 700℃ 左右熔化，传统上称之为低温釉。低温铅釉以及金属氧化物着色剂的使用，促成了闻名于世的"唐三彩"的诞生，成为制陶工艺发展的高峰。

（6）瓷器阶段

釉的发明和对高岭土的认识与使用，结合高温技术的不断发展，我国商代已出现了原始瓷器。到了东汉时期，成熟的青瓷开始批量生产，这些青瓷胎质细腻，通体施有颜色浓绿的厚釉，形成我国瓷釉的独特风格。

我国的白瓷萌芽于南北朝，隋唐时期生产已达到一定水平，并发展出各种彩瓷。彩瓷主要是采用了多种色彩的铅釉，即以铅为助熔剂，以铜离子、铁离子、钴离子和锰离子为着色剂。在此基础上，烧制出艳丽多彩的瓷器。当时的河北、四川、江西都有著名的瓷窑。江西的昌南镇，自汉朝开始烧制白瓷，到宋朝景德年间已盛名中外，从此，昌南镇改为景德镇，作为"瓷都"盛名绵延至今。五代时，柴窑生产的青瓷盛极一时，被赞誉为"青如天，明如镜，薄如纸，声如磬"。"汝、官、哥、钧、定"，是宋代五大名窑的简称。

到了明清，我国的制瓷业达到了鼎盛时期。成化年间的斗彩、嘉靖和万历年间的五彩、康熙时的素三彩、雍正和乾隆时的粉彩、珐琅彩，都是闻名中外的。瓷器是一种化学工艺产品，是我国古代劳动人民的伟大发明。精美的瓷器一直是中外文化交流的重要媒介，至今仍然是各国人民喜爱的艺术珍品。

在中国烧制瓷器的同时，古埃及人发明了玻璃。在埃及的一些湖岸上，存在着天然碱（Na_2CO_3），在制陶的实践中，人们发现将天然碱与砂石混合，在高温中熔化后，得到一种美丽透明的物质，这就是玻璃。制造玻璃的技术逐渐由埃及传到邻近的西南亚各国，后又传到了希腊和罗马，公元元年前后罗马人改革了制取玻璃的工艺技术，并学会添加铁、铜、铅等矿物而制成多种彩色玻璃。玻璃是继陶器之后所开辟的又一大门类的硅酸盐工艺产品。玻璃制品的使用不仅丰富了人类的物质文化生活，而且由于它透明、耐热又耐多种酸碱盐，成为人类从事化学实验的重要设备材料，无论是在化学史上还是人类发展史上都非常重要，它促进了化学实验的发展，为积累化学知识起着重要的推进作用，是化学发展的有力工具。

1.1.3 金属冶炼

冶炼金属是人类继烧制陶器以后，利用火而掌握的另一项重要技术，冶金技术无论是在化学发展史上还是人类发展史上都是非常重要的一页。冶金技术的推广实现了生产工具的变革，对生产力的发展起了重要的决定性作用，所以在人类历史上，继新石器时代之后，又相继出现了青铜器时代和铁器时代。

考古发现，最早被加工利用的金属是铜及其合金，青铜是铜锡合金。青铜是古代劳动人民有意识地将铜与锡或铅配合而熔铸的合金。因为以铜为主，颜色呈青，故称青铜。青铜比纯铜（红铜）易熔化、硬度高，还具有较好的铸造性，这就使青铜在应用上具有更广泛的适应性。所以青铜生产发展很快，青铜工具也逐步取代了一部分石器、木器、骨器和红铜器，而成为生产工具的重要组成部分，在生产力的发展上起了划时代的作用，石器时代终于被青铜时代所取代。

冶铜技术是人类运用化学方法提炼金属的开端，这项技术最早出现在大约公元前3000年的埃及和印度，我国的青铜时代相当于历史上的夏、商、周和春秋时期。商代晚期，青铜业进入了鼎盛时期。最能反映这个时期青铜冶炼技术水平的，是1939年在河南安阳出土的司母戊鼎（后改名为后母戊鼎）。此鼎重达875公斤，连耳高133厘米，横长110厘米，宽78厘米，是到目前为止世界上出土的最大的青铜器。经现代技术分析，它是用含84.77％铜、11.64％锡和2.79％铅的青铜铸成的。它造型瑰丽、浑厚，鼎外布满花纹。它的铸造，若没有规模巨大和相当高超的采矿、冶炼、制范和熔铸等一套技术，是不可想象的。由此也充分显示了我国古代劳动人民的高度智慧。

秦汉以后，除青铜之外，还出现了黄铜，即铜锌合金。北宋末又出现了白铜，即铜镍合金。特别值得指出的是水法冶铜技术，是湿法冶金技术的起源，是对世界化学史的一项重大贡献，以我国最早。早在西汉时期，我国劳动人民就认识到，铜盐溶液里的铜能被铁置换，到唐末、五代时，这种认识就已经应用到生产中去了。宋代时有了更大的发展，成为大量生产铜的重要方法之一。水法冶铜也称"胆铜法"，它的生产过程包括两个方面，一是浸铜，二是收取沉积的铜。这种方法比火法炼铜有许多优点：一是可以在产胆水（即硫酸铜溶液，俗称"胆水"）的地方就地取材；二是设备简单，操作容易，不用冶炼鼓风设备，在通常温度下就可以提取铜，比火法冶铜优越。不需要高温，也节省了燃料。

铁是人类认识的第六种金属。伴随着冶铜工艺技术的不断完善，促进了冶铁技术的发明。不过，人类最早发现和使用的铁是天空中落下来的陨铁。冶铁技术大约在公元前2000年左右出现在埃及、西亚和南亚的一些文明古国。我国生铁的冶铸技术比世界各国都早。我国洛阳出土的铁锛、铁铲都是公元前5世纪的生铁器物。而欧洲一些国家出现生铁是在公元13世纪末、14世纪初。我国的这项技术比欧洲要早两千年以上，这又一次显示出我国古代劳动人民的聪明智慧。

早期的冶铁技术，大多采用"固体还原法"。即铁矿石在650～1000℃的较低温度下从固体状态被木炭还原，这种铁块质地疏松，还夹杂许多来自矿石的各种氧化物。人们经过实践的摸索后发现，将冶炼的铁块反复加热，压延锤打，可以将杂质挤压出去而改变块铁的质量和力学性能，用这种铁制造的工具可以取代青铜工具。

在反复锻打块炼铁的实践摸索后，春秋战国时期人们又总结出块铁渗碳成钢的技术、块炼钢的淬火工艺，以后又发明了生铁的冶铸工艺。西汉中期以后出现炒钢，即用生铁作为制钢原料，将其炒到半液体半固体状态，然后进行搅拌，利用铁矿粉或空气中的氧进行脱碳，使其达到需要的含碳量，再反复热锻，打成钢制品。利用这种新工艺炼钢，更有利于消除杂质，大大提高了钢的质量，被称为是炼钢史上的一次飞跃发展，也是一次重大的技术革新。到两晋、南北朝时期，我国兴起了灌钢技术，宋、元以后不断发展，成为主要的炼钢方法之一。这种方法是先将生铁炒成熟铁，然后再将生铁与熟铁一起加热，由于生铁的熔点低，易于熔化，待生铁熔化后，它便"灌"入后熔化的熟铁中，使熟铁增碳而得到钢。这种方法只要配好生、熟铁用量的比例，就能比较准确地控制钢中含碳量，再经过反复锻打，就可以得到质地均匀的钢材。这种方法易于掌握，工效提高极大，因此成为南北朝以后主要的炼钢方法。

冶铁技术的发明，标志着冶金史上新阶段的来临。人类掌握了冶铁技术，制造铁器工具，生产力便获得了很大发展。所以恩格斯认为野蛮时代的高级阶段是从铁矿的冶炼开始的。

1.1.4　酿造和染色

酿造和染色是古老的化学工艺。因为它们与人们日常生活中的衣食有密切关系，所以在几千年前就已经发展起来了。

原始社会末期，由于生产的发展，农业与手工业逐步分工，社会上逐渐形成贫富的阶级划分，一部分上层富有者就利用农业所提供的谷物酿酒作为一种享乐。到了奴隶社会，奴隶主常常驱使奴隶们用上好的谷物酿酒，供作宴饮或祭祀。大约公元前 4000 年，在我国原始氏族社会末期的龙山文化遗址中，就出土了大量陶制的酒器，说明这时就已会酿酒。

随着所用原料及酿造方法的不同，出现了各种不同种类的酒。我国周代就有关于各种酒曲和酒品生产的记载。那时就已经学会利用某种微生物霉菌，通过生物化学作用，先使少量谷物发霉成"曲"，再用曲使更多的谷物糖化和酒化而酿造出酒，这是既经济又有效的方法。

在酿酒的同时，人们还利用发酵原理，从谷物中酿造出醋，供作调料。醋在古代称"醯""酢"或"苦酒"，在春秋战国时的文献中已有记载。除酒、醋以外，酱及酱油也是古代酿造的工艺产品。过去史书中常把酿酒术的发明归之于某一个人，如所谓"仪狄造酒""杜康做酒"等等。其实这项古老的化学工艺与其他古代工艺一样，从来就不是某一个人所能发明出来的，而是广大劳动人民在长期实践过程中共同创造的。

在埃及和西欧，也从古代时起就以谷物和水果为原料用发酵法酿酒。古埃及人至迟在大约公元前 3000 年开始有意识地酿造麦酒。古埃及和古罗马帝国的葡萄酒一直远近闻名，在中亚、西亚各国，葡萄酒也是当地名产之一，并且在汉代传入我国。根据司马迁《史记》的记载，公元前 2 世纪时，张骞通使西域，曾将中亚的酿酒和葡萄种引进我国，汉武帝下令种植于上林苑中。后来又传入我国西北各地乃至全国各地普遍种植。

随着丝、麻纺织业的发展，另一项重要的古代化学工艺染色技术也相应发展起来。

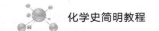

从考古发掘和甲骨文及其他古代文献中得知,在商代养蚕纺丝已相当发达,因此染丝技术也相应发展。在周代,染色已经明确分为煮、谏、暴、染等几个步骤,并且当时还用青、黄、赤、白、黑五色染丝帛制衣,用来区别身份等级。

染色所用的原料,根据古文献所记载,是经过化学加工而提炼出来的植物性染料,如蓝靛染蓝、茜草染绛等。

在 1972 年长沙马王堆一号西汉墓出土的织物中,有彩色套印花纱及多次套染的织物。据分析共有 36 种色相,反映出当时染色已达到一定高度。

埃及、巴比伦、波斯等古国染色术也从很早就出现了。这些国家在古代通过陆路与海路同东方各国开展了活跃的贸易活动,从东方输入了一些香料、丝绸、染料和象牙等商品,促进了各国相互之间的物质文化交流。古埃及生产亚麻布,做衣料时染成了红、黄、绿等色,所用染料大多是植物性染料,如靛蓝和红蓝花,靛蓝可能来自东方国家。埃及人还常用茜草根染料染成的布去包裹木乃伊。

在亚洲,印度用植物染料染色的技术也有悠久的历史。在东亚的朝鲜、日本以及东南亚的国家,古代染色技术也相当发达。考古发掘出来的这些国家在古代制造的多种染织品,充分证明了这一点。中国古代的染色技术和印度的染料在中世纪经中亚传入欧洲,特别是中国古代的蓝靛技术,直到人造染料合成以前,始终是欧洲染色与印花的主要染料之一。

人类从利用火开始,经历了制陶时期、青铜时代,直到铁器登上历史舞台,陆续形成了陶瓷、玻璃制造、金属冶炼、酿造和染色等古代主要化学工艺。这些劳动为人们获取了不少关于物质及其变化的知识,尽管很零散、肤浅,但它们却是形成古代科学思想的基础。

1.2 古代的化学观念

在古代,化学知识虽然没有形成近代那样的理论体系,但对世界的本原、物质的结构、变化等问题的认识却被包括在对自然界本性的总体认识中,存在于古代哲学家的自然哲学思想中。我国古代的学者就认为构成世界万物的是五行,即金、木、水、火、土五种要素。也有人提出万物是由气构成的。在古埃及,曾有人认为,构成世界的基本物质是水。印度古代哲学家则认为,世界的一切都是由地、水、火、风和空五种物质元素构成。古希腊哲学家对世界的本原问题更是进行过广泛的探讨。总之,古代各民族的看法虽然不同,但是坚持从世界本身来说明世界这一点却是相同的,都属于朴素的唯物主义自然观。这些观念及其变形的发展,在后来的炼丹术或炼金术及化学的发展中,曾被作为思维和推理的依据,产生过相当深远的影响。

1.2.1 中国古代的化学观念

我国古代,有用一种具体的事物来说明世界本原的观点,可以称为一元论的元素观。战国后期的哲学家**荀况**在《**王制**》中说："水火有气而无生，草木有生而无知，禽兽有知而无义，人有气、有生、有知亦且有义，故最为天下贵也。"他明确指出人、动物、植物、非生物都含有"气"，所以"气是万物之源"。到了汉代，王充则提出一个比较完整的、系统的"元气自然论"，认为"天地，含气之自然也"，万物和人皆"因气而生，相类相产"。这些思想经过唐朝柳宗元、刘禹锡等人的继承，到宋代以后有明显的发展。宋朝著名的唯物主义哲学家**张载**提出"太虚即气"的论断。他指出："太虚无形，气之本体，其聚其散，变化之客形尔"。"气之聚散于太虚，犹冰凝释于水；知太虚即气，则无无。"元气论把物质的连续形态与不连续的形态辩证地统一起来，气可聚可散，可有形，可无形，正如张载所说："一物二体，气也"。"太虚不能无气，气不能不聚而为万物，万物不能不散而为太虚。"当气聚集而构成有形的万物时，物质以间断的形态存在；当气分散而成无形的太虚时，物质以连续的形态存在。明朝**宋应星**在他的《**论气**》一文中指出："天地间非形即气，非气即形，……由气而化形，形复返于气。"可见，他认为，物质存在的连续形态或间断形态是可以互相转化的，二者间不存在截然分割的鸿沟。王夫之对此也有论述："阴阳二气充满太虚，此外更无他物；亦无间隙，天之象，地之形，皆其范围也。"又说气"聚而成形，散而归于太虚"，并据此提出气不生不灭的思想："于太虚之中具有而未成乎形，气自足也。聚散变化，而其本体不为之损益。"从而指出宇宙的元气是不因其聚散变化而有所增加或减少的，也就是说物质是不生不灭的。

五行说和阴阳说是用来说明世界本原的多元论元素观。

中国古代的五行说起源于公元前 12 世纪我国商周之交，即奴隶社会的全盛时期，到春秋战国时期已具备比较完整的形态。关于五行说的最早论述见于战国时代的著作。《鲁语》中说："地之五行，所以生殖也。"意思是说，人们的生活不是王公大人所给予的，而是由构成宇宙的五种物质原素所繁殖的。至于何谓五行，战国末年的《尚书·洪范》中有："……五行：一曰水，二曰火，三曰木，四曰金，五曰土。"《左传》中也多次提到五行。特别是《国语》中的《郑语》里明确地把金、木、水、火、土看成是构成万物的五种基本物质原素，并且指出："夫和实生物，同则不继。以他平他谓之和，故能丰长而物生。若以同裨同，尽乃弃矣。故先王以土与金、木、水、火杂，以成百物。"在这里，同种物质原素不能产生出新的物质，不同的物质原素在一起，才能产生新的物质的思想，已经蕴含了元素论的萌芽。

尽管我国古代五行说中的所谓原素，还不是近代科学中的元素，而且这种学说也比较粗糙，但是，在当时的历史条件下，已经对世界本质和万物的起源等问题，做了唯物主义的回答。

阴阳说大约也产生于战国时代。**老子**《道德经》中说："万物负阴而抱阳"。阴阳二字还见于其他一些战国时代的著作。阴阳的概念来源于人们的生产和生活实践，人们在实践中遇到了大量的既相互对立又相互关联的自然现象和社会现象，例如，男-女、干-湿、冷-热，软-硬，等等。人们就是在这些常见的现象中，概括出阴和阳这两个基本的概念。认为宇宙万物皆具有阴阳既对立又统一的两个方面。而阴阳对立的相互作用和不断的运动，就是万物以及它们的变化根据，支配着千变万化的物质世界。阴阳学说从正反两个方面的矛盾来说明自然界的变化发展，既包含着原始、朴素的唯物主义，又有辩证法的思想。阴阳学说的提出，对提高人们认识自然界的能力和发展当时的哲学思想，都有一定的积极作用。

阴阳说和五行说各自从不同的角度反映了自然界的面貌。因此，它们自然地结合起来，形成了在中国古代影响很大的阴阳五行说。在化学史上，它成了中国古代炼丹术的指导思想，在祖国医学中，成为传统中医最重要的理论基础。但是，后来阴阳五行说被统治阶级利用，成为超越现实无所不能的信条，走向了神秘化和唯心主义歧途。

与世界的物质本原密切相关的是物质结构问题。人们在变革物质的过程中，很自然地提出这样的问题：物质是无限可分，还是分割到一定限度就不能再分了？物质有没有最小的单位？在战国时期许多学派从不同的角度探讨过这些问题，也提出过一些有价值的见解。

战国时期"名家"学派代表人物**惠施**提出了"小一"的概念，认为：当把物质分割下去，直至分到"小一"时，"小一"已没有内部可言了，物质不是无限可分的，而"小一"是组成物质的最小单位。另一位名家代表人物公孙龙持相反的观点，他认为："一尺之棰，日取其半，万世不竭。"说明物质的分割是无止境的，物质的结构具有连续性。此外，墨翟及其学派明确提出"端"的概念，墨家认为：不能分割为两半的物体，是组成物体的最小单位，叫做"端"。"端"是无法再间隔的构成物体的最基本的不可分割的部分。墨家认为，物质的分割是有止境的。

能够看到，在两千多年前，我国就已经如此深入地讨论到了物质结构的根本问题，已经涉及到古代朴素原子论的思想，这是十分可贵的。然而，这些闪光的思想后来在我国却未能继承下来。而欧洲近代科学的原子论的诞生正是继承了古希腊的原子论，又做了进一步的发展。

1.2.2 印度古代的化学观念

印度在公元前 10 世纪开始进入奴隶制社会，到公元前 4 世纪的孔雀王朝时代，铁器的制造和使用开始推广，灌溉事业也发展起来，生产力有了进一步发展。这一时期，由于经济和文化的发展，自然科学知识的日益丰富，在意识形态领域出现许多宗教和哲学派别。古印度人的学术活动大多与宗教活动结合在一起，其哲学思想也大都反映在各种宗教著作之中。其中较有代表性的唯物主义哲学叫"顺世论"。这种哲学中的化学观念与中国古代的化学观念具有趋同性，认为世界的一切都是从统一的原始物发展起来的。在发展过程中，产生了五大：即地、水、火、风和空五种物质元素，这五种物质元素错综复杂地配合起来，就构成世界万事万物。后来，伽那陀创立的胜论派，发展了上述学说，进而认为这五种元素的单体是由极其微小、大小相等、永恒存在的"原子"所组成。这些原子是不灭的，呈球形，是日光中最小尘埃的 1/6。原子有颜色、味道和气味（因此不同于古希腊的原子），这些原子可以结合成单体，也可以结合成复体，还可以形成更大的原子对的集合体，以至构成万物。这些观念在当时是十分可贵的。由于它是流行于劳动人民中间，对社会的进步起了积极的作用，同时对印度古代的自然科学的发展也起了重要的促进作用。遗憾的是，这些有价值的思想没有能够继续向前发展。

1.2.3　古希腊的化学观念

古希腊自然哲学思想非常丰富和活跃。米利都学派最早试图回答世界本原问题。他们提出了世界的基础是物质的观点，并从承认物质的本原出发，解释各种自然现象。**泰勒斯（Thales）**认为万物始源于水。水为万物之母，万物皆生于水，皆归于水。他的弟子**阿那克西曼德（Anaximander）**认为，万物的本原是一种统一的、永恒的未限定物。而阿那克西曼德的学生**阿那克西米尼（Anaximenes）**则认为万物始源于气。而在他们稍后的**赫拉克利特（Herakleitos）**认为火是万物的本原。他说，世界不是任何神创造的；也不是任何人创造的，它过去、现在、将来永远是一团永恒的活火，在一定的分寸上燃烧，在一定的分寸上熄灭。又说："火是元素，万物由于火的稀厚变化而产生。"上述哲学家的共同特点是主张万物始于一个本原，一种元素，即一元论。尽管他们所提出的元素种类都不相同，但是他们却都在说明世界本原问题上存在困难。医生兼哲学家**恩培多克勒（Empedocles）**则融合各派主张，提出了世界万物是由水、火、土、气四种元素按不同比例组合而成的观点。这样人们对世界本原的认识就由一元论转入了多元论，以试图解决单一本原在解释万物多样性遇到的困难。恩培多克勒为了解释运动的起因，提出万物均含有另外两种成分——爱和憎，物质在爱的成分影响下结合，在憎的成分影响下分离。这种用一对固定的力来说明物质的结合和分离的方式，在化学史上还是首次尝试，同时也使后来的化学亲和学说在这里找到了历史渊源。

古代原子论是希腊自然哲学的最高成果，它是公元前 5 世纪古希腊哲学家**留基伯（Leucippus）**和他的学生**德谟克利特（Democritus）**首先提出来的。他们认为宇宙万物是由最微小、坚硬、不可入、不可分的物质粒子所构成，这种粒子叫做"原子"。原子在性质上相同，但在形状大小上却是多种多样的。万物之所以不同，就是由于万物本身的原子在数目、形状和排列上有所不同。他们还认为：原子在不停地运动，运动是原子本身所固有的属性。原子在虚空中向各个方向运动，由于彼此碰撞就形成原子的旋涡运动，从而构成世界万物。他们还认为日、月、星、辰也是由原子构成的，甚至人的灵魂也是由原子构成的。

约 100 年之后的**伊壁鸠鲁（Epicurus）**继续发展了原子论的思想。他也认为世界就是由原子和虚空构成的。原子是"不可分的坚固实体"，"原子和虚空是永恒的"等。德谟克利特只说原子有形状、大小的区别，伊壁鸠鲁则认为原子还有重量的不同。他还认为原子不是有"各种各样的大小"，而只是"某些不同大小"。所以，恩格斯曾说伊壁鸠鲁"已经按照自己的方式知道原子量和原子体积了"。

原子论是古代希腊自然哲学中最重要的成果之一。虽然它还只是建立在直观经验的基础上的哲理思辨和天才猜测的结果，没有任何实验的根据，但它在思想上和方法上对后世的影响至深，成为近代科学原子论的胚胎和渊源。

在德谟克利特之后，**亚里士多德（Aristotle）**的四元素说在古希腊流行广泛。亚里士多德是柏拉图（Plato）的学生，马其顿王亚历山大的老师，古希腊自然哲学的集大成者，古代百科全书式的自然哲学家，对近代自然科学影响最大的古代学者。著有《天论》《气象学》《动物的历史》等。亚里士多德认为宇宙分为地上（地球）和天上（天体）两部分，这两部分是由迥然不同的材料组成的。他反对德谟克利特的原子论，认为地上的东西并不是由像原子那样没有质的区别的微粒子所构成的。他主张地上的万物是由土、水，气、火这四种元素构成的。这四种元素是永恒存在的，既不能产生，也不能消灭。同时又认为，这四种元素都具有可被人感觉的两种对立的基本特性，如，土包括冷和干的性质；水包括冷和湿的性质；气包括热和湿的性质；火包括热和干的性质。进而推论万物本原是四种原始性质：冷、热、干、湿。元素就由这些原始性质依不同比例组合而成。总之，亚里士多德的四元素说承认世界的物质性，这是他唯物的一面，但他又认为性质是第一性的，而物质是第二性的，把"性质"当成了万物的"本原"，把万物当成了"性质"的产物，颠倒了本末，这又是他唯心的一面。这种错误的原性说，对化学的发展产生了很大的影响，一度影响不少人走了弯路。例如中世纪的炼金术士便以此为理论依据，以为只要改变物质中这四种原性的比例，就能使普通金属变为黄金，化学也由此误入歧途。

1.3　化学的原始形式

科学发展的道路是极其曲折和艰难的，化学发展的道路也是如此。经过古代实用化学工艺孕育而形成的化学知识的萌芽，在进入封建社会时期以后，并没有得到健康的成长，而是受到封建统治阶级的利用，发展成为了神秘的炼金术，这样，化学从生产中分化出来，以炼金术的原始形式出现了。

1.3.1　中国的炼丹术

炼金术，在中国被称为炼丹术。中国是炼丹术的发源地。中国古代炼丹术与中国土生土长的宗教——道教密切相关，是具有神秘宗教色彩的一种原始的科技实践活动。中国古代的炼丹术分为外丹和内丹。外丹包括黄白、金丹及仙药。它是以炼制长生不死药为主要目的的一种方术。内丹主要是练气养神及制药。

中国的炼丹术始于战国时期，秦始皇在统一六国（公元前 221 年）之后，希望能够长生不老，以保帝基永固，他曾派人去海上求"仙人不死之药"。早期的长生药多为天然品。战国、秦汉以来，我国冶金、陶瓷技术有了进一步发展，金属冶炼和制陶技术都有赖于掌握物质化学变化规律的知识。战国时期阴阳五行说的产生又试图从理论观念上去阐明五行及万物相互变化的原理，而医药学又提供了使用矿物性药物强身治病的经验。因此到后来，便由追求天然的长生不老药转而人工炼制仙丹或用其他人工方法延年益寿。当然，这也是在披着神仙说的外衣下进行的。炼丹术就由此而来。

我国古代，历代的封建统治者都希望无限地延长自己的生命来维持其统治地位。因此，以炼制长生不死药为目的的炼丹术，当然就得到他们的支持。在汉武帝时代（公元前140年～公元前87年）宫廷里就有不少方士从事炼丹。汉武帝刘彻本人就是一个热心于求拜神仙以获长生不老术的人。据司马迁《史记》中记载，炼丹家李少君曾经向汉武帝刘彻说：祠灶就可以招致鬼物，鬼物到了就可以使丹砂变为黄金，用炼制成的黄金做饮食器，可以延长寿命，就可以见到蓬莱仙者，见了仙者，再到名山祭天地，就可以不死。刘彻听信了他的这番话，就派人到海上求仙人，并且把丹砂和其他药剂拿来试制黄金。在帝王贵族的大力支持下，炼丹家们在炼制丹药的同时，又尝试炼制黄金、白银。他们用某些药剂点化铅、锡、铁、汞、铜等金属，使其成为黄色或银白色的金属。他们将获得的某些合金称为"药金""药银"，并认为，其中含有黄金或白银的精气，服之能长生成仙。在这种条件下，炼丹、炼金的活动迅速盛行起来。

到了东汉，炼丹术得到进一步发展。这一时期，有我国早期著名的炼丹家**魏伯阳**所著《周易参同契》问世，它是目前世界上保存下来最早的一部炼丹术著作。书中阐述了炼丹的指导思想，同时记载了许多有价值的古代化学知识和较多的药物，如汞、硫黄、铅、胡粉、铜、金、云母、丹砂等。

经过两晋、南北朝200多年的延续，到了唐朝，炼丹术进入鼎盛时期。据《新唐书·薛颐传》记载，唐高宗曾召方士百余人"化黄金治丹"，可见当时炼丹的盛况。

在这一时期，出现了几位颇有代表性的炼丹家。如晋代的葛洪、南北朝的陶弘景、唐代的孙思邈等。

葛洪是中国炼丹史上最著名的大炼丹家。葛洪，字稚川，别号抱朴子，晋代丹阳句容人。葛洪一生著述很多，计有220卷。主要有《抱朴子》《肘后备急方》《金匮药方》等。《抱朴子》共70卷，其中内篇20卷，系统地总结了晋以前的炼丹成就，具体地介绍了一些炼丹方法，勾画了中国古代炼丹的历史梗概，也为我们提供了原始实验化学的珍贵资料，对隋唐炼丹术的发展具有重大影响。这就使他成为我国炼丹史上一位承前启后的人物，不但受到国内研究化学史学者的注意，在国外，研究世界炼丹史的人也非常注意考证他的生平和炼丹著作。葛洪的炼丹思想：只有服了"金丹"，才能长生，之所以如此，是因为"服金者寿如金，服玉者寿如玉"。

陶弘景，字通明，号华阳真人，南北朝时期的人，与葛洪是同乡。他是继葛洪之后又一位大炼丹家，兼通医药，他的主要著作有《真诰》《养性延命录》和《名医别录》等。

孙思邈，唐代著名的医学家和炼丹家，博涉经史百家及佛典，一生致力于医药研究工作，总结唐代以前临床经验和医药理论，收集方药、针灸等著作，著有《千金方》和《丹房诀要》等著作。

炼丹术发展到唐、宋，长生不死者从无所见，相反中毒者屡见不鲜，据史书记载，仅唐朝就有太宗、宪宗、穆宗、敬宗、武宗、宣宗等六个皇帝因服丹药而中毒致死。这些教训使炼丹术不得不改变方向，或转到制药，或转到练气养神，到了清代，在延续一千多年后，炼丹术走向衰亡。

炼丹术在中国有一千多年的历史，它基本上是为封建统治阶级寻求长生不老的目的服务的，无益于国计民生。作为一门学科，它是建立在一个荒诞的理论前提下的："服金者寿如金"。炼丹术士所追求的最高目的也是无法实现的幻想。他们炼制出的"金丹"并不是他们理想中的"金丹"，人总是要死的，不可能长生不老。但是由于炼丹术士们从事了大量的化学实验活动，用人工方法实现了许多物质间的相互转变，客观上对化学、医药学、冶金学和生理学的发展积累了一定的经验材料，从一个侧面反映出当时化学发展的水平，丰富了化学的内容，对中国古代化学发展的贡献是不可低估的。

1.3.2　古希腊的炼金术

西方炼金术起源于何时，目前还无法考证。一般认为，炼金术在西方最早出现于古希腊的亚历山大里亚，最早的希腊炼金术士大概出现在公元 1 世纪。当时，地中海的一些国家都出现了一种技艺，利用早期的化学方法来制造价格昂贵的物品，如人造珍珠、紫色染料以及类似金银的合金。炼金术的初始阶段和当时的占星术紧密联系着，他们认为太阳滋育万物，在大地中生长黄金，黄金是太阳的形象或化身；银白色月亮的化身是银；铜是金星的化身；水银是水星的化身；铁是火星的化身；锡是木星的化身；土星是五个行星中最远最冷的一个，所以它的化身是最阴暗的铅。

希腊炼金术的理论属于古希腊唯心主义哲学家柏拉图的哲学思想体系。他认为物质是感觉世界中一个必要的，但在本质上并不重要的要素，从根本上来说物质只有一种。所以希腊炼金术士相信：物质本质并不重要，重要的是它的特性。正如所有人的肉体都是同一材料做成的，人的善恶并不是由于他们的肉体有什么不同，而是由于改变了他们的灵魂，因此改变金属的特性，就是改变了金属。柏拉图学派还认为，万物都是有生命、有灵魂的，并且力求提高自己，而且灵魂可以转世和移植。希腊炼金术士也就相信：金属也是有机体，并且力求朝着其理想灵魂——不怕火炼的黄金来提高自己，在这条路上助它一臂之力，就可以加快实现它的愿望。金属的灵魂则表现为灵气，而这种灵气主要就体现在金属的颜色上。因此在贱金属的表面上镀上一层金，这样就算把黄金的灵魂移植到贱金属中，促成了向黄金的转化。所以希腊炼金术士所用的相当普遍的操作方法是先把四种贱金属铜、锡、铅、铁熔合成一种黑色合金。他们认为，这样一来，这四种金属就都失去了自己的个性和原来的灵魂。然后用水银蒸气使这种合金表面变白。因为他们认为，一切升华了的都是灵气，这样做的目的是赋予合金一种银的灵气。然后，再用溶液使金属黄化成黄金。其溶液一般是由多硫化物或天然硫黄制成的硫黄水。"硫黄"一词，在希腊语中有神圣的意思，硫黄水即圣水，可以用它的"神力"使金属发生极重要的变化而成为"黄金"，在上述思想的指导下，炼金术士制出的"黄金"，实际上是合金，是伪金。这些伪金投入当时的市场，曾引起金融财政紊乱。因此，当时的皇帝戴克里先在公元 292 年，盛怒之下，一举烧毁了全部炼金书籍，希腊炼金术一度停滞衰落。

1.3.3　阿拉伯的炼金术

阿拉伯人在中世纪科学技术的发展中，占有特殊重要的地位和作用。早在公元前 2

世纪的西汉时期，中国就开始与中亚、伊朗（波斯）有经济和文化的交流，到了唐代，这种交流达到了新阶段，当时的交流是沿着陆上的丝绸之路和海路两条途径进行的，唐帝国和阿拉伯帝国东西对应，构成了当时世界文化两大中心。中国与阿拉伯之间，使节、商人、游客互相往来，开展了频繁的贸易和物质文化交流，中国的炼丹术大概就在这时通过中、阿物质文化交流传到了阿拉伯，并与希腊传来的炼金术相融合，从而形成了阿拉伯的炼金术。

阿拉伯炼金术是中国炼丹术和希腊炼金术融合的产物。阿拉伯炼金术与中国的炼丹术有许多相似之处。例如，二者都认为物质可以通过某种媒介物而实现相互转变，从而实现由一般金属制成金、银。二者所用的原料基本相同，所用的物质有硫、汞、丹砂、硝石、雄黄、矾石等无机物及醋等少数有机物，并且都特别重视硫和汞。二者所用的设备也大体一致。阿拉伯人还把许多物质的名称冠以"中国"一词，如他们把硝石称为"中国雪"。此外，早期的阿拉伯炼金家同中国炼丹家一样，大多精于医术，他们既炼制金银，也寻找治人百病的圣药。但另一方面，阿拉伯炼金术以追求黄金为主要目的、以四元素说为指导理论，这又同古希腊炼金术有共同之处。

阿拉伯炼金术的主要代表人物有**贾伯（Geber）**、**拉泽（AlRazi）**和**阿维森纳（Avicenna）**等。

贾伯，原名贾比尔·伊本·海扬（Jabir ibn Hayyan），他是一位学识渊博的医生。主要思想：金属可以互相转变，水银可以使人起死回生。

在贾伯去世后，阿拉伯炼金术的代表人物是炼金家兼阿拉伯名医拉泽。他写了不少炼金术著作，其中以《秘典》最为有名，这是一本工艺制方的集子。他是一位注重实际的化学家。

阿维森纳，原名阿卜·阿里·伊本·西那（Abu Ali ibn Sina），著名医生。主要思想：金属本身不能相互转化，只有汞、硫才能决定金属转变。

阿拉伯炼金术具有许多进步之处，这是化学史书籍中都加以肯定的。根本原因在于它不囿于追求黄金，而具有相当浓重的学术气息，因而取得不少重大的化学发现。通过炼金的实验，阿拉伯人发现了酒精、多种有机酸和无机盐的制取方法。这是非常可喜的收获。

11 世纪后，阿拉伯炼金术带有越来越多的神秘主义色彩，脱离实际，内容、方法仍然重复前人的东西，因而日趋衰落。

1.3.4　欧洲的炼金术

12 世纪以后，有些西欧的学者从阿拉伯人那里学习科学知识，翻译阿拉伯人的著作，阿拉伯人的炼金术被介绍到西欧，欧洲的炼金术得以形成和发展，因为符合统治阶级追求财富的心理，受到了封建统治者的支持和利用，是僧侣们从事的活动，和宗教神学同源。欧洲的炼金术士更加狂热地从事依靠"哲人石"点化贱金属转化为金银的活动。当时英王亨利六世豢养的炼金术士达 3 千余人。他们在宫廷和教堂中升起炉火，日夜守候在炉旁，满身油污、汗流浃背地炼制黄金。他们认为汞是一切金属的本源，硫为一切可燃物所共有，二者结合，可得各种金属。欧洲炼金术士们并不比阿拉伯的先驱们高明，反而带有更多的神秘性。一些炼金术士用骗人的伪金来冒充真金，更多的炼金术士则从虚假的可能性出发，进行徒劳无益的操作，浪费大量的人力、物力、财力。欧洲的炼金术没有超越阿拉伯的炼金术，很快趋于衰落。

炼丹术和炼金术是不同的。炼金术以乞求财富为目的，着眼于点石成金，又称点金术，而炼丹术虽然也要炼制金银，但主要目的是为了获得服之不死的金丹，乞求长生不老药。不管是炼丹术，还是炼金术，所追求的目的都是荒诞的，所依据的理论也是神秘的，因而必然走向衰落。然而，炼金术士们在长期的实践中也积累了某些化学知识，学会了某些实验方法和手段。因此，对炼丹术和炼金术应给予一个客观的历史的正确评价。既不应否定一切，也不应肯定一切。科学方法论的先驱、被马克思和恩格斯誉为"现代实验科学的真正始祖"、英国哲人**弗兰西斯·培根**（Francis Bacon）把炼金术比喻为《伊索寓言》里的一位老人，当他快要死去的时候，告诉他的儿子们，说他在葡萄园里埋了很多黄金留给他们，儿子们把葡萄树四周的泥土都挖松了，并没有发现黄金，可是，树根周围的青苔和乱草却被他们除掉了，结果第二年长成满园好葡萄。同样，炼金术士寻找黄金的苦心毅力，使后人获得许多有用的经验，并且间接地促使化学走上光明的道路。正因如此，恩格斯把炼金术称为化学的原始形式。

炼丹术和炼金术在中国、希腊、阿拉伯和欧洲的古代盛行，统治化学达千余年之久，形成了一个炼金化学时期。这是化学发展中的一个幼稚阶段，即从古代萌芽形态的化学发展成为原始形态的化学阶段，是历史发展的产物，反映了当时的发展水平。总之，炼金术的出现，由于它的神秘性质还是延缓了化学的发展，化学只有摆脱炼金术的羁绊，从炼金术中解放出来，才能踏上科学发展的光明坦途。

1.4 医药化学和冶金化学的兴起

15～16 世纪以后，欧洲的资本主义迅速发展，宗教改革运动和文艺复兴运动也在这一时期发生，整个欧洲社会处于大变动的历史时期。这是人类"从来没有经历过的最伟大的一次革命，自然科学也就在这个革命中发展"。在化学领域，由于炼金在实践中屡遭失败，以天然动植物为主的传统医药又显得无能为力，远远不能适应资本主义发展过程中城市扩大、人口集中、医疗保健事业发展的需要。通过对炼金术的考察，无论是东方还是西方都有炼丹术、炼金术出现，但是，不论哪种都屡遭失败，促使他们从点石成金的梦幻中苏醒过来，面向实际，转变方向。我国转向中草药学，西方向医药化学、冶金化学过渡。从炼金术到科学的化学的转变过程中，医药化学和冶金化学起了桥梁作用。

1.4.1 本草学和化学

我国古代药物学的著作，多半称为"本草"。古代本草医药是我国数千年文明中重要的文化科学遗产。"本草",顾名思义是论述植物药品的,但由于历史的原因,它实际上包括植物、动物和矿物三类物质。历代医药学家经过长期的医药实践,认识了其中不少药物的性质,有些还能人工炼制,包含着不少无机化学知识和化学实验技术。

本草医药学在我国开始成为一门体系较完整的系统是在战国至秦汉(公元前 4 世纪~公元 1 世纪)时期。我国最早关于药物的记载见成书于西周的《诗经》,其中提到贝母、益母草、蟋蟀、蟾蜍等物可以入药。秦统一中国后,经济、文化充分发展,本草医药学也应运而生。据《汉书·艺文志》记载,那时有医经共 216 卷,医方共 294 卷。长沙马王堆三号汉墓出土的帛书中的《五十二病方》是我国已发现的最古老的医方书籍,全书五十二题,记有病名 103 种,方数约 300 个,药名 247 种,其中近 100 种药物与汉代出现的本草医药学专著《神农本草经》相同,表明当时的方剂学和药物学均有了较大的发展。

我国现存最早的本草医药学专著是汉代的《神农本草经》。《神农本草经》原书失传,现存的本子是清代学者从其他古书的记载中搜集整理而成的,载药 365 种,其中无机药物 46 种。陶弘景为《神农本草经》作集注,并把自己的《名医别录》合编进去,成为《神农本草经集注》一书,在原有基础上又增加了 365 种药物。

唐代本草学著作颇多,但最著名、影响最大而又有残迹可寻的是《新修本草》,俗称《唐本草》。此书是由朝廷编修颁布的一部药典,全书共 54 卷,载药物 844 种,并附有图谱,是历史上第一部较完善的药典,比欧洲最早的纽伦堡药典早 800 多年。

宋代也很重视医药学的发展。宋代《证类本草》是我国最早的一部完整药典。宋徽宗大观年间(1107~1111 年),四川的医生唐慎微根据前人的著作,编成一部《证类本草》。他把这部著作献给皇帝,改名为《大观本草》。这是一部私人著作而经政府审定的本草。在宋代政和年间(1111~1117 年),《证类本草》又经过医官曹孝忠校正,定为《政和本草》。《政和本草》所讨论药物总数为 1746 种,约为《神农本草经》所列药物数的 5 倍。

明代是本草医药学发展的鼎盛时期。著名药物学家**李时珍**总结历代本草学成就撰写的《本草纲目》,成为我国最完整的一部有关祖国药物学的巨著,名闻中外。全书共 52 卷,分 16 部,62 类,共记载植物 1195 种,动物 340 种,矿物 357 种,总计药物 1892 种,附处方 11000 多例,各种矿物插图 1160 幅。该书先后译成日、德、法、英、俄等文字,传遍全世界,被誉为"东方医学巨典""中国古代的百科全书"。

和炼丹术完全不同,本草学从一开始就以防治疾病、保障健康为目的。它根据医疗的效果来认识物质的性质,尊重事实,不尚虚谈,具有朴素唯物主义的思想。本草学总结古代劳动人民经验,蕴藏着丰富的无机化学、分析化学和有机化学知识。

最初的本草医药学中所涉及的化学知识主要是认识一些无机物。例如,《神农本草经》中已记载的无机药物有 46 种。除铁石、硫黄、汞等单质外,还有许多矿石,如代赭石(赤铁矿 Fe_2O_3)、铅丹(Pb_3O_4)、消石、石灰(CaO)、磁石(Fe_3O_4)、石胆($CuSO_4 \cdot 5H_2O$)、硼砂($Na_2B_4O_7 \cdot 10H_2O$)、矾(樊)石 $[AlK(SO_4)_2 \cdot 12H_2O]$、朴消(不纯的 $Na_2SO_4 \cdot 10H_2O$)、云母、紫石英(CaF_2)等。

后来随着本草医药学的发展，对无机物性质的认识也逐渐加深。唐代《新修本草》中无机药物增至 109 种，当时已认识到硇砂（NH_4Cl）不仅可以入药，还可以作为汗（焊）药用于金属焊接。

《本草纲目》对无机物的认识已达到相当高的水平。李时珍按当时的化学知识，开创性地把玉石部一类分为火、水、土、金石四部七类。水部有各种液体及溶液 43 种。土部有各种土质及煅烧过的泥土共 61 种。金石部分为金、石、玉、卤四类，金类包括一些金属及其副产品，合金及金属化合物共 28 种；玉类有 14 种，主要是较纯的硅酸盐化合物；卤类有 20 种，大部分是能溶于水的天然盐类；石类有 72 种，包括硅酸盐和不溶于水的其他天然盐类。尽管《本草纲目》不是以介绍化学物质及性质为主的化学专著，作者李时珍也不是专业化学家，但是其对无机化合物的认识和分类却已具有相当的深度。

清代《本草纲目拾遗》将无机药物增至 335 种，所涉及的已有相当数量是人工合成的无机物。

总之，本草医药学涉及金属单质、氧化物、硫化物、氯化物、硫酸盐、碳酸盐等多种化学物质。

本草医药学对一些化合物的性质和制备方法有一定的认识和介绍。

在《神农本草经》中，对汞与其化合物丹砂（HgS）的相互转化就有了一定认识，指出"丹砂……能化为汞""水银……杀金银铜锡毒，熔化还原为丹"。这显然是指硫化汞与汞、汞与汞齐之间的相互转化。

唐代《新修本草》中对化合物的制备方法介绍得已较为详细。如叙述氯化铜的制法："以光明盐、硇砂、赤铜屑酿之为块，绿色。"光明盐就是食盐（氯化钠），用氯化钠、氯化铵和铜屑反应，可生成绿色的氯化铜。

《本草纲目》中有关无机药物的制备更加翔实。如其中九卷介绍甘汞的制法：一两汞、二两白矾、一两食盐研磨均匀后入铁器内隔绝空气加热，经燃点二炷香的时间，反应完毕，甘汞升华凝结在盆上。反应式可表示为：

$$12Hg+4AlK(SO_4)_2+12NaCl+3O_2 = 2K_2SO_4+6Na_2SO_4+2Al_2O_3+6Hg_2Cl_2$$

这充分表明了当时对无机反应的认识已达相当高的水平。

本草医药学对一些化学物质的鉴别方法也有一定的认识和介绍。

陶弘景在《神农本草经集注》中已记载了根据煅烧时的火焰颜色鉴别消石（KNO_3）的方法，指出"强烧之紫青烟起，仍成灰，不停沸，如朴消，云是真消石"。这是世界化学史上钾盐鉴定的最早记载，也是焰色反应的先声。

宋代《大观本草》介绍了加热使绿矾石（$FeSO_4 \cdot 7H_2O$）分解成赤色氧化铁（Fe_2O_3）以鉴别绿矾石的方法。

本草医药学中除了包含大量的无机化学知识外，还总结了许多有关生物碱、甾、有机酸、脂肪、维生素、激素、芳香油、醇类及蛋白质等有机化合物的性质、制备方法等方面的知识。

总之，我国的本草医药学宝库中蕴藏着丰富的化学宝藏，许多尚待用科学的方法加以发掘整理。但由于历史文化传统、政治经济发展等复杂因素，我国的本草医药学最终没有像西方的医药学那样发展成为近代化学的源头之一，而是沉没在了浩瀚的中华古文化之中。

1.4.2　医药化学的兴起

运用炼金术的化学手段制造化学药物是化学发展中的一个重大转折，是化学的复兴，是从炼金术向科学的化学过渡的开始。在化学史上被称为医药化学时期。

15、16 世纪的欧洲医药化学中最重要的代表人物是**帕拉塞尔苏斯（P. A. Paracelsus）**。帕拉塞尔苏斯是文艺复兴时期著名的医生，历来是科学史家们激烈争议的一位重要人物。有人把他贬为"最糟糕的炼金术士、江湖骗子和无知庸医"，有人把他尊崇为"医药化学的始祖""科学革命的真正先驱。"帕拉塞尔苏斯的思想十分庞杂，曾受到炼金术、冶金和制药知识的影响，同时也深受德国民间医学和宗教改革时期、文艺复兴时期宗教哲学思想的熏陶。他把炼金术与医学结合起来，主张用炼金术来解释生物体的疾病，并制备化学药物，创立了所谓"化学医术"的新医学。

帕拉塞尔苏斯出生于瑞士的埃因西德伦。父亲是当地的一名乡村医生和炼金术士，母亲是埃因西德伦修道院的女奴。他从小受父亲的影响，迷恋医学和炼金术，14 岁离家求学，四处漫游，历尽沧桑，经历了近 30 年颠沛流离的生活。在游历中，他造访了欧洲大陆的许多大学，并在意大利获得了医学博士学位。他反对传统医学用那种笼统的水、火、土、气的理论来解释病因，主张人体内部也应当是一个"炼金"过程，需要炼金家制取药物来进行调节和治疗疾病，从而使医学理论面目为之一新。他十分注意向普通人学习，从民间搜集到许多治病秘方，总结出一套十分简便而又行之有效的治疗方法，他大胆使用汞、锡、锑、铁等矿质药物，如用锡化物治疗传染病，用砒霜和铜化物治疗皮肤病等。他能把化学药品用于医学，是他不同于沿袭下来的古罗马医生盖仑（C. Galen）传统医学的最大特点。由于他的治疗方法与传统的医学格格不入，因此，总是四处碰壁，备受冷落，尤其得不到学院派医生的承认。

1527 年，巴塞尔著名的人文主义者、印刷商约翰内斯·弗洛本（Johannes Froben）腿部严重感染，遍请当时的医学权威仍不见丝毫好转，马上就要被截肢，绝望之中想到帕拉塞尔苏斯，把他请到家中诊治，作为最后的努力。帕拉塞尔苏斯用自己独特的治疗方法，保住了弗洛本的腿，从而使自己的声名大振，享誉整个欧洲。从此，各地名流请他诊病的络绎不绝，高超的医术使帕拉塞尔苏斯赢得了巴塞尔的市医和医学教授的职位。然而，随之而来的是医学权威们严厉的指责和攻击，并拒绝把帕拉塞尔苏斯纳入这个等级森严的官方机构和高等学府中。根据当时的规定，在进入这些机构前，需要提交一批合格的证明材料，并且还要立下一篇必不可少的誓言。帕拉塞尔苏斯不仅拒绝这样做，而且还提交了一份对传统观念进行强烈抨击的《告白书》。他声称要废除盖仑的医学，代之以他自己的第一手经验的新型医药化学疗法。1527 年，他在巴塞尔大学开始讲授医学时，像马丁·路德（Martin Luther）当时焚烧罗马教皇的训谕一样，也当众焚烧了一直被奉为权威的、最受崇拜的古罗马医生盖仑和中世纪阿拉伯医生阿维森纳的著作，并以此作为开讲仪式，以示决心"向经验求救"，而不相信教条。因此，人们把他誉为"化学中的路德"，化学的改革家。他自己的名字也体现了反权威的勇气和精神。他原名为塞弗里纳斯·朋巴斯特·冯·霍亨海姆（Theophrastus Bombastus von Hohenheim），后改名为帕拉塞尔苏斯，意思是超过古罗马著名医学家塞尔苏斯，或比塞尔苏斯更伟大。

帕拉塞尔苏斯的反传统性格也表现在他的生活方式上。他性格粗犷，狂放不羁，嗜酒如命。他常常邀一帮穷朋友在小酒馆里狂饮作乐，直到酩酊大醉。他十分同情穷人，给他们看病从不收取分毫，而对富人收费却极高。他上街从不穿象征医生尊严的黑色长袍，而总是穿着只有劳工苦力才穿的短褂。他不修边幅，加上衣服肮脏，看起来总像个叫花子。这种生活方式与大学权威们的严谨和庄重格格不入，加之其一系列反传统的言行，常常招致大学权威们的漫骂和攻击，最终将他逐出了大学讲坛，不准传授他的"异端邪学"。然而，他的学说却深受一些激进大学生们的喜爱。16 世纪后期，在巴黎和海尔贝格发生了抗议禁止帕拉塞尔苏斯学说的学生运动。

帕拉塞尔苏斯兴趣极广，才华横溢。他生前出版的著作就有 23 部。其中 1536 年出版的《外科大全》，使他享誉欧洲。他的大部分著作是在他去世以后才出版的，从 1541 年到 1564 年，有 42 部著作相继问世，而在 1565 年至 1575 年间出版的总篇目达 103 种。1616 年由豪塞（Huser）编辑的帕拉塞尔苏斯选集长达 2600 多页，近代编纂他的各类著作就有 14 卷之多，而且还有各种手稿在陆续出版。这些著作的内容十分广泛，涉及到医学、宗教、哲学、伦理学、天文学、炼金术、冶金学、采矿学以及占星术等。

帕拉塞尔苏斯虽然是一个炼金信徒，但是他已经认识到炼金术的主要目的"不是为了炼制金银，而是为了制造药物"。因此，他给炼金术一个广泛的、具有实际意义的定义，认为炼金术是一门"把天然原料转变成对人类有益产品的科学"，包括了金属冶炼、药物制造、食品加工等任何制造有益产品的化学过程和生物化学过程。这已经含有近代化学概念的萌芽，并使炼金逐渐名存实亡了。炼金目的发生的这一重大转变，实际上是对炼金术的一个有力批判。它顺应了医学发展的实际需要。为了从理论上解释病因和指导治疗，帕拉塞尔苏斯在阿拉伯炼金家贾比尔（Jabir，贾伯）硫-汞二元说的基础上，汲取德国炼金家瓦连泰（Valentine）的思想，补充了"盐"的要素，提出了"三要素"学说。他认为，万物均由硫、汞、盐三要素构成。硫是可燃性的要素，汞是挥发性的要素，盐是凝固性和耐火性的要素，三者分别相当于人的灵魂、精神和肉体的作用。他比过去炼金家更进一步的是不仅认为金属，也认为所有的矿物、植物、动物以至人体都是由三要素构成的，而且都可以通过火把它们分解出来。例如用火加热木柴，则"燃烧的是硫，蒸发的是汞，变为灰烬的是盐"，可分解出三要素。从表面上看，这一结论和实际情况相符合，因而很快就取代了硫-汞二元说，得到了医药化学家的承认，并以此作为医学原理。他们认为，疾病的根源就在于人体内三要素的比例失调，因此需要化学药物进行补充和调剂。这样，作为一个医生也就需要研究化学和掌握化学，把医学和化学联系起来。

帕拉塞尔苏斯的"三要素"并不是指我们现在所熟悉的、具有一定原子量和化学性质的硫元素、汞元素和盐类化合物，而是指可燃性、挥发性、凝固性等"性质"的化身。所以，三要素说实质上也是一种古老"原性说"的变种。然而，它毕竟还是通过硫、汞、盐等实体物质体现出来的，因而就使医药化学家自觉不自觉地把神秘莫测的"原性说"向实体化、物质化的方向跨出了一步，体现了人们在元素认识的过程中从非实体的"性质"到实体的"物质"阶段的过渡。这无疑是一个很大的进步，比以往的元素学说更接近于现代认识的思想。但是，我们也应该看到，帕拉塞尔苏斯的三要素说还只是在亚里士多德"原性说"规范的框架下衍生出来的思想，本质上是非科学的，还有待于通过变革，发展为科学的元素学说。

17 世纪上半叶，医药化学又出现了一位代表人物，他就是布鲁塞尔的医生和化学家**海尔蒙特（B. van Helemont）**。海尔蒙特出身于贵族家庭，学过艺术、神学和医学，1609 年获医学博士学位。海尔蒙特像其他许多医生一样，遍游欧洲。旅行后他感到人们对医药化学的知识是贫乏的，自己的任务是要改变这种局面。他是帕拉塞尔苏斯的追随者，但他更注意应用，更强调实验，自称为"火术"哲学家，要求别人称他为"化学家"而引以为自豪。他认为，培养医药化学家"不是光靠讲课，而是靠用火的操作证明。"他对化学实验的热爱已达到着迷的程度，不论白天黑夜都投入到化学实验操作之中，以至闭门不出。他精心设计了化学史中经常提及的柳树实验：在盛有 200 磅（1 磅＝0.4536 千克）烘干土的瓦罐中，栽上一棵 5 磅重的柳树苗，将瓦罐盖上盖子，只用水浇；经过 5 年后，树和每年的落叶总重 169 磅 3 盎司（1 盎司＝28.3495 克）；而将泥土重新烘干，其重只比以前少了 2 盎司。由此，海尔蒙特认为柳树增加的重量只能来源于水，水是构成物质的最基本的元素，而坚决摒弃亚里士多德的四元素说，也不强调帕拉塞尔苏斯的硫、汞、盐的重要性。他做了大量的实验以证明水在自然界中的重要地位，开创了用实验去检验理论正确与否的先例。他还在实验中使用了天平，使其具有了定量的性质。在此他已含蓄地表述出一个更为重要的思想：物质在变化过程中，既不能创造，也不能被消灭。海尔蒙特还做了不少气体方面的化学实验，制出过二氧化碳和氨气等，区分了气体、蒸气和空气。认识到存在许多种不同的气体。而在此之前人们倾向于认为空气是唯一的气体物质。英国著名科学史家亚·沃尔夫（A. Wolf）认为，海尔蒙特"对化学的最大贡献在于他率先科学地揭示气体及其变化的物质性。"海尔蒙特因此而被称为气体化学的先驱，他的工作推进了化学的进步。

1.4.3 冶金化学的兴起

在 16 世纪医药化学发展的同时，冶金化学也在兴起。当时的德国和英国都在大力发展矿业，以适应资本主义生产发展的需要，这就推动了一些化学家注重于冶金的实践。冶金化学领域里，最有影响的是德国医生**阿格里柯拉（G. Agricola）**和意大利化学家**毕林古乔（V. Biringuccio）**。

阿格里柯拉生活的地方萨克森等地是矿冶中心，因此他对开采冶炼金属以及有关化学发生了兴趣，他做了大量的广泛调查，写下了许多关于冶金和矿物学的著作。其中《论金属》是他的一部代表性著作，这部著作共 12 卷，总结了从罗马时代的普利尼斯

（Plinius）以来的欧洲学者所掌握的采矿冶金知识。书中详细地叙述了寻找矿脉、开采矿石、矿石加工、炼制金属和分离金属元素的方法和过程。《论金属》中与化学有关的部分集中在第九至十二卷中。其中对金、银、铜、铁、锡、铅、汞、锑、铋等金属的制备、提纯和分离过程做了清晰的描述。例如在分离金银时，书中介绍了强水法，即将明矾、硝石等一起蒸馏而制得硝酸，然后将银溶解；分离金铜是将混合物与硫黄共烧，铜与硫化合成硫化铜，从而与金分开；分离银与铜是通过利用铅制成铅铜合金的方法实现；等等。《论金属》这部著作大体上摆脱了炼金术的束缚，较全面地从文献与实际调查两个方面对欧洲矿冶技术做了系统的叙述，书中含有丰富的化学内容，并强调了定量研究方法的意义，这表明化学已开始从工艺技术向独立的学科靠近。

《论金属》这部著作是阿格里柯拉死后，于1556年出版的，此后多次再版，并在欧洲各国广泛流传，成为矿冶技术家的必读手册，可以说它是冶金史和化学史上的一部重要著作。

毕林古乔是一位纯粹的实用化学家，主要研究金属矿物的加工、冶炼、铸造，非金属矿物硫黄、矾类、砷、硼砂、盐类等的开发和提炼等实用技术。他对炼金术也持批判的态度，明确指出金属是不能够相互转化的，告诫炼金家放弃"点石成金"的梦想，使他们转而研究生产实践中的冶金化学。

此外，这一时期还有其他一些医药化学家和冶金化学家，在化学从炼金术向科学的化学转变的过程中做出了成绩。如果说，这一时期的医药化学从理论上推进了人们对于元素的认识，那么冶金化学就是从实践上为科学的元素概念的产生提供了坚实的基础。可以看出，在16世纪兴起的医药化学和冶金化学是化学转变的桥梁，它们使炼金术名存实亡，并为元素观的变革逐渐积累了条件，促进了科学化学的诞生。

第2章

近代化学的诞生

17 世纪后半叶，欧洲工业革命不断胜利，促进了生产的发展，生产技术有了显著的进步，随着冶金、化工生产和科学实验向广度和深度的发展，积累了大量关于物质变化的新知识，为化学科学的建立和发展提供了丰富的资料。新兴资产阶级出于发展社会物质生产的需要，大力支持科学事业，成立了许多科学研究机构和团体。例如，1649 年英国在伦敦成立了皇家学会；意大利在 1657 年成立了西芒托学社；德国在 1672 年创办了实验研究学会等，广泛开展学术研究和交流活动，极大地促进了化学的发展。这个时期，在弗兰西斯·培根的新哲学思想影响下，许多科学家与封建主义和宗教统治势力相对抗，坚持不懈地致力于使科学摆脱神学的桎梏，他们强调发展实验自然科学，主张以科学实验追求科学真理。所有这些都为化学进入近代，成为一门独立的科学做好了准备。

2.1 元素说的形成

英国化学家和物理学家**波义耳**（R. Boyle）是一位为化学发展成为真正的科学做出重大贡献的代表人物，他给化学元素提出了科学的定义，为人们研究物质的组成指明了方向。恩格斯高度评价说："波义耳把化学确立为科学。"

2.1.1 元素说提出的基础和前提

1627 年 1 月 25 日，波义耳出生在爱尔兰的一个贵族家庭，父亲是个伯爵，家境优裕。童年时，他并不显得特别聪明，他很安静，说话还有点口吃，没有哪样游戏能使他入迷，但是比起他的兄长们，他却是最好学的，酷爱读书，常常书不离手。8 岁时，家里把他送到伊顿的贵族学校里学习，12 岁时他父亲又专门为他们兄弟请了一位日内瓦教师，这时的波义耳就选学了自然科学，包括著名的天文学家和物理学家伽利略（Galileo）的著作，对他后来的成长影响很大。

波义耳虽家境富有，但他却从不追求安逸豪华的生活，而是用毕生的精力从事对自然科学的探索。从青年时代起，他就在自己家里建立了实验室，进行大量而广泛的科学实验。这些实验涉及物理学、化学、生物学和医学等许多方面。他受过医药化学家的影响，很崇拜海尔蒙特，整日沉浸在实验之中，浑身沾满了煤灰和烟，甚至达到了"忘却书籍和墨水瓶的程度"。波义耳还参加了英国当时出现的新的科学团体——无形学院，或称为"哲学学会"，这是一种无固定地址的非正式团体，会员们每周在一位会员家或其他地方聚会一次，讨论自然科学的最新发展和在实验室中遇到的问题。波义耳在通信中曾称这个组织为"无形的大学"。1662 年，国王查理二世正式批准成立以促进自然科学知识为宗旨的皇家学会，这个无形大学就是世界上最早的正式科学团体——皇家学会的前身。波义耳年仅 20 岁就是"无形大学"的一员，每当聚会他都积极参加。波义耳受英国哲学家培根影响很深，非常推崇培根的名言："知识就是力量"。他认为，知识是从实验中来的，实验是最好的老师。

波义耳与著名的法国科学家、哲学家笛卡尔（Descartes）是学术研究的论敌，他反对笛卡尔的"理性思维高于一切"的论点，所以常常与笛卡尔发生争论。一次，笛卡尔到波义耳的姐姐雷尼尔夫人家作客，波义耳却成了这位客人的一个极其认真的对手，以至同笛卡尔连续辩论了几天。这时的波义耳只有 18 岁，而笛卡尔比他大 31 岁，这两位科学家谁也没有战胜谁，以后这种辩论一直持续着，形成了笛卡尔派和波义耳派，并各有一群追随者。

2.1.2　元素说的提出与验证

波义耳时代的化学仍然是占统治地位的炼金术。在波义耳之前，化学本身没有独立的研究对象，而从属于医学和冶金学。在物质组成方面化学家们仍然把亚里士多德的四元素说和帕拉塞尔苏斯的三要素说奉为物质起源的经典。然而，由于波义耳重视实验，坚持实验，通过大量的化学实验使他对亚里士多德和帕拉塞尔苏斯的学说产生了怀疑，他认为世界万物绝不可能只是"气火水土"四种原质或是"硫汞盐"三种要素所组成的。而且他在实验中，发现很多分解反应从来没有出现过硫汞盐的成分。他观察到，黄金是不怕火的，黄金不被火分解，更分解不出硫、汞或盐来，所以他更相信德谟克利特的物质观——古代原子论。他在实验中注意到气体具有弹性，可以被压缩，液体蒸发和固体升华以后，蒸气可以弥散于整个空间，大块的盐溶解在水中以后可以透过滤布上的微细小孔。波义耳受到了这些自然现象的启发，提出了物质的微粒学说，认为物质是由无数的、细小的、致密的、不能用物理方法分割的物质微粒构成的，然后再由微粒结合成更大的粒子团，粒子团往往作为基本单位参加各种化学反应；粒子团运动的变化能够引起物质性质的改变；吸引力与亲和力可以解释为运动着的粒子团相互作用的结果等观点。波义耳关于物质微粒学说的第一篇论文的题目是《用化学实验阐明微粒学说概念的某些事实》，附件是《一篇物理学-化学论文——关于硝石的实验》。波义耳在论文中指出：用一块红热的炭可以将硝石分解为它的组分，这表明物理化学变化可以证明微粒的存在。波义耳曾以黄金为例说明他的观点：放一点金子在王水里，不久它就溶解了。如果再把溶液蒸干就得到一种黄色的新物质，这是金的微粒和王水结合的产物；如果在溶液里加一点锌，容器底部就沉淀出一层金粉，这就是起初溶进去的黄金。总之，金微粒与王水结合，会暂时改变自己的形态，但金微粒是永存的。

1661 年，34 岁的波义耳总结了自己十几年的实验和研究成果，出版了向传统化学观念挑战的名著《怀疑派的化学家》。这本著作是用对话的体裁写成的，即四个人物在一起围绕化学元素概念进行争论。第一位是代表波义耳本人的怀疑派的化学家；第二位是逍遥派的化学家，代表亚里士多德的四元素说观点；第三位是医药化学家，代表三要素说的观点；第四位是哲学家，在争论中保持中立。辩论的结果是怀疑派的化学家获胜。波义耳在这部著作中用旧理论的拥护者同怀疑派的化学家对话的形式全面阐述了化学研究的目的、化学实验的意义和他对化学元素的见解。他在这部著作中对当时流行的物质观做了大胆的怀疑，提出了摧毁旧观念的令人信服的论据。

波义耳在《怀疑派的化学家》这部著作中提出了第一个科学的元素概念。他指出：元素是使"混合物"经过分解以后所得到的最后不能再分解的原始纯净物。比如黄金，虽然可以同其他金属一起制成合金，或可以溶解于王水之中而隐蔽起来，但是仍然可以设法恢复原形，重新得到黄金。这说明，黄金虽然经过了种种化学处理而发生了变化，然而始终未被分解而破坏，是用化学方法不能再分解的简单物质——元素。他还详细地说明了用升华法检验的过程。"我用升华法，不难把黄金展成相当长的红色晶体；用许多其他办法可以把黄金隐蔽起来，组成一些既与金子的本性极不相同而又彼此性质也大不相同的物体，但是这些物体以后都可以还原成它未成混合物以前的、同一数量的、黄色的、固定的、有重量的、有展延性的黄金。"同样，水银也是如此。所以"黄金和水银的颗粒，尽管不是最小的物质粒子的初级结合体，而是明显的混合物体，但它们都能在几种极不相同的物体的组成中同时出现，而不丧失它们的本性或构造。"因此，波义耳就把在化学反应中不能再分解的最简单的微粒称为元素。至于自然界元素的数目，他认为作为万物之源的元素，将不会是亚里士多德所说的四种，也不会是医药化学家所说的三种，而一定会有许多种。这样，波义耳不仅在元素的质上，而且也在量上批判了旧的元素观，全面地提出了一个新的科学的元素观。由此可以看到，波义耳的元素概念是在实验中产生的，它与古代的元素概念虽然是同一个词，却有着不同的含义，波义耳把元素概念提出到科学的水平，成为化学这门科学的一个基础概念，这同过去的用思辨推理去认识元素的观念相比，是一个认识上的突破。

波义耳还指出，化学应该有自己的研究对象、研究课题和研究任务。化学应该阐明化学过程和物质的组成，而不应该再从属于炼金和医学。波义耳精辟的论述和严密的实验结果，赢得了大多数自然科学家的支持，包括他的许多论敌，连坚持"以太说"的物理学家惠更斯（C. Huygens）在内，也不得不承认波义耳的元素学说，波义耳的《怀疑派的化学家》这部著作成了划时代的著作，成为近代化学诞生的标志。

波义耳十分重视实验。他指出，实验和观察方法是形成科学思维的基础，化学必须依靠实验来确定自己的基本定律。他本人就是一个出色的实验家，他把比较严密的实验方法引入化学研究，他亲自设计了许多实验，并改进了许多当时实验中常用的仪器。他应用当时已发明的抽气机，做了许多减压作用的实验，并进一步设计发明了减压蒸馏装置。波义耳始终认为空谈无济于事，实验决定一切，同时他也重视理性的作用，较好地将二者结合，具有比较全面的观点，这也是他之所以能够抛弃经院哲学、四要素说和三要素说，进而建立新的元素观和化学观的一个重要因素。所以就在他的划时代著作问世之后，他抓紧时间，一天也不浪费，仍然继续从事他的实验。他在 1662 年又发现气体的容积与压力成反比定律，这是 17 世纪中叶的一个伟大的发现，但他自己却非常谦虚，称之为"假说"。15 年之后，在法国马略特（Mariotte）证实了这一定律之后，被称为波义耳-马略特定律。这是为新兴的物理化学创立的第一个定律。

这时的波义耳正处于创造力的极盛时期，在他的笔下出现了一部又一部关于哲学、物理学和化学方面的科学著作，他的名声盛极一时，他经常被邀请入宫，权贵们认为同"英国科学界的明星"哪怕是谈几分钟话也是光荣的，他到处受到尊敬，甚至提议让他担任皇家矿业公司的成员，后来他被任命为东印度公司经理。然而，所有这一切都不可能使这位科学家放弃他的化学实验。波义耳是最早的皇家学会会员之一，1680 年又被选为皇家学会主席，为了有更多的时间从事科学研究，他谢绝就职，于是由瑞恩（Wren）就任此职。波义耳为了科学事业，终生未娶，一生始终坚持亲自做各种化学实验，而不追求安逸豪华的生活，他一生写下了大量的科学著作和论文，为后代留下了丰富的科学遗产。波义耳的晚年，在神秘的哲学理论影响下，曾经怀疑微粒概念的正确性，怀疑微粒是不是实际存在着的东西，然而他仍不失为一个伟大的科学家。他的研究工作为新的化学科学的诞生奠定了基础。恩格斯曾高度评价了波义耳的元素说和他的研究工作，指出"波义耳把化学确立为科学，从这以后，化学开始成了一门独立的科学。"

波义耳在化学发展史上是影响最大的化学家之一。他在化学上所取得的成就使他成为给炼金术以致命打击的第一个化学家，由他开始化学进入了一个新的时期，科学的化学是从波义耳开始的，后人则把 1661 年《怀疑派的化学家》这部著作的发表作为化学确立为科学的标志。

波义耳在取得一系列成果的同时，却又在机械论哲学的影响下，不适当地把微粒学说扩展，应用到解释火焰的本质，把作为物质化学运动现象的火焰当作物质本身，认为火也是由"极细小的微粒"，即"火素"所构成。他认为，火的微粒可以透过烧瓶同被加热的物体结合。1673 年，他通过加热铜、铁、锡、铅等金属的增重实验做了进一步的证实，并在 1674 年以《使火与焰稳定并可称重量的新实验》为题发表了实验结果。尽管波义耳在这些实验中做得很精心，然而还是只注意到了金属煅烧的增重，而忽视了同金属密切接触的空气的作用。由于这个观察和实验上的疏漏，再加上机械论思想的影响，就导致他得出火是一种具有重量的物质元素的错误结论。此外，在当时的实验条件下，还不可能找到一种完全可靠的实验方法来判明一种物质究竟是不是元素，是简单物质还是复杂物质。这样，波义耳不仅把火，而且还把气、水等视为元素，从而使化学在提出了科学的元素概念之后，仍未完全消除掉四元素说和三要素说的影响。例如，波义耳同时代的法国化学家勒梅里（N. Lemery）就在硫、汞、盐三要素的基础上增加了水和土两个要素，提出了五要素说。在波义耳逝世后 10 年，德国化学家**施塔尔**（**G. E. Stahl**）又以可燃性的“要素”硫为依据，提出了一种“燃素说”，并使化学在这种错误学说的统治下达百余年之久。

2.2　燃素说的兴衰

人们对于燃烧现象的实践经验由来已久，在波义耳时代，很多人对燃烧现象特别是金属焙烧现象进行了研究，提出了各种观点。虽然波义耳从理论上阐明了元素的概念，但是他的先进思想尚未被人们接受。医药化学家的“三要素说”仍在起着作用，并且为燃素说的产生提供了基础。17 世纪中叶以后，冶金、炼焦、烧石灰、制陶、玻璃、肥皂等工业有了很大的发展，这些工业无一不是与燃烧反应密切相关的。当时在化学家们的实验研究中，不论是对元素的发现和鉴别，还是对物质性质的研究和比较，以及单质与化合物的制备与提纯等几乎都离不开燃烧和焙烧，也就是说，无论是工业生产，还是化学研究都需要从理论上阐明燃烧现象的本质。因此，对燃烧现象的研究就成了当时以至整个 18 世纪化学研究的中心课题。

2.2.1　金属煅烧增重现象

1630 年，法国医生雷伊（J. Rey）通过铅和锡的煅烧实验，注意到煅灰的重量增加了，他认为这是空气混进烧渣中去的缘故，就像干燥的沙吸收水分而变得更重一样。

波义耳的得力助手、英国物理学家和化学家胡克（R. Hooke），在 1665 年发表的《显微术》一书中论述了空气在燃烧中的作用。他认为空气是所有硫素物体的万用溶剂：溶解时产生大量的热，被称之为火；溶解作用由空气中的一种物质产生，这种物质与固定在硝石中的组分相似，胡克在 1682 年称其为“亚硝空气”，波义耳也含糊地称它为空气中的“挥发硝石”。

1674 年，英国医生**梅奥**（**J. Mayow**）通过精巧的实验证明：只有一部分空气参与燃烧和呼吸过程。他又发现火药能在真空中及水下燃烧，因此他认为，硝石中也存在空气中那种助燃的成分，所以他把这种成分叫“硝气精”。他在实验中也发现了金属煅烧或用硝酸处理后都会加重的现象，他认为是由于金属吸收了硝气精的结果。他设想空气是一种元素物质，而硝气精则附着在空气微粒上，但他并没有能从空气中把硝气精分离出来。不过，他对燃烧现象的解释，在那个时代还是相当先进的。据英国科学史家亚·沃尔夫记载，梅奥的“发现”是领先普利斯特里（T. Priestley）和拉瓦锡（A. L. Lavoisier）100 年的人。当然，也有人认为这种评价是不妥的。

波义耳坚决反对把火看成是热、干两种原性的化身的错误见解，同时又反对炼金术士和经院哲学把火看成是从物体中分解出来的神秘观念。在他看来，火应当是一种实实在在，由具有重量的"火微粒"所构成的物质元素。因而他认为，植物、燃料在燃烧时，它们的极大部分都变成火素散失到空气中去，只留下了同原物体本身的重量相比微不足道的灰烬。1673年波义耳曾做了一个金属煅烧实验，他在密封的容器内煅烧了金属铜、铁、铅、锡等，并仔细定量地研究了它们在煅烧后增重的情况。最后他认为：在金属被煅烧时，从燃料中散发出来的火微粒，穿透过容器壁，钻进了金属，并与它们结合而形成了比金属本身要重的煅灰。可以把波义耳对金属煅烧而增重的解释用下述公式表达：

$$金属＋火微粒 ＝＝ 煅灰$$

上述关于燃烧的见解如果能继续深入一步，就有可能导致对燃烧现象的认识取得重大突破。然而，这些见解并没有引起人们的注意。当时人们只是通过对火的直接观察片面地得出结论。显然，人们见到的是燃烧物上有火焰进出，而当时大量的燃烧材料是木材、煤炭、硫黄、油脂等，它们燃烧之后的灰烬显然比燃烧前轻得多，于是给人们最普遍的感觉还是在燃烧过程中，好像有某种东西从燃烧物中跑掉了。17世纪下半叶，牛顿建立了经典力学体系，他的成功使人们以为用机械力学的理论和方法可以解释所有的自然现象。他们滥用力的概念，用诸如重力、浮力、张力、电力等解释物质的种种现象，如果这些解释不通，就举出某种人们所不知道的东西，如光素、热素、电素等等来加以解释。受这种思想影响，化学家们提出了用以解释燃烧现象的学说——燃素说。

2.2.2　燃素说的提出

1669年，德国化学家**贝歇尔**（**J. J. Becher**）写作了《*土质物理学*》一书，论述了燃烧作用，提出了燃素说的初步思想。他认为，气、水、土都是元素，但作用并不相同。气不能参加化学反应，水仅仅表现为一种确定性质，而土才是构成化合物千差万别的根源。所以，他又把土分为三种：油状土、流质土、石状土，它们分别相当于硫、汞、盐三要素。石状土相当于三要素说中的盐，能使物质具有一定的形态；流质土相当于汞，能使物质致密而具有金属光泽；油状土相当于硫，能使物质易于燃烧。他认为一切可燃物中必然含有油状土，燃烧是分解作用，一个可燃物必定是复合物。他没有直接提出"燃素"这一概念，但是他认为物质在燃烧过程中"油状土"被排出了。因此，后人认为他是与施塔尔共同创立燃素学说的化学家。

贝歇尔的学生施塔尔是一位医生兼化学家。1694年任哈雷大学医学和化学教授，1716年任柏林普鲁士王的御医。1703年施塔尔重印了老师的著作，并亲自写了一个长长的评注，继承和发展了贝歇尔的思想。他认为物质在燃烧时有易燃元素逸出，但他把这种元素叫做"燃素"，而不称"油状土"。他认为"油状土"并非是"硫要素"所代表的可燃性，而是一种实在的物质元素，即"油质元素"，或"硫质元素"。他把这种元素就命名为燃素。他还认为物质燃烧后，放出的燃素随即在空气中消失，所以空气是带走燃素的必需媒介物，燃素是离不开空气的。由此他又提出，一切可燃物均含有燃素，可燃物是由燃素和灰渣构成的化合物，燃烧时分解，放出燃素，留下灰渣。燃素与灰渣结合，又可复原为可燃物，例如金属煅烧，放出燃素，留下灰渣：

$$金属 \longrightarrow 灰渣 + 燃素$$

灰渣与富有燃素的木炭共热，又还原为金属：

$$灰渣 + 燃素 \longrightarrow 金属$$

总之，施塔尔总结了各种燃烧反应和观点，系统地阐述了燃素学说。这个学说不但解释了某些燃烧现象，而且能对当时的许多化学现象做出说明。这就使施塔尔相信，燃素为一切化学变化的根本，化学反应是燃素作用的种种表现，而且也赢得了许多化学家的高度重视和支持，并扩展为整个化学反应过程的普遍理论而被人们接受，成了当时化学家的主要理论依据和思维工具，统治了化学领域，一直延续到 18 世纪末。

燃素说是一个错误的假说。燃素是一个假想的并不存在的物质。它对燃烧过程的解释是本末倒置，把本是元素的金属看成是燃素和灰渣组成的化合物，而把本是化合物的灰渣当成了元素。错误性质与炼金术不同，是个可用的假说，在历史上起过积极作用，是化学史上最早提出的反应理论。在此之前，化学史上还没有提出一个化学反应理论。它把当时大量、零星、片断的化学知识加以概括，取代炼金术，使化学从炼金术中解放出来。这样化学就不仅在元素理论上，而且在化学反应理论上全面取代了炼金术，并逐步消除了它的影响。燃素说与炼金术的宗教性不同，与古代的意测性不同，与医药化学家的半神秘性不同，是在实验基础上产生的、相对错误的假说。燃素说也阻碍了化学的发展，统治化学达百年之久。在波义耳把化学确立为科学之后，燃素说又使化学误入了迷途。燃素说是个保守理论，在定性研究阶段还能说得过去，化学发展到定量阶段，漏洞百出。

燃素说最早遇到的问题之一，是如何解释金属在焙烧的过程中释出了燃素，而反应后的金属灰渣却比未经焙烧的金属还要重的现象。施塔尔没有对这个问题做出确定的解释。有些化学家认为，这种重量增加，可能是由于被焙烧的物质密度增加或者它吸收了空气微粒的缘故。然而，还有一些化学家认为燃素具有负重量，所以金属失去燃素时，重量反而增加了。随着时间的推移，人们对燃素说做出了各种各样的修正，但是无论怎样修补，它都未能经得起实践的考验，因为经过人们多方搜索，结果谁也没有能够得到燃素，燃素说越来越陷入无法克服的困境，到 18 世纪末，氧气被发现，燃烧的本质被揭示，从而也宣告燃素说被彻底推翻。

2.3 氧化学说的革命

燃烧的氧化学说的建立和燃素说的被推翻是以气体化学的突破为线索的，气体化学的成就是建立新的科学的燃烧理论的基础。

2.3.1 重要气体的发现

直到 17 世纪中叶，人们对空气和气体的认识还是模糊的，多数人认为只有一种气体，空气是唯一的气体元素，而把各种气体仅仅当作是空气的不同形式或者是空气被掺入了各种不同杂质而形成的混合物。18 世纪以来，人们通过对燃烧现象和呼吸作用的研究，认识到气体的多样性和空气的复杂性。

气体（gas）这个术语是布鲁塞尔医药化学家海尔蒙特在 1630 年左右，从帕拉塞尔苏斯用来表达空气的希腊词 chas（混浊）引申出的术语。但是，一直到拉瓦锡的时代，气体这个术语才真正流行起来，在这之前化学家们都满足于使用"空气"（air）这个词。海尔蒙特曾经对二氧化碳、一氧化氮等气体进行过描述，把它们都叫作"野气"或"无约束气"。但他认为气体不能容纳在器皿中。

1727 年，英国牧师黑尔斯（S. Hales）改良了集气槽，用水上集气法测定从各种物质中所能提取出的"空气"总量。但是，黑尔斯只是满足于测量气体的体积而不去研究它们的性质，因而使他失去了发现气体的机会。

英国物理学家和化学家**布莱克（J. Black）**在 1755 年发表了他用定量方法研究气体的论文《对镁石、石灰石和其他碱性物的实验》。他在煅烧石灰石前后分别称其重量，发现石灰石煅烧后重量减轻了 44%，他判断，这是因为有气体从中放出的缘故；他又进行了石灰石与酸作用的实验，发现能放出一种气体，他又用石灰水来吸收该种气体，发现其重量与煅烧时放出来的重量相等，而且他还发现这种气体与石灰水作用生成的白色沉淀性质与石灰石相同。由于这种气体是固定在石灰石中的，于是他就把它命名为"固定空气"，就是我们今天所讲的二氧化碳气体。这一发现说明加热时碳酸盐失去的不是无重量或是负重量的燃素，而是有重量并且是可以分离和研究其性质的"固定空气"。蜡烛不能在固定空气中继续燃烧；麻雀和小鼠等会在其中因窒息而死亡，它与寻常空气不一样。这些使人们明确地认识到气体的多样性，同时也是对燃素说的一次有力冲击。

卡文迪什（H. Cavendish），英国物理学家和化学家，英国皇家学会会员，法国科学院院士，1798 年曾用扭秤实验验证了万有引力定律，从而确定了引力常数和地球的平均密度，成为科学史上第一位"称"地球"重量"的人。在化学领域，他发现并鉴定了氢气，证明了水和空气的组成。

卡文迪什家境富裕，性情古怪，他 40 岁时先后继承了父亲和姑母的两大笔财产，成为一名百万富翁。有人说，卡文迪什在一切有学问的人当中是最富有的，而在一切富翁当中又是最有学问的。财富并未使卡文迪什的生活方式发生变化，他仍然过着俭朴的生活，大部分支出都用在了购置科学仪器和图书上。

卡文迪什藏书很多，并慷慨地供其他学者使用。他非常珍爱自己的藏书，无论是别人借，还是自己从书架上拿走一本书，都要严格办理登记手续。他的书从哪儿取下，看过后仍旧放回哪里，一丝不苟。卡文迪什终日都在他的实验室和图书馆里度过，从不把时间耗费在舞厅和宴会上。他说，我认为科学家的时间应当最少地用在生活上，而应当最多地用在科学上。英国人很讲究仪表，而卡文迪什却总是穿着过时的老式服装，无心于赶时髦，而且很少有一件衣服的纽扣是齐全的。他不善言辞，也不喜欢那些慕名来访的客人打扰他的研究工作。陪客人时，他常常一言不发，眼睛盯着天花板，思索着自己在实验中的问题，往往使客人很扫兴，不欢而别。他偶尔说起话来也是声音尖细，结结巴巴。即使在同行面前，他也是沉默寡言，曾有个熟悉他的人说：他一生中说的话比任何一个活到 80 岁的人都要少，甚至比修道院中的修士还要少。他出名以后，经常有人来拜访，或者请他光临各种会议、宴会，但是他固守着一成不变的定规，除皇家学会的同行外，几乎不与任何人接触、交谈。有一次，一位英国科学家偕同一位奥地利科学家到班克斯（J. Banks）爵士家，恰巧卡文迪什也在座，当时便介绍他们相识。在介绍时，班克斯爵士对奥地利科学家盛赞卡文迪什，奥地利科学家也说了景仰备至的话，并说这次来伦敦最大的收获就是见到卡文迪什等等。卡文迪什听了之后，起初是大为忸怩，接着是完全手足无措，不知如何是好，最后便从人丛中冲出室外，坐上他自己的马车回家去了。

卡文迪什终身没有结婚，也不爱接近女性，甚至忌讳看到女人的面孔。他家雇有女仆，他约法三章，严格地命令她们不要到他所能看到她们的地方去。有一次，卡文迪什下楼，正好与一个刚要上楼的女仆相遇，卡文迪什十分生气，立即叫人专门为女仆修了一个专用楼梯，以免再发生类似的不愉快的事情。卡文迪什吩咐女仆做事也采用奇特的方式：每次把要女管家做的事写成清单，放在固定的地方，等他走开以后，才允许她取走单子照办。女仆在他家工作多年，卡文迪什竟从未和她说过一句话。后来，当人们问起女仆，她的主人是什么模样时，她竟一无所知。

卡文迪什不会理财，他虽是百万富翁，却不知道一万英镑是多大一笔财产。有一次，他的一个仆人病了，卡文迪什给他开了一张一万英镑的支票，使这个仆人惊讶得说不出话来。又有一次，接受他储蓄的一家银行发现他的存款太多了，认为只是储蓄对他本人不利，便好心劝他拿出其中的一部分来投资。卡文迪什从来没有考虑过这类事情，一听要他取出钱来，就着急了，生气地说："如果这样给你们添了麻烦，那就把存款统统取出来好了！"

卡文迪什活了 79 岁，是死在自己的实验室里的。1810 年 2 月 24 日，当他感觉自己病得很重、快要死时，就对他的仆人们说："你们暂时离开我吧，过一个钟点再回来！"等到仆人们再来时，发现他已经停止了呼吸。卡文迪什留下了很大一笔遗产。为纪念他，他的族人赠款给英国剑桥大学，在 1871 年创办了一座物理实验室，就是著名的卡文迪什实验室，这里至今已经培养出许多诺贝尔奖获得者。

卡文迪什在 1766 年制得氢气，并研究了它的性质，称其为"易燃空气"。由于他是用盐酸和稀硫酸分别作用于锌、铁和锡而制得的氢气，所以他误认为氢气是来自金属，而不是来自酸，这种错误的认识一直延续到 19 世纪初。不仅如此，由于他受燃素说的束缚，他甚至认为"易燃空气"本身就是燃素，并认为金属在酸中溶解时，所含的燃素便释放出来，形成了易燃空气。当时有的燃素论者还认为把"易燃空气"充入气球后，气球就会远离地面向空中飘浮，这不恰好证明了它有"负重量"吗？所以就更认为"氢气"＝"燃素"了。后来，由于卡文迪什又进一步研究了"易燃空气"的物理性质和化学性质，用不同的方法制氢，精确地测出了氢气的比重，发现氢是有重量的，只是它比空气轻很多，从而确认了氢气是一种不同于普通空气的新气体。所以，卡文迪什被公认为是发现了氢气的人。然而，非常遗憾的是他仍然坚信燃素说，并没有能够理解到这一发现的真正意义。

布莱克在 1755 年发现"固定空气"后不久，又发现木炭在玻璃罩内燃烧以后，即使把生成的"固定空气"完全用苛性钾液吸收掉，仍有一定数量的气体剩余下来。布莱克就让他的学生卢瑟福（D. Rutherford）研究这种剩余下来的气体的性质。卢瑟福在密闭的容器中燃烧磷，除去普通空气中可助燃和可供动物呼吸的气体，对剩下的气体进行了研究。发现这种气体有不被碱液吸收的性质，不能维持生命，也不助燃，他把这部分气体称为"毒气"或"浊气"，即氮气。并在一篇题为《固定空气和浊气导论》的论文中发表了这一成果。几乎是与此同时，卡文迪什等人也先后发现了氮气，但是没有及时公布，所以氮气的发现通常认为是卢瑟福做出的。

氮气的发现，进一步表明空气并非是一种单一的气体元素，对于人们认识空气的组成和本质，揭示物质燃烧的奥秘具有重要意义。然而，卢瑟福由于受燃素说的影响，并没有认识到氮是一种元素，是空气的一个组成部分，而却认为是"被燃烧物质吸去燃素后的空气。"

18 世纪下半叶，研究气体化学最著名的是**普利斯特里**，他是英国牧师、自然科学家。原修神学，撰写过多部神学著作。他懂多种语言：拉丁语、希腊语、希伯来语、阿拉伯语、意大利语、法语和德语。到晚年后，他还学过一点汉语。他从 28 岁开始写书。31 岁写成第一本科学方面的书《电学史》，因此当选为英国皇家学会的会员，39 岁时写成的《光学史》，成为 18 世纪后期的一部名著。40 岁时，他担任了一位贵族的家庭教师，结识了著名的科学家富兰克林，由于富兰克林的影响，普利斯特里把兴趣转移到从事科学研究，以后发表了好多科学研究方面的论文，成为世界著名的化学家。普利斯特里在法国大革命时期，积极为大革命做宣传讲演。英国当时有些人是反对法国大革命的，他们聚集起来，烧毁了普利斯特里的住宅和实验室。普利斯特里不得不搬到伦敦去住。在伦敦，他也受到一些人的歧视，当时他已 61 岁。后来他移居美国，并受到美国政府和科学界的欢迎，成了美国公民。美国化学界以能获得普利斯特里奖章作为最高荣誉。在英国利兹，有普利斯特里的全身塑像，作为永久纪念，英美两国人民都十分尊敬他。

普利斯特里在 1774 年制取出氧气之前，他就已相继制得了一氧化氮、一氧化碳、二氧化氮、二氧化硫、氯化氢、氨气等多种气体，和同时代的其他化学家相比，他采用了很多新的实验技术，所以在学术界的声誉相当高，曾被誉为"气体化学之父"。1784 年，他还被选为巴黎法国科学院的外国院士，当时法国科学院只有 8 名外国院士。他还获得了很多国家的科学荣誉。

1774 年，普利斯特里的朋友送给他一个很大的凸透镜。他便用这个聚光镜产生的高温来加热各种物质，观察它们是否会分解放出气体。他改进了黑尔斯的集气槽，在气槽的收集器里用汞代替水，以便收集一些易溶于水的气体。1774 年 8 月 1 日，他如法把氧化汞放在试管内用聚光镜来加热，得到一种气体，蜡烛在里面比在普通空气中点燃得更明亮，而把将要熄灭的木片放到里面又重新燃烧发光。他又把老鼠放在这种气体中，见到它比在等体积的普通空气中活的时间长了 4 倍；他自己也曾经亲自尝试了一下，"觉得这种空气使呼吸轻快了许多，使人感到格外舒畅"。遗憾的是他顽固地相信燃素说，即使经过了上述一系列实验，他仍然认为空气是单一的气体，助燃能力之所以不同，是因为所含燃素的量不同。从汞煅灰分解出来的是新鲜的，一点燃素都没有的空气，所以吸收燃素的能力特别强，助燃能力也就格外大，因而他把这种气体称为"脱燃素空气"，即氧气。普利斯特里还认为普通的空气，由于经过动物的呼吸及植物的燃烧和腐烂，已经吸收了不少燃素，所以助燃能力就比较差了。一旦空气被燃素所饱和，就不再助燃，而变成"被燃素饱和了的空气"（也就是我们今天说的氮气）。总之，在普利斯特里看来，氧气和氮气的差别仅在于前者是一点不含燃素的空气，后者是吸足了燃素的空气，而普通的空气则介于两者之间。

　　实际上，最早制得氧气并研究了其性质的是瑞典化学家**舍勒**（C. W. Scheele）。1773年，舍勒在硝石的加热中得到了一种气体，能强烈地助燃，使点燃的蜡烛发出耀眼的光芒。他还在硝酸汞、氧化汞等物质的加热中也制得了这种气体。他认为这就是存在于空气中的"火空气"。1774年，他还制取了氯气。然而由于印刷的拖延，他的这些研究成果直到1777年才得以公开发表。舍勒虽然最早制取了氧气，同样令人遗憾，他也是燃素论者，认为燃烧是"火空气"与燃素的结合，还把氯气也与燃素联系在一起，称其为"脱燃素盐酸"。

　　由此可见，普利斯特里和舍勒虽然都独立制得了氧气，但并不能够说他们真正发现了氧。正如恩格斯所指出的那样，由于他们被传统的燃素说所束缚，"从歪曲的、片面的、错误的前提出发，循着错误的、弯曲的、不可靠的途径进行探索，往往当正确的东西碰到他鼻尖上的时候他还是没有得到正确的东西。"结果"这种本来可以推翻全部燃素说观点并使化学发生革命的元素，在他们手中没有能结出果实。"

　　氧气的发现在化学发展中占有相当重要的地位。日本著名化学家山冈望认为"这是18世纪到19世纪初建设化学大厦的一块坚固的基石"，如果当时尚未发现，"则要建成的化学殿堂就还不知要推迟几十年。"因此，科学史家贝尔纳（Bernal）把氧气的发现誉为是"化学中气体革命的极点"。这就是说，如果认为气体化学的每一个成就都是建立新的科学燃烧理论链条的一个环节的话，那么，氧气的发现就是这一链条中的最后一环，是气体化学中的最大突破。

　　通过对气体化学的考察，使我们看到，气体化学的成就和定量方法的应用，从化学科学内部不断地冲击着陈旧的燃素学说。燃素说面临着全面危机，燃素说的拥护者为了维护旧理论，力图对各种化学现象做出解释，有多少种气体，几乎就有多少种燃素说的变形解释。在这种化学思想空前混乱的情况下，法国化学家拉瓦锡掀起了一场化学革命。

2.3.2　氧化燃烧理论的提出与完善

　　18世纪的化学在两个方面取得很重要进展：一是气体化学的成就，二是定量方法的应用。由于天平被广泛应用于化学实验过程，定量实验工作进展迅速，精确的科学测量对于化学研究的重要作用越来越受化学家们的重视。这两个方面，从化学科学的内部不断地冲击着陈旧的燃素学说。而在18世纪后期英国的工业革命和法国的资产阶级民主革命促使整个西欧社会彻底摆脱了僵硬的中世纪封建躯壳，推动整个自然科学进入了一个前所未有的发展时期，这又在化学科学的外部提供了推翻燃素学说，建立科学的燃烧理论的条件。所有这些因素综合在一起，就使得化学家能够把从气体性质中推导出来的物理概念应用到传统的化学中去，建立了新的氧化学说，实现了一场深刻的化学革命。化学也就从传统的经验技术性的学科开始转变为一门像力学一样的、可以用数学进行一些定量计算的科学了。

在**拉瓦锡**彻底推翻燃素说代之以科学的燃烧理论之前，已有人向错误的燃素说做过冲击。俄国的科学家**罗蒙诺索夫**（**М. В. Ломоносов**）于 1756 年曾在密闭玻璃容器内煅烧金属，做了金属煅烧后增重的实验，他指出，重量的增加是由于金属在煅烧过程中吸收了空气的结果。1774 年 4 月，法国人贝岩（P. Bayen）在《物理学报》上发表文章，讨论氧化汞的性质，认为水银煅烧时，不但不是失去燃素，而且会与空气化合，增加重量。然而，他们的研究是不全面的，也没有定量分析，更没有对氧的性质做透彻的研究，认识不到它是一种新元素。对燃烧现象做全面研究、令人信服地彻底推翻燃素说并建立起科学的燃烧学说的这一历史任务，则由法国化学家拉瓦锡最后完成。

拉瓦锡，1743 年 8 月 26 日生于法国巴黎一个富有的律师家庭。从小就受到极好的教育，学过数学、化学、天文学、植物学、矿物学和地质学。他机智聪明、头脑清楚，善于简明扼要地叙述哪怕是最复杂的材料。他父亲认为，他的这些品质对于一个法学家来讲是极为宝贵的，所以希望他能成为一名律师。而拉瓦锡由于经常同一些化学家交往而迷恋上了化学。他对父亲说："我是当不了律师的，我有另外的兴趣。科学吸引着我，科学的秘密、科学之谜吸引着我。"拉瓦锡利用业余时间从事化学研究，并很快取得了成果。1765 年他年仅 22 岁，参加了城镇夜间照明问题竞赛，向科学院呈交了一篇论文。为此，他获得了国王授予的一枚特别金质奖章。1768 年，由于对天然水的卓越研究而当选为法国科学院院士。此后不久，他就任收税机关的高级职员，他把从这个职务得来的收入，都花费在昂贵的化学实验上。那时，化学家们反复思考的主要问题就是燃烧的本质问题，许多化学家感到燃素说不能解释这个过程，但建立新的、更科学的理论暂时还没有足以令人信服的资料。拉瓦锡对燃烧的过程比别人更感兴趣，有时他和他的科学研究方面的朋友们争论得很激烈，甚至他们之间的谈话就像吵架一样。然而，新的思想就在这一次次的争论中产生了。

1772 年 2 月的一个晚上，拉瓦锡与同他在一个实验室里工作的伙伴一起讨论高温下的金刚石燃烧后为什么会变得无影无踪。有人认为，物质燃烧后总是会形成灰渣的，金刚石燃烧后既然没有留下一点灰渣，就应该考察它转变为什么物质。而拉瓦锡不同意这种观点。他认为，原因不在于此，而在于周围的环境对燃烧过程施加了什么影响。有人认为，加热是在空气中进行的，不会有什么影响。拉瓦锡则反对这种认识，他说："难道空气就不会产生影响吗？"通过讨论，他们统一了认识，决定验证一下，考察在没有空气的情况下加热金刚石，会产生什么变化。第二天，拉瓦锡带来几块金刚石，有人准备好了石墨稠膏。他们把小小的宝石涂上厚厚的一层膏，就开始把小黑球加热。小黑球像炉里的炭一样很快就烧红了，而且开始发光。过了几个小时，几位化学家使小球冷却，剥掉涂料。当他们看见金刚石完整无缺时非常惊奇。原来，金刚石的神奇"消失"竟然同空气有关。拉瓦锡的猜测得到了验证，他又进一步推测，金刚石也许是与空气结合在一起的。他意识到他们的这一发现很不寻常，以致使所有的问题都退居到次要地位。而对拉瓦锡来说，只有一个问题是迫切的，那就是燃烧问题。他全面考察了 18 世纪以来的气体化学成果，特别是布莱克"固定空气"的发现，使他深感定量方法的重要。于是他立即着手研究磷和硫的燃烧。他成功地收集到磷燃烧时冒出的全部白烟，并精确地进行了测量，发现磷和硫等非金属同金属铅、锡一样，燃烧产物的重量也有增加，认识到燃烧增重是一个普遍现象。至于增重的原因，他查遍了各种著作和文献也未找到令人满意的解释。100 年前波义耳认为是"火微粒"透过烧瓶，同被加热的物体结合，产生了煅烧增重的现象，究竟是"火微粒"，还是"空气"的介入呢？拉瓦锡还不能得出确切的结论。所以他决定自己动手重新检验。

1774 年，拉瓦锡重新做了 1674 年波义耳煅烧金属的实验。他和波义耳不同，为了防止空气对煅烧的干扰，他先把瓶子加以密封，这时他发现，虽然瓶内的金属已烧成灰渣，但瓶和灰渣的总重量并未改变，既没增加也没减少，这就是说，并没有什么"火的微粒"从瓶外进入到金属中去。相反，在启封时却发现外部空气冲进瓶内，然后重量才有增加。这就使拉瓦锡得出结论：增重的原因并不在于"火的微粒"或者什么"燃素"，而完全在于空气。物质燃烧是与空气中某一成分的结合，而燃素之类的东西则是多余的。为了充分论证这一看法，他企图从灰渣中再把"空气"放出，但几次实验都没有成功。

1774 年 10 月，正当拉瓦锡的实验遇到困难的时候，刚刚发现氧气的普利斯特里在漫游欧洲大陆的途中来到巴黎。他告诉拉瓦锡，他用凸透镜加热汞煅灰发现了一种气体。这使拉瓦锡很受启发，他马上感觉到普利斯特里所说的"脱燃素空气"很可能正是自己要分离而尚未分离出来的气体。拉瓦锡马上重复了普利斯特里的实验，并反复从量上加以精确测定，证实了加热汞时，形成汞渣所增加的重量，恰好与汞煅灰加热分解放出的那部分气体重量完全相等。这就使拉瓦锡不仅在质上，而且在量上证明了自己的推断，而且还证明了化学反应中的质量不灭定律。

但是能够同金属结合的气体，究竟是怎样的气体呢？是空气的全部？还是空气中的一部分？开始，拉瓦锡的认识也不明确。1775 年 5 月，他还认为，在煅烧时，与金属化合的要素不是空气的一部分，而是"全部空气本身"，后来他又认为是比我们生活于其中的空气要纯粹的空气。后来，拉瓦锡又反复做了大量的燃烧实验，如锡、铅、铁的煅烧实验；氧化汞、氧化铅、硝酸钾的热分解实验；金刚石、磷、硫黄、木炭的燃烧实验以及有机物的燃烧实验。1777 年，他知道瑞典化学家舍勒证明了空气是由助燃和不助燃的两种气体组成的情况后，经过分析，他认识到这种气体就是空气中那一部分能够助燃的气体，而不是空气整体。它是一种最简单的物质即元素，拉瓦锡把它命名为"氧"，意思是"成酸的元素"；另一种不助燃、无助于生命的气体也是一种元素，把它命名为"氮"，意思是"无益于生命"。至此，拉瓦锡已把燃烧过程搞清。他认识到，可燃物质的燃烧是同氧的结合，而不是"燃素"的放出，可燃物质燃烧过程前后的重量变化是由氧所造成，而与"燃素"无关。这就把"燃素"摒弃于燃烧过程之外，而成了完全多余的废物。这样一来，金属也就不是什么由燃素和灰渣组成的化合物，而是元素。灰渣也不是什么由金属放出燃素后剩下的简单物质，而是化合物。显然，燃素说是错误无疑的了。于是，在1777年9月，拉瓦锡向法国科学院提交了一篇题为《燃烧理论》的报告。他在这个报告中批判了燃素说的错误，全面、系统地阐述了新的燃烧理论，即燃烧作用的氧化说，其要点是：

（1）物质燃烧时放出光和热；

（2）物质在氧存在时才能燃烧；

（3）空气由两种成分组成，物质在空气中燃烧时，吸收了其中的氧，因而加重，所增加的重量恰好等于其所吸收的氧气重量；

（4）一般可燃物（非金属）燃烧后通常变为酸，氧是酸的本质，一切酸中都含有氧元素。

金属燃烧后变成煅灰，它们是金属的氧化物。至此，这个以氧为中心的燃烧理论，实际上已经可以把燃素说所碰到的种种无法解决的矛盾迎刃而解，使人们能够按照燃烧的本来面目来掌握燃烧过程的规律，并彻底改变了整个化学的面貌。正如恩格斯所说，它"使过去在燃素说形式上倒立着的全部化学正立过来"，我们可以看到，虽然拉瓦锡没有发现氧，然而他却成为真正认识氧的性质及其革命意义的第一个化学家。但是，拉瓦锡的燃烧理论并没有马上被人们普遍接受，一些著名的化学家仍然相信燃素说，这其中的原因，主要是因为还存在一个"易燃空气"（即氢气）及其燃烧产物的问题。燃素论者认为"易燃空气"就是燃素本身，从而也是燃素存在的证据。但是依据拉瓦锡的新的燃烧理论，"易燃空气"也是一种元素，在燃烧后也应增重。然而拉瓦锡却始终未能找到这一产物而无法证实。所以，拉瓦锡的理论要走向完备，则必须解决"易燃空气"的燃烧产物问题。

此后不久，普利斯特里、瓦特（J. Watt）、卡文迪什及拉瓦锡本人都进行了水的合成和分解实验。其中卡文迪什的实验做得最出色，精确地测出了氢气和氧气化合成水的体积比例。这是用科学的方法第一次证明了水并非像古希腊哲学家泰勒斯所说的是万物的"本原"或"元素"，而是化合物。然而，遗憾的是发现者本人对此却是视而不见，仍坚持认为水是"元素"，并仍然用倒置的燃素说加以解释：水预先就存在于两种气体中，氧气是"脱除燃素的水"，氢气是"含有更多燃素的水"，两种气体的化合是由于燃素的重新分配，而不是水的生成等。为此，卡文迪什就更加相信燃素说，认为"被普遍接受的燃素原理，至少同拉瓦锡先生的学说一样，能够解释所有的现象。"这样，燃素论者又错过了一次重要的发现机会，而这一机会又被拉瓦锡所获取。

1783年5～6月间，正当拉瓦锡对氢的燃烧产物困惑不解时，卡文迪什的助手布莱格登（C. Blagden）访问巴黎，拜访了拉瓦锡，向他介绍了卡文迪什合成水的实验。拉瓦锡原来认为，易燃空气在氧中燃烧会生成酸，他一直在寻找这个酸，却始终没有成功。布莱格登所谈，使他顿有所悟。他认识到这正是自己要找而尚未找到的"易燃空气"的燃烧产物。他又像过去重复普利斯特里发现氧的实验一样，立即重复了卡文迪什合成水的实验，并得出结论：水并非元素，而是"易燃空气"和氧气的化合物；"易燃空气"的燃烧是氧化并增重的过程，产物为水；"易燃空气"并非燃素而是元素。后来，拉瓦锡把它命名为"生成水的元素"，即氢气。同年，拉瓦锡撰写了《对于燃素的回顾》一文，发表了研究成果，否定了燃素说赖以存在的最后一个"依据"。这是一次历史的重演：过去，普利斯特里发现了氧，而拉瓦锡真正揭示了氧的本质和意义；现在，卡文迪什合成了水，又由拉瓦锡真正揭示了水的本质及其合成的意义，再一次显示了理性思维在科学研究中的重要作用。

为了宣告燃素说的破产，就像 200 多年前帕拉塞尔苏斯当众焚烧了中世纪医学权威的著作那样，拉瓦锡在 1783 年与夫人当众仪式性地焚烧了施塔尔的燃素说著作，以示氧化学说的胜利。1785 年以后，除了极少数保守者外，绝大多数化学家已不再相信燃素说，并使它很快销声匿迹，氧化学说已为举世所公认。

布莱克是最早接受拉瓦锡氧化学说的化学家之一，他在 1784 年之前就曾向他的学生宣传过拉瓦锡的观点。为了进一步巩固氧化学说的地位，拉瓦锡同他的支持者化学家德·莫尔渥（G. de Morreou）、贝托莱（C. L. Berthollet）、孚尔克劳（A. F. de Fourcroy）于 1787 年出版了《化学命名法》，把化学物质的命名改变得与新的氧化燃烧学说相适应。书中指出，每种物质必须有一个固定名称。单质的名称必须尽可能表达出它们的特征，化合物的名称必须根据所含的单质表示出它们的组成。酸和碱用它们所含的元素命名，盐类用构成它们的酸和碱命名，等等。这种方法简单明了，有助于人们接受新学说。

1789 年，拉瓦锡在经过 10 年的努力后，终于在法国大革命爆发的同年，完成了他的具有划时代意义的名著《化学纲要》一书。这部著作详细叙述了推翻燃素说的实验依据，系统阐述了氧化说的科学理论，重新解释了各种化学现象，明确了化学研究的目标，发展了波义耳的化学元素观念，并以此提出了包括 33 种化学元素的、化学史上第一张真正的化学元素表；并依照新的化学命名法对化学物质进行了系统命名和分类，以充分的实验根据明确阐述了质量守恒定律，提出了化学方程式的雏形，并把质量守恒定律提高到一个作为整个化学定量研究基础的地位。拉瓦锡的这部著作成为新的化学科学的奠基石。第一版问世之后不久，很快就被欧美许多国家翻译出版，受到各国化学界的重视。从而迅速肃清了燃素说的残余，广泛传播了新的氧化理论，使化学建立起从元素概念到反应理论的全面的近代科学体系。人们把拉瓦锡的《化学纲要》同牛顿的《自然哲学的数学原理》和达尔文的《物种起源》一起列为世界自然科学的"三大名著"。

氧化燃烧理论的建立是化学发展中的一次革命，这场革命不仅仅是燃烧理论的变革，而是整个化学观念，其中包括化学基本概念和基本方法的变革。著名美国科学史家库恩认为，拉瓦锡在普利斯特里看到所谓"脱燃素空气"的地方看到了氧气，他在学会看到氧的过程中，同时也改变了对其他物质的看法。例如在当时许多人看到所谓"土"的地方，拉瓦锡看到了氧化物。因此，在发现氧气以后，拉瓦锡是用与燃素论者不同的眼光看待自然界的。他之所以能够做到这一点，绝对不是偶然的。一是由于当时的客观条件及拉瓦锡本人的天赋和努力的结果。他虽然没有发现过新物质，也没有设计过真正的新仪器，然而，拉瓦锡却有十分敏锐的洞察能力和杰出的理论概括能力。二是他在进行化学研究时，坚持实事求是的科学态度，强调实验作为认识的基础，尤其重视定量研究，系统严格的定量性是拉瓦锡实验方法上的基本特点。运用天平称量进行定量研究在当时并不只是拉瓦锡一人，同时代的许多著名化学家如舍勒、普利斯特里和卡文迪什等人也都做过，甚至在拉瓦锡时代以前的海尔蒙特和波义耳等化学家也都早已使用过天平，而拉瓦锡较之其他化学家略胜一等的是他不仅仅停留在物质的重量、密度、体积和成分等单纯数量的测定上，而是通过严格的定量实验，即通过数量的确定纠正了旧理论体系中的那些错误的定性内容，否定了燃素的"质"的存在，揭示了氧的实质和燃烧过程的本质。更为重要的是他明确地提出了质量守恒原理以及关于化学计算的基本设想，为宏观水平上的化学定量方法奠定了坚实的基础，也为19世纪化学的发展开辟了道路。

拉瓦锡研究工作的另一个明显特点，就是善于用实践的标准去检验那些长期以来已被公认的，然而并不一定正确的观点。对于波义耳提出的"火微粒"增重的结论是否正确，他并未主观地加以评论，而是重新亲自动手做实验来检验，然后才做出了否定的结论；对于当时几乎所有化学家都确认的"燃素"，他的态度则是："假若有燃素这样的东西，我就要把它提取出来看看，假若的确有的话，在我的天平上一定能够察觉出来。"否则，也就应当否认燃素的存在以及整个燃素说；对于古希腊哲学家提出的"水能够转化为土"的古老观念，曾经得到了权威人士海尔蒙特和波义耳的支持和论证，然而拉瓦锡并未盲目轻信，而是通过自己亲自操作的101天加热水的实验，证明了"水不能变土"。从而推翻了自古以来水转变为土的学说。如果说，在科学上做出新发现的机遇只偏爱那些"有准备的头脑"，那么更应当说，像拉瓦锡那样能及时抓住科学上的新发现而创立新的理论体系，就更需要有"头脑的准备"了。这种准备，也就是对原有理论的内在矛盾和症结所在要有所察觉，并由此激起解决这类问题的强烈欲望。拉瓦锡正是这样的人。从拉瓦锡一生的科学活动，我们可以看到，他能够超越同时代化学家取得重大成功的一个重要原因，就是他充满了生机勃勃的创造意识和批判精神，他思想解放，不受传统观念的束缚，重视在实践基础上的理论思维，所以他能独具慧眼，一下子就能够看出别人所做实验的实质，揭示出别人所发现不了的问题，从而完成了这个具有"从外观到实质"的化学革命。

相反，尽管舍勒、普利斯特里和卡文迪什等一些杰出的化学家都很善于进行观察和实验，并发现了许多重要物质，做了大量的工作，为化学的发展提供了大量材料，但是他们却没有一个人能利用自己的发现引申出正确的有关燃烧理论的结论。他们在实验上已经拿起了打开真理大门的钥匙，但"阻碍他们完全解决这个问题的，并不是材料的不足，而只是一个先入为主的错误理论"，他们缺少的就是拉瓦锡那种批判精神和理性思维。

拉瓦锡虽然对化学做出了很大贡献，但他在科学上也有错误的观点。他把"光"和"热"也当作了元素，把氧当作酸的本原，盐酸本不含氧，但他也认为有氧参加，只是结合得牢固，我们分离不出来，不适当地扩大了氧的作用。拉瓦锡的化学革命被誉为

18 世纪化学中的最伟大成就。我国化学史家认为，它不仅仅是燃烧理论的革新，而且也是对过去整个化学的一次系统总结，是从波义耳到布莱克、普利斯特里和卡文迪什的气体化学的一个时代的总归宿。它不仅促进了化学的改革，而且也促进了那个时代人们的世界观和思维方法的变化，并伴随着立足于此的自然科学方法论的进步。

　　拉瓦锡在化学方面的贡献是这样大，然而这位伟大的化学家的结局却很悲惨。1789 年，法国发生革命，打倒了国王、僧侣肆意支配的专制统治。拉瓦锡一直担任收税机关的高级职员，1791 年政府通过决议，解散收税机关，成立专门委员会，负责检查这个机构的支出预算。拉瓦锡在停止收税机关工作的同时，也离开了火药和硝石管理局，任度量衡委员会委员，后任财务秘书。1793 年 6 月 5 日，政府发布命令解散检查收税机关的委员会，查封所有的文件。拉瓦锡泰然自若，他认为收税机关是按法律行事，没有理由对包税官提出控诉。1793 年 11 月 24 日，国民议会发布命令逮捕所有的包税官。拉瓦锡夫人预感会有大祸降临，非常惊慌不安，但是拉瓦锡非常镇定，他对妻子说：我到面包铺老板那里暂时躲一阵，你到国民议会和革命委员会去，请求发布一道给我恢复名誉的法令。我的科学活动，我的发现，还有在我发现的基础上建立的新科学，足以保障我得到自由并不受审讯。拉瓦锡夫人是一个漂亮而又聪明贤惠的妻子，她性格细腻、敏感，富于自我牺牲精神。拉瓦锡编写的《化学纲要》等著作的手稿，是她花费了巨大的劳动协助完成的，她为书画插图并制版等。现在拉瓦锡处在危急关头，她毫不犹豫地按着丈夫的吩咐去做，但是请求毫无结果，拉瓦锡夫人受到了有礼貌的，但却是冷淡的拒绝。于是拉瓦锡自己到革命委员会去了。他自愿地走进囚房，希望在法庭上能驳倒对他的控告。然而他错了。开庭的时间不长，同法庭指定的辩护人只有 15 分钟的商议时间，拉瓦锡与收税机关的所有高级职员都被判处了死刑。1794 年 5 月 8 日，断头台的屠刀落在这位天才的科学家的头上，当时他只有 51 岁。著名数学家拉格朗日在拉瓦锡被处决的当日不无遗憾地说"把那个头颅割下来，只需要一刹那，可是在 100 年里未必能产生一个那样的头颅"。后人对拉瓦锡的死评价不一，但对拉瓦锡是一位功勋卓著的化学革命家这一点是一致的。

2.4　近代化学理论的确立

　　18 世纪末以后的 100 多年间，工业革命席卷欧洲，各国先后发生了资产阶级民主革命，政治变革又为生产力的更大发展开辟了道路。纺织、机械、冶金、造船、采矿、地质、制药等各工业部门的迅猛发展，推动了整个自然科学的全面发展。经过长达几百年的自然知识的收集和积累，19 世纪的自然科学已经从"主要是搜集材料的科学"发展到"本质上是整理材料的科学"。化学科学也是如此，它在打破了炼金术的桎梏，推翻了燃素说，建立了氧化燃烧理论以后，又进一步研究了元素相互化合时的一些重量关系，积累了大量的经验资料，使化学有可能进行理论综合，跨入近代化学的新时代。

2.4.1 近代原子论的提出

18世纪末，化学研究普遍应用天平。由于拉瓦锡的倡导，系统定量方法被广泛运用。化学家们对物质的组成和物质的化学反应的研究已经从定性走向定量。一系列关于物质组成及其变化的定量定律被发现。1789年，拉瓦锡在综合大量化学实验的基础上，正式陈述了质量守恒定律；1791年，德国烧瓷厂化学师李希特（J. B. Richter）发现当量定律；1799年，法国化学家普劳斯特（J. L. Proust）明确提出定比定律；1803年，**道尔顿（J. Dalton）** 提出倍比定律。这些基本定律都是经验性的，是在对大量经验材料进行分析和归纳的基础上得出的结论。那么究竟是什么原因使化合物具有这些数量关系的规律呢？拉瓦锡的燃烧理论并不能回答，这样就在化学家面前提出了一系列新的问题：是满足已有的这些经验事实，还是寻找理论上的解释，进一步去探求新的理论？是把各个定律看成是彼此孤立的结论，还是用统一的观点去阐明其本质？当时，由于在自然科学中盛行着一种蔑视理论思维的狭隘经验论的思潮，大多数化学家还是片面地强调经验事实而忽视在分析基础上的综合，因而没有注意从理论上去阐明这些经验定律的本质。英国化学家和物理学家道尔顿比较重视理论思维，他是第一个把总结出来的宏观经验定律和物质由原子构成的微观观念联系起来的科学家，他继承和发展了古代原子论和牛顿的机械原子论，在新的历史条件下建立了科学原子论，把化学联系和统一成为一个有机整体，开辟了近代化学的新时代。

道尔顿于1766年9月6日出生在英国西北部的一个农村。幼年家贫，没有受到良好教育，仅在农村小学读了几年书。12岁起，道尔顿一边教书，一边务农。15岁时，他的一个表兄邀请他到附近一个城市的寄宿学校担任助理教员。从此，他离开故乡，走上边教课、边自学、边研究、边写作的道路。他以顽强的毅力坚持60多年的自学，直到1844年去世为止。

道尔顿在担任助理教员期间，自修了拉丁文、希腊文、法文、数学和相当于后来的理化及生物学的"自然哲学"。他幸运地在学校附近结交了一位双目失明的学者，这位学者传授给他很多知识。道尔顿在这位学者的辅导和鼓励下，开始对自然界进行观察和研究，他搜集过很多动物和植物的标本，每天还详细地记录气候变化。他坚持气象观测并做气象日记连续56年之久，全部观测记录超过20万款目。1793年，出版了他的第一部科学著作《气象观测论文集》，引起了科学界对这位27岁的青年教师的注意和重视。就在这一年，那位盲人学者又推荐他去曼彻斯特的一所专科学校担任讲师，讲授数学和自然科学。曼彻斯特从18世纪以后就是英国的纺织业中心，交通便利，文化发达。对道尔顿来说，在这里更容易接触到科学领域中的新知识，加速了他在科学道路上的成长，这也成为他走向成功之路的起点。道尔顿十分珍惜曼彻斯特的优越条件，经常利用那里的公共图书馆，借出各种图书，阅读到深夜。他在一封写给亲友的信中，叙述自学的情况时说："我的座右铭是：午夜方眠，黎明即起。"

道尔顿一生从事气象观测。很多观测的仪器，如气压计、温度计等都是他自己用玻璃吹制的。此外，他还克服了自己生理上的缺陷。道尔顿是个色盲，太阳光的七色，他只能辨出黄青两条，在科学研究中，他备受红绿色盲症的折磨，但是他没有在生理缺陷面前屈服和气馁，总是顽强地完成各种重要的化学实验，做了相当多的科学观察和贡献。由于他在科学上的重要贡献，英皇要接见他，礼宾司要求他穿红色礼服。由于道尔顿是贵格（教友派）教徒，穿鲜艳的服装被认为是不合适的，因而受到质问。但是他机智幽默地说，在他看来，他所穿的礼服颜色如同树上的绿叶是一样的。道尔顿还把色盲作为自己的一个研究课题。他调查了自己父母亲属成员的视觉情况，发现在他的祖先里有色盲患者。进而他又调查了其他色盲患者的亲属，初步找到了色盲的遗传规律。近代生理学家们认为，色盲症的严格科学研究，应当看成是从道尔顿开始的。欧洲有的生理学者还把色盲症称为"道尔顿症"。有一位科学史家说，要是道尔顿没有科学地阐明原子学说的话，他在生理学史上也能够成为一位令人怀念的学者。

道尔顿的性情比较孤独，沉默寡言。据说，这与他受宗教偏见的歧视有关。他随父母信仰基督教，但是，加入的教友派是一个小教派，当时在社会上很受大教派的歧视，这也影响了道尔顿与外界的交往。道尔顿是一个真正信仰基督的教徒，他相信真有上帝存在，每个星期日他都去做礼拜、读圣经。但是为了和更多的科学家接触，他也曾打破一些戒律，与宗教偏见做了一定程度的斗争。

道尔顿终生过着单身生活，没有结婚。据他自己说，是没有时间交女朋友，谈爱情。据说，他曾倾心于一个博学多才、楚楚动人的女子，但很快就被自己把这刚刚点燃的爱情火焰扑灭了。他之所以这样做，完全是为了把毕生的精力献给他心爱的科学。

道尔顿不仅幼年时代过的是贫穷的日子，而且在享有盛名之后，经济状况仍然不富裕。当他的成就在英国以及欧洲大陆上越来越引起科学界的重视和推荐时，许多与他同时代的著名学者都与他通信或直接拜访他。例如英国的戴维（H. Davy）、法拉第（M. Faraday）、布朗（Brown），法国的拉普拉斯（Laplace），德国的歌德（Goethe）等，这些学者看到道尔顿住处的简朴，生活的清贫，都感到十分意外，为他进行呼吁。一直到 1833 年，英国政府才不得不每年给道尔顿养老金，但是道尔顿仍把它积蓄起来，奉献给曼彻斯特大学用作学生的奖学金。晚年的道尔顿仍然继续教课和做化学实验，由于他轻度中风，所以手不太灵便。但是他不愿意中断研究工作，即使每次实验要比过去多花费 3～4 倍的时间，他也不停止工作，而且他还要把实验所获得的成果写成论文，寄给英国科学促进会，请人代为宣读。1844 年 7 月 27 日早晨，道尔顿还在笔记本上记下了那天的气压、温度和天气情况。在用英文写的"微雨"两字的笔末滴下了一大滴墨水，这说明他的手腕已握不牢笔了。第二天清晨，人们发现道尔顿在他的安静的卧室里，像一个睡熟了的婴儿一样，没有一丝痛苦的表情，与世长辞了。这位一生为科学事业奋斗的学者，走完了 78 年既艰辛又富有意义的道路。他在科学上的伟大功绩与世永存，是不会被人忘记的。

一切物质都是由分子组成的，分子是保持原有物质一切化学性质的最小颗粒；各种分子又是由更小的粒子——原子组成的。这些学说的主要理论在今天已是家喻户晓的常识。道尔顿的另外两个重要发现——倍比定律和分压定律也已成为普通化学教程中的基本内容。因此，值得我们追溯的是，道尔顿是如何经过他的研究实验和思索过程，提出原子论，完成化学理论的这一综合的呢？道尔顿的这一重大理论的形成过程，曾经成为许多化学史工作者的研究课题。目前，化学史领域已经有了基本一致的结论：道尔顿是从气象观测开始，进而研究空气的组成，由此总结出气体分压定律，即混合气体的总压力为各组分气体分压力的和，每一组分气体的分压力等于该气体独占混合气体原有体积时的压力。在此基础上，他推论出空气是由不同的颗粒混合组成的，由此逐渐形成了他的化学原子论的轮廓。

原子一词，最早出现在古希腊的哲学著作中。公元前5～公元前4世纪的古希腊哲学家德谟克利特和留基伯创立的古代原子论认为，世界万物都是由大量不可分割的微小物质粒子组成的，这种粒子称为原子。牛顿在17世纪后期也比较明确地指出，一切物质都是由微小的颗粒组成的。可是这些论点并没有科学实验的证明，因而既不能被科学界普遍接受，也无法推广运用。道尔顿继承了古希腊的古代原子论和牛顿的机械原子论的思想，通过化学分析，研究了许多地区的空气组成，得出这样的结论：各地的空气都是由氧、氮、二氧化碳和水蒸气四种主要物质的无数小颗粒混合起来的。他利用了古希腊哲学上的名词，称这些小颗粒为"原子"。道尔顿当时还不能够对原子和分子做出区分，无论元素的小颗粒或是化合物的小颗粒，他都一律称之为原子。为了解释分压定律，他还设计了混合气体的一种理论。在这个理论中，他假定一类气体原子并不排斥另一类气体原子，而仅与同类原子相互排斥。这一认识实际上是继承了牛顿关于物质微粒的思想。

如果道尔顿的原子说推论到此为止，还只是定性的阶段，没有达到科学上严格要求的定量阶段。但是道尔顿的研究工作和逻辑推论却在继续并不断向前发展。他进一步分析沼气（甲烷 CH_4）和成油气（乙烯 $CH_2 = CH_2$）两种不同气体的组成，发现它们都含碳氢两种元素。如果这两种气体中的碳元素含量都定为一份的话，沼气中的氢元素含量则为成油气中氢元素含量的二倍。他还发现类似的情况出现于其他成对的有关化合物之中。这使道尔顿发现了倍比定律。这一定律指出，当两种元素化合生成一种以上的化合物时，与同一重量的另一元素化合的某一元素的重量之间成简单的整数比。当时道尔顿的陈述还不是这样清晰，因为他并没有把它完全看成一个独立的原理，而是更多地把它看作是他的原子理论的一个重要的实验依据。因为只有原子学说才能解释倍比定律，否则为什么不同的化合物中，元素含量之比恰巧都为正整数呢？因此，倍比定律的发现又成为确立原子论的重要实验基础。

以往的原子论认为，组成各种各样物质的原子，在本质上都是相同的，所不同的只是它们的形状。道尔顿却有自己独到的见地，他认为原子的形状是相同的，是球形的质点。同时还强调原子的质量，认为不同原子的体积大小不同，尤其是质量不同。这样就提出了测定原子量的历史任务。在19世纪初，还没有一种实验方法能测定原子的大小和绝对质量。可是道尔顿根据德国化学家李希特发现的当量定律，认为，原子的相对质量是可以测定的。他进行了大量的实验，分析了多种化合物的组成。他把氢原子量规定为1，作为基准，测出了十种不同元素的相对原子质量。在1803年9月6日的工作日记上记载了最早的一张原子量表。1803年10月，道尔顿在曼彻斯特的文学哲学学会上宣读了他的有关原子论及原子量计算的论文。尽管道尔顿所测得的原子量与现在通用的原子量相比，数值上的误差很大，可是毕竟从此以后，化学科学真正走向了定量阶段。

1804 年，英国化学家汤姆逊（T. Thomson）拜访了道尔顿，详细地了解了道尔顿的原子理论，并立即成为道尔顿学说的热心宣传者。1807 年出版的汤姆逊的著作《化学体系》，第一个清楚地说明了道尔顿的原子理论。道尔顿又于 1808 年写下了《化学哲学新体系》一书，详细地阐述了原子论的由来和发展。他指出，物质都是由不可见的、不可再分割的原子组成；同一种物质的原子是相同的，同种元素的原子，其形状、重量和性质均相同，否则均不相同；元素由同一种原子所组成，化合物则由不同原子所组成；在化学反应中原子的本性不变。原子既不能创造，也不能消灭。化合物原子称为复杂原子，它的质量为所含各种元素原子质量之总和。同种化合物的复杂原子，其性质和重量也必然相同。

道尔顿的原子理论合理地解释了当时几乎所有的化学现象和经验定律，所以就得到了化学界的承认，后来，特别是瑞典的著名化学家贝采里乌斯（J. J. Berzelius）在实验的基础上详细而又广泛地研究了多种物质的定量组成，测定了几十种元素的原子量，从而使原子学说进一步得到了实验支持。

道尔顿原子学说的建立具有重大的科学意义。首先，他在理论上统一解释了一些化学基本定律和化学实验事实，揭示了质量守恒定律、当量定律、定比定律和倍比定律的内在联系。化学基本定律为原子学说提供了实验基础和事实材料，原子学说又从本质上说明了基本化学定律。更重要的是，道尔顿的原子学说与化学基本定律的联系，使得原子概念不再是德谟克利特的那种形而上学的概念，而是实证的概念，使原子论去掉了哲学的外衣，成为可以验证的学说。

其次，道尔顿原子学说的建立标志着人类对物质结构的认识前进了一大步，使人们能够从微观的物质结构角度去揭示宏观化学现象的本质，开辟了近代化学发展的新时代，推动了化学迅速发展。随后的无机化学、有机化学以及 19 世纪末兴起的物理化学，所取得的重大成就都和原子论有着密切的联系。为此，恩格斯给予很高评价，称赞道尔顿的成就是"能给整个科学提供一个中心，并给研究工作打下巩固基础的发现"，因此，"近代化学之父不是拉瓦锡，而是道尔顿"，"化学中的新时代是随着原子论开始的。"

道尔顿原子论的建立也具有重要的哲学意义。它深刻批判了当时盛行的只满足于经验公式而忽视其实质的狭隘的经验论的思潮，显示了理性思维在科学发展中的重要作用。同时，也有力地批判了那种片面的、孤立的研究问题的形而上学观点，揭示了事物相互联系及物质的质量与数量相互联系的辩证规律性。

道尔顿原子论的成功，与他采用正确的科学方法密切相关，他既高度重视科学实验，又善于进行理论思维；既善于继承前人的科学思想和成果，又不受旧的传统观念的局限，把物理学的思想和方法引入化学研究，正确地处理了归纳和演绎的关系，大胆地运用了假说方法；巧妙地将实验研究与数学计算相结合，使他完成了科学上的一项伟业。

但是，道尔顿的原子论由于死板和武断的假设而存在一些问题。他把在化学反应中

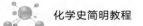

相对不可分割的原子看成是绝对不可再分割的。后来，在科学事实面前，他还力图否认分子的存在，抹杀原子和分子的质的差别，不理解量变引起质变的辩证规律，使他的学说在化学发展中碰到了越来越多的难以解决的矛盾。如果不再加以修正、补充和发展，就不能发挥它的应有作用。这样，人们就在新的科学事实和原子论的基础上提出了分子假说。

2.4.2　分子假说的遭遇

19世纪初，正当道尔顿考虑原子学说并研究化学反应过程中各种物质间的重要比例的时候，法国化学家、物理学家**盖·吕萨克（J. L. Gay-Lussac）**在研究参与化学过程的各种气体间的体积关系时得到了这样的定律：在相同温度和压力下，参加反应的各种气体体积是由简单的整数比相结合。为了解释这一经验定律，盖·吕萨克把其与道尔顿的原子学说联系起来，他认为：反应气体间体积的这种整数比，是由参加反应的各种气体的原子数目间必须存在的整数关系所决定的，这样就得到一个必然的推论，在同温同压下，相同体积的各种气体所含的原子数都相同。但是这种解释并没有使道尔顿接受。道尔顿认为，不同气体的原子体积并不相同，所以，相同数目的不同原子，所占的体积也不应相同。反过来说，相同体积的不同气体是不可能具有相同数目的原子的。另外，道尔顿还认为，如果盖·吕萨克的推论成立，就会导致"半个原子"的存在。因为既然1体积氮与1体积氧化合后生成2体积的氧化氮，这样就相当于把1个氮原子和1个氧原子分到两个"氧化氮原子"中去，就势必要把氮原子和氧原子都分成两半。同样，每一个水原子中就应只含半个氧原子，那么，也就相当于把一个氧原子分成两半，分到两个"水原子"中去。但是，这又与道尔顿原子学说的一个重要观点"简单原子是不可分割的"相违背。因此，道尔顿指出，每一体积的氧化氮原子的数目至多只能是同体积中氧原子数目的一半，而绝不可能相等。反之，如果两者数目相等，则氧化氮的比重必然要比氧的比重大。但是根据戴维的测定，其比重反而比氧小。于是，道尔顿就认为盖·吕萨克的实验结果不准确，但是后来的事实证明，盖·吕萨克的气体实验定律是经得起实践检验的，结果是正确的。但是道尔顿反驳盖·吕萨克的论证又是合理的；那么，究竟应当怎样摆脱这一困境，使道尔顿的原子论同气体体积关系定律统一起来呢？这样就出现了著名的**阿佛加德罗（A. Avogadeo）**的分子假说。

盖·吕萨克的气体化合体积定律和他的推论虽然没有得到道尔顿的承认，却引起了另外两个人的特别注意。一个是在意大利也几乎无人知晓的大学教授阿佛加德罗，另一个是赫赫有名的瑞典化学家贝采里乌斯。阿佛加德罗仔细地考察了盖·吕萨克的实验和他与道尔顿的争论，发现了矛盾的焦点，提出了分子假设。而贝采里乌斯则充分利用盖·吕萨克的实验定律，在原子量的测定中取得一些重要突破，还导出了一些化合物的分子式。但是，他从这一定律中没有引申出最后结论，因为他还没有意识到物质有分子这样一个层次，更看不出气体反应中有原子和分子的区别。

阿佛加德罗出生于意大利西北部的都灵，他的家族是当地的望族，阿佛加德罗的父亲曾担任萨福伊王国的最高法院法官。父亲对他有很高的期望。阿佛加德罗读完中学，

16 岁进入都灵大学法律系，成绩突飞猛进，20 岁获得法学博士学位，开始从事律师工作。24 岁时兴趣转移到数学和物理学方面，对自然科学有着特殊的爱好，并在这一年（1800 年）毅然放弃了律师的职务，开始了对自然科学的探索。1809～1819 年，任意大利维切利皇家学院数学和物理学教授，这是他一生中最重要的 10 年，他的分子假说就是在这期间孕育和形成的。1810 年，道尔顿和盖·吕萨克的争论引起他的浓厚兴趣，经过研究，他在 1811 年用法文发表了关于分子假说的第一篇论文，题目是《论测定物体中原子相对质量及其进入化合物中数目比例的一种方法》，发表在法国《物理杂志》上。这篇论文表述了阿佛加德罗分子假说的全部观点。他在盖·吕萨克定律的基础上进行了合理分析，首先引入分子的概念。他认为，包含在一个单位体积内的气体物质，并不是最简单的粒子，而是由原子构成的复合体。也就是说，原子虽然是构成物质的最小微粒，但是它并不能够独立存在，原子只有在几个相互结合在一起，形成一个新的微粒即分子后，才可能相对稳定地独立存在。无论是化合物还是单质在不断被分割过程中都有一个分子的阶段，分子是具有一定特性的物质组成的最小单位。同种元素的原子，形成的是单质分子，不同元素的原子，形成的是化合物分子。阿佛加德罗还假定，氢的分子是由 2 个氢原子所组成，氧分子是由 2 个氧原子所组成，那么根据反应时的体积比，则可确定水分子就是由 2 个氢原子和 1 个氧原子组成的。同样，也可以确定氨分子是由 1 个氮原子和 3 个氢原子组成的。在这里，阿佛加德罗认识到了原子和分子间的质的区别，找到了解决问题的关键。所以，当 2 体积氢和 1 体积氧生成 2 体积水时，就相当于是 2 分子氢和 1 分子氧生成 2 分子水。这样只需把 1 个氧分子分成 2 个氧原子再分到 2 个水分子中去就成了，而无需劈开氧原子。"半个原子"的矛盾也就迎刃而解了。于是，阿佛加德罗就对盖·吕萨克的定律做了重要的修正，提出了著名的阿佛加德罗分子假说，即"在同温同压下，相同体积的任何气体，都含有相同数目的分子。"阿佛加德罗分子假说的提出，把道尔顿的原子论和盖·吕萨克的气体反应体积关系定律统一起来。说明了它们内在的本质联系，圆满地解决了原子论在许多气体反应中所碰到的矛盾，摆脱了原子论所处的困境，打通了化学进一步发展的道路。然而，化学界对此毫无反应。1814 年，阿佛加德罗又发表了关于分子假说的第二篇论文《论单质的相对分子量，推测气体密度和某些化合物的构造，对 1811 年论文的补充》，化学界的反应仍然是非常冷淡。倒是在物理学领域的一位电学上颇有成就的法国科学家安培（A. M. Ampere）也提出了相近的见解，但如同阿佛加德罗的工作一样，也被人们忽略了。这时，一直密切注视原子学说发展的阿佛加德罗有些着急了，他于 1821 年又发表了有关分子假说的第三篇论文。他写道："我是第一个注意到盖·吕萨克气体化合体积定律可以用来测分子量的人，而且也是第一个注意到它对道尔顿的原子论具有意义的人。沿着这个途径，我得出了气体结构的假说，它在相当大的程度上简化了盖·吕萨克定律的应用。"在讲完分子假说之后，他继续写道："在物理学家和化学家深入研究原子论和分子假说后，正如我所预言，它将要成为整个化学的基础和使化学这门科学日益完善的源泉。"由此可见，阿佛加德罗已朦胧地认识到原子-分子论在化学发展中的重要意义，所以，他要为此反复陈述他的分子假说。然而，在当时，不仅分子假说得不到支持和承认，甚至在法国，那些强调化学是法国的科学的人们更是有意不提阿佛加德罗的工作，即使讲分子假说，也只提安培的类似的分子假说。就这样，一个具有创见性和具有重大意义的科学假说，竟没有得到当时化学界的承认和重视，反而被冷落以至埋没了达50年之久。

为什么分子假说长期得不到承认呢？原因是多方面的。主要的原因在于当时的化学家并没有认识到引入分子概念的必要性和紧迫感，而阿佛加德罗还缺乏对这一假说提供充分的实验论据，特别是当时所知道的气体或容易气化的物质为数还不够多，在实验条件上还有较大的局限性。因而很多化学家虽然已经看到了道尔顿原子论的明显缺陷，但是却不愿意承认来源于盖·吕萨克气体定律的分子假说。另外一个重要的原因就是化学界权威的影响。一个是道尔顿，他认为同类原子必然是相互排斥的，因而是不能够结合成分子的，所以他不顾阿佛加德罗的反复声明：他的分子假说是道尔顿原子学说的继承和发展，两者是一脉相承的。相反地，他坚决反对阿佛加德罗的分子假说，不承认物质有分子这个层次。另一个是瑞典化学家贝采里乌斯，在当时的化学界，贝采里乌斯的电化二元论占据着统治地位，很多人对这位权威的学说十分相信，而阿佛加德罗的分子假说与贝采里乌斯的电化二元论在某些地方有不相容之处。贝采里乌斯认为各种原子即使未接触也都有两极，像磁铁一样，一个极带正电，一个极带负电。但原子的两个极所带的电强弱并不相等。因此各种原子所显的电性就不一样，他认为，氧是"绝对负性"的，钾是"绝对正性"的，不同原子（包括复杂原子）由于不同的电性，因而就相互吸引结合成化学物质，他用电的二元学说来解释物质的分子构成及其物质间相互化合。贝采里乌斯和许多化学家一样，并不认为引入分子这一概念即新的结构层次是必要的，同时他对他所认为确切证实的理论坚持不渝。具体地说，就是在电化二元论中，强调原子的结合主要是由于电性的吸引，同性原子只能相斥，不能结合，而分子假说中提出气体分子由双原子构成，双原子分子的假设与电化二元论是不能相容的，所以贝采里乌斯虽然在1811年就已经知道阿佛加德罗的分子假说（因为他有一篇论文和阿佛加德罗的论文刊登在同一期法国杂志上），但是他却长期不公开表态，事实上，他的这种对新的学说的"谨慎态度"已经影响了许多化学家，使他们没有勇气对这一假说进行更充分的研究。人们迷信权威，相信权威的学说，鄙视小人物的真知灼见，何况阿佛加德罗的分子假说又与贝采里乌斯的电化二元论有不相容之处呢！

2.4.3　原子-分子论的确立

在阿佛加德罗提出他的分子假说时，还没有充分事实可用来全面验证这种假说的正确性，这是分子假说长期被忽视的一个重要原因。由于需要的事实材料日益增多，但又缺乏能解释这些事实的合适理论，以致在化学界形成了一种几乎令人难以置信的混乱局面。法国化学家日拉尔（C. F. Gerhardt）和罗朗（A. Laurent）等人力图澄清混乱，但毫无成效。到1860年时，这种混乱局面已达到不可收拾，几乎每个化学家都各行其是，用自己的方式书写化学式和化学方程式。**凯库勒（F. A. Kekule）**在他的有机化学教科书中，几乎用整整一页来记述当时提出的醋酸的不同化学式，其总数竟达19种之多。

在当时 HO 既可以代表水，又可以代表过氧化氢；C_2H_4 既可以代表甲烷，又可以代表乙烯；等等。这种混乱的状态也大大影响了道尔顿原子论本身的威信，许多化学家都怀疑测定原子量的可能性，因而拒绝使用原子量，而宁愿采用从实验中测得的当量，原子论似乎已显得没有什么作用了，有些化学家甚至怀疑原子本身的存在。著名的法国化学家杜马（J. B. A. Dumas）曾经说："如果由我当家做主，我便从科学中把'原子'二字铲除干净，因为我确信它是在我们经验之外的。而在化学中我们从来就不应该远离经验。"

凯库勒一心要改变化学领域的这种混乱局面，建议召开一次世界化学家大会来解决争端，统一意见。他的主张得到了法国化学家武兹（A. Wurtz）的支持，并一起作为会议的发起人。于是，首届国际化学家代表大会，终于在 1860 年 9 月 3 日～5 日，在德国卡尔斯鲁厄举行，大约有 140 多名化学家出席了会议。意大利化学家**康尼查罗（S. Cannizzaro）**也在受邀请之列，还有许多著名的化学家如本生（R. W. Bunsen）、凯库勒、迈尔（J. L. Meyer）、杜马、贝特罗（P. E. M. Berthelot）、霍夫曼（A. W. von Hofman）、武兹（Wurtz）、门捷列夫（Д. И. Менделéев）和齐宁（Н. Н. Зинин）等参加了会议。会上杜马主张无机化学和有机化学各用一套不同的原子量体系，大家争论不休，最后决定，"每位化学家可以继续用他爱用的原子量系统"。会议并没有取得预想的结果。

康尼查罗，意大利化学家，1826 年 7 月 26 日出生在意大利西西里岛一个行政官员的家庭。在中学时便被公认是有才能的学生。无论是数学、文学，还是历史，他样样都学得很好，并毫不费力。15 岁时进入大学医学系学习，他求知欲强，兴趣广泛，心理素质好，具有杰出的才干和顽强的性格，能深刻地掌握和理解课堂讲授的内容，深受教授们的宠爱。康尼查罗的父亲是一位热爱自己的祖国、仇恨波旁王朝的警察局局长。他支持自由派，曾把一位革命者藏在自己家中。康尼查罗从小就受到父亲的影响，正直无私，富于牺牲精神。20 岁时参加了争取意大利重新统一和推翻波旁王朝政权的斗争，曾当过炮兵军官，与王国军队进行过浴血战斗。革命失败后，他在 1849 年被迫移居法国，并在那里开始从事他所喜爱的化学研究工作。1850 年发表氨基氰的论文，1851 年又发表了氨基氰受热后发生转化的论文，他的这些成果引起了人们的注意，特别是在意大利。这时意大利革命运动高涨，对进步与自由的渴望振奋了整个国家的精神生活。当局特别重视大学和其他高等院校的发展。亚历山大里亚市政委员会给康尼查罗发来了专门的邀请函件，请他回国担任亚历山大里亚市工业学院的化学和物理学的教学工作。当时那所工业学院实际上不过是一所普通中学，条件很差，既无科学图书馆，又无实验室。康尼查罗心里十分清楚，当时回国，自己正在进行的研究工作就要受到影响，但是经过慎重的考虑之后，他毅然地从巴黎回到了自己的祖国，并立即投入工作。他一边为学生讲课，一边亲自建实验室，他以罕见的精力在实验室里进行研究工作，每天都与他的助手们一起讨论自己的想法，听取他们的意见。对于任何新的建议和做法，康尼查罗总是非常赞赏和支持。他认为，实验室里的每一个成员都应该感到自己是不受拘束的，一个人只有当他是用自己的翅膀飞翔时，他才能够完成在科学太空中的遨游。康尼查罗回国后的第一个研究项目就是研究苯甲醛及其特征反应。经过反复实验表明，苯甲醛与碳酸钾在加热的条件下生成苯甲酸和苯甲醇。1853 年他公布了这项研究成果，人们把能够生成这类产物的反应称为"康尼查罗反应"。1855 年，康尼查罗在热那亚大学获得了教授职位，在这期间他与人合作完成了对于苯甲醇衍生物的研究，从苯甲醇中制得了氯苄，然后又将氯苄变为苯乙酸。在研究这些问题的同时，康尼查罗一直在注意着化学的基本理论问题。

康尼查罗十分熟悉他的同胞阿佛加德罗的分子假说，在热那亚大学讲授化学时，他经常引用，并且曾在比萨大学学报上发表过论述阿佛加德罗分子假说的论文。这一次他把论文副本带到了卡尔斯鲁厄，题目是《化学哲学教程概要》。大会期间，康尼查罗多方为阿佛加德罗分子假说辩解，但是并没有引起人们的重视。大会行将结束时，化学家们已纷纷准备启程回国，康尼查罗的朋友，帕维亚大学的帕维希（A. Pavesi）分发了康尼查罗的论文副本。在这本小册子中，康尼查罗回顾了原子和分子概念到阿佛加德罗提出假说以来的历史发展过程，指出贝采里乌斯、杜马和日拉尔都采纳过这一假说的某些观点，只是谁也没有完全承认这一假说。他重新论述了阿佛加德罗的分子假说，指出接受分子假说的重要意义。

康尼查罗在他的《化学哲学教程概要》中一开始就讲到，我相信，近年来科学之进步，已经证实了阿佛加德罗、安培和杜马关于气态物质具有相似结构的假说，即同体积的气体，无论是单质还是化合物，都含有相同数目的分子，而不是含有相同数目的原子，因为不同物质的分子以及在不同状态下的相同物质的分子可能含有不同数目的原子，其性质也可能相同，也可能不相同。并且明确指出："只要我们把分子和原子区别开来，只要我们把用以比较分子数目和重量的标志与用以推导原子量的标志不混为一谈，只要我们最后心中不固执这类成见，以为化合物的分子可含不同数目的原子，而各种单质的分子都只含有一个原子或相同数目的原子，那么，它（阿佛加德罗的分子假说）和已知事实就毫无矛盾之处。"为此，康尼查罗还引用了大量实验事实，做了具体论证。他指出，测定原子量时，可以取氢分子的一半重量为一个单位，或者规定氢分子的密度为 2。这样一来，所有的分子量都可以用某一单位重量来表示。他还依此编制出一张正确表格，列出了许多化合物的分子量。

康尼查罗为原子-分子学说的确立做出了重大贡献。他在阿佛加德罗假说的基础上，重申了应用蒸气密度法求物质分子量的方法；在原子学说的基础上，提出了从分子量求原子量的方法；指出了某些金属和非金属的分子量是不可求得的；指出了阿佛加德罗与杜隆（P. L. Dulong)-培蒂（A. T. Petit）定律（即大量固体单质，尤其是多数金属，它们的比热容与原子量的乘积近似为一个常数）的联系；论证了有机化学和无机化学的统一性；确立了书写化学式的原则。康尼查罗虽然在原子-分子论中并没有什么特殊的发现，但是他为原子-分子论的确立和发展扫除了许多障碍，统一了分歧意见，澄清了某些错误的见解。在这次会上还没有达到这样的效果，而是康尼查罗的小册子发挥了戏剧性的效果，使他的主张很快传播开来。德国化学家迈尔读了这本小册子后，成为阿佛加德罗假说的热情支持者，他兴奋地说，读了康尼查罗的论述，"眼前的阴翳消失了，怀疑没有了，使我有一种安定的、明确的感觉。"他十分钦佩阿佛加德罗的假说和康尼查罗清晰而又令人信服的阐述。在 1864 年写出并出版了《近代化学理论》，在这部著作中，他把康尼查罗阐述的观点奉为标准，并被化学家们所接受，它使人们认识到，分子论和原子论并不是互相排斥的，而是相互补充的。分子论的确立，不仅没有推翻原子论，反而为原子论摆脱了困境，得到了巩固和发展，并彼此结合为一体，形成了原子-分子论。这样，康尼查罗就使被埋没了达 50 年之久的阿佛加德罗分子假说重新焕发了青春，得到了化学界的普遍承认，并被提升为阿佛加德罗定律。

原子-分子论的确立，是化学史上的重大事件，它阐明了原子和分子之间的联系和差别，使人们在认识物质层次结构的深度上产生了一个飞跃，也使人们明确了一直作为化学主要研究对象的客体是分子。为揭示有机分子结构的奥秘提供了前提，并解决了当时存在的几乎所有的理论问题，使化学达到了空前的统一。它的直接后果就是导致了元素周期律和化学结构理论的诞生，为化学的发展开拓了广阔的前途。著名俄国化学家门捷列夫曾经说："我的周期律的决定时刻在 1860 年。我参加了卡尔斯鲁厄代表大会，在会上我聆听了意大利化学家康尼查罗的讲演，正是他发现的原子量给我的工作以必要的参考材料……而正是在当时，一种元素的性质随原子量递增而呈现周期性变化的思想冲击了我。"化学结构理论的创立者布特列洛夫（А. М. Бутлеров）也说："分子学说的建立是对以往化学的全部总结，所以现代化学确实可以称为分子化学。"随着原子-分子论的确立，化学又进入了一个新的阶段。

第3章

近代化学的发展

道尔顿原子学说的建立，分子概念的提出，特别是原子-分子论的确立，使人们能够从微观的物质结构角度去揭示宏观化学现象的本质，开辟了近代化学发展的新时代。无机化学迅速发展，在无机化学基础上，分析化学、有机化学及物理化学先后建立并发展起来，由此也带动了化学工业的兴起。

3.1 分析化学的建立

分析化学是化学科学的一个古老的分支，分析化学的起源可追溯到中世纪甚至更久远，但分析化学独立成为化学的一个分支是到了 19 世纪中叶才确定的。16 世纪出现了第一个使用天平的试金实验室，使分析化学开始赋有科学的内涵。拉瓦锡氧化学说确立之后，近代原子论等各种新学说以及各种化学基本定律纷纷提出，各种学派之间不同观点的辩论十分激烈。在这样的历史条件下，分析化学肩负起两个重要的历史使命：一个是为生产的需要提供更可靠的分析方法；另一个是完善新学说。完成这两个任务的关键在于提高分析的准确性。生产和科学的需要对分析化学起了巨大的推动作用，促进了各种鉴别、测定和分离方法的更新、丰富和进步。

3.1.1 定性分析的系统化

零散的分析方法的使用，可以上溯到古代。古代生产中需要对生产原料检验鉴定，如陶瓷生产中，需要识别黏土、高岭土的质量，冶金生产中，需要鉴定矿石的品位，等等。古代埃及曾利用反应检验金银物品。我国的《本草纲目》中也有从颜色上识别金银的简单方法。罗马人分离金银的"烤钵法"流传数百年。

由于商品的生产和贸易往来，带来了产品质量和金属货币的检验等需要，如用比重法衡量酒、醋、牛奶等质量。6世纪的比重计已经与现在的比重计接近了。

16世纪中叶欧洲医药化学时期，从研究矿泉水开始兴起了水溶液中的各种定性检验，即湿法分析。湿法分析经历了通过晶形鉴别水中溶质的品种、利用天然试剂定性检验和化学试剂用于检验等阶段。

起源于17世纪玻璃加工技术的干法分析即吹管分析法，是用一根细长的铜管，将火焰吹到放有金属矿样的一块木炭上，使矿样熔化还原，根据形成金属颗粒的一些特性确定金属的种类。1679年，德国化学家孔克尔（J. Kunckel）将其引入化学实验室。

17世纪分析化学有了新的进展，主要特点是检验物理性质进入以溶液中化学反应为主的检验方法。在这方面，波义耳做了大量工作，提高了分析的可靠性和灵敏性，为近代分析化学的产生做了准备。波义耳全面总结了已知的关于水溶液的各种检验方法和检定反应，写入1685年写作的《矿泉的博物学考察》一书中；波义耳对化学反应的本质提出新的见解，并提出以植物浸液做酸碱指示剂，这一创见是他在做了大量实验的基础上得出的结果。波义耳还对溶液中产生沉淀的原因和过程给出正确的解释，根据海盐溶液可以沉淀出氯化银的事实，否定了当时所谓溶液中两种物质相互发生厌恶感而沉淀的错误解释，正确说明了这种沉淀是盐分与银结合的结果。

18世纪的分析化学，在采矿、冶金、机械等工业的推动下，又有了新的发展。从分析矿泉水发展到以矿石、岩石和金属等为主的分析研究工作。在分析方法的特点上由溶液反应扩展到干法的吹管定性分析，再到湿法重量分析。由于客观需要，从定性分析发展到定量分析，使分析化学进入一个新的水平。18世纪中叶，瑞典的工矿业比欧洲其他国家发达，对分析化学提出较多要求，因此瑞典在分析化学方面做了很多有意义的工作，瑞典分析化学家、矿物学家贝格曼（T. Bergman）系统总结了分析化学1779年以后的成就，介绍了许多定性分析的方法：

（1）以黄血盐鉴定铜和锰，

（2）以硫酸检定钡和碳酸盐，

（3）以草酸及磷酸铵钠检定钙，

（4）以石灰水检验碳酸盐，

（5）以氯化钡检验硫酸和芒硝，

（6）以硝酸银检验岩盐和"含硫"的水，

（7）以硝酸亚汞区别苛性碱与碳酸盐，

（8）以乙酸铅区别盐酸与硫酸，

（9）以肥皂水检验酸类及碱土，等等。

19世纪以来，新元素的发现逐渐增多，分析的因素也更加复杂化，对分析的要求又有提高，要求有严密的、系统的、确切可靠的分析方法，在这种情况下，1821年德国化学家汉立希（P. C. Heinrich）提出了选择一定数量的试剂区分溶液中不同性质的元素，这样便于检验，也可减少分析方法中的盲目性。1829年，德国化学家罗斯（H. Rose）进一步明确提出了阳离子系统定性分析法。1841年经德国化学家伏累森纽斯（C. R. Fresenius）修改，把常见的金属氧化物分为六个组，从此这种系统分析法得到了广泛采用，后又经过美国化学家**诺伊斯（A. A. Noyes）**进一步改进，使系统定性分析趋于完善，一直沿用到 20 世纪。

3.1.2　定量分析的形成和发展

在定性分析日趋完善的同时，分析化学的另一重要分支——定量分析也逐渐发展起来。在 19 世纪中叶以前，定量分析的方法主要是重量分析，其后，出现了滴定分析法，到了 19 世纪中叶，滴定分析发展到极盛时期，已基本具备了现代滴定分析使用的各种形式和方法。

重量分析法是从贝格曼采用分步结晶方法测定矿泉水中各种成分开始的。19 世纪 50 年代，重量分析特别是分离方法已得到了很好的发展。当时所采用的分离和测定方法及操作技术至今仍被采用。此后，重量分析主要在过滤技术和沉淀剂的使用两方面得到进一步改进和发展。

过滤技术的改进，主要是尽量减少滤纸的灰分。1878 年，奥斯汀（Austin）制得用盐酸和氢氟酸处理过的基本无灰的滤纸。1898 年，市售滤纸的灰分可以小到 0.1mg。1878 年，美国人古奇（F. A. Gooch）制造出坚固耐用的过滤坩埚——古氏坩埚。

1885 年，俄国化学家伊林斯基（М. Илъинский）提出第一个用于重量分析的有机沉淀剂——α-亚硝基-β-萘酚。这种沉淀剂能在镍存在下沉淀出钴。1907 年，德国化学家布伦克（O. Brunk）首先采用有机螯合物本身作为称量形式的方法。

重量分析法的最大缺点是操作手续烦琐，耗时长，分析速度和效率都比较低。容量分析法产生后，由于方法较简便，在 19 世纪前半期里获得迅速发展。19 世纪中叶的容量分析法主要是滴定法。

18 世纪上半叶，最先出现的是酸碱滴定法。不过，开始时还没有统一的滴定终点指示方法。法国科学家德克劳西（F. A. H. Descroizilles）于 1786 年发明了"碱量计"，以后改进为滴定管。这样在 18 世纪末，酸碱滴定的基本形式和原则已经确定，但发展不快，直到 19 世纪 70 年代以后，在人工合成指示剂出现以后，酸碱滴定法获得较大的应用价值，扩大了应用范围。

沉淀滴定法，从 18 世纪中叶萌芽到 18 世纪末奠定了基础。1832 年，盖·吕萨克提出银量法后，改进了其准确度，引起各国重视，使其得到广泛应用。1855 年，德国化学家莫尔（K. F. Mohr）在其编写的《化学分析滴定法教程》中介绍了以铬酸钾作为指示剂的改进的银量法，按照创立者的名字，该银量法被命名为莫尔法。

氧化还原滴定法始于 18 世纪末，在其发展过程中滴定仪器也不断得到改进，特别是在有了适宜的指示剂后，在 19 世纪这种滴定方法才占据了重要地位。1826 年，法国化学家比拉迪厄（H. de la Billardiere）以淀粉为指示剂，将制得的碘化钠用于次氯酸钙的测定，开创了碘量法的应用与研究。从此，这种分析方法得到发展和完善。19 世纪 40 年代以后又发展出高锰酸钾氧化还原滴定法、铬酸钾法等多种利用氧化还原反应和特定指示剂相结合的滴定方法，使容量分析迅速得到发展。

19 世纪中叶，基于配合物形成反应的配位滴定法已经出现。1851 年，德国化学家李比希（J. von Liebig）首先提出测定氰化物的银量法，这种方法至今仍在使用。1853 年，他又提出了以硝酸汞滴定氯化物的方法，但这种方法直到 1918 年捷克化学家伏托塞克（E. Votocek）采用亚硝基铁氰化钠作为指示剂后才获得实际应用。EDTA 配位滴定是 20 世纪 40 年代容量分析的重要成果。

到了 19 世纪中叶，作为定量分析的主要形式，容量分析的各种形式已基本达到了现在实验室中的水平。

3.2　有机化学的兴起

人类对有机物质的利用可以追溯到公元前。在那时人们通过长期的生产实践形成了酿酒、制糖、做醋、造纸、染色、医药等古代化学工艺，制造过某些有实际用途的产品，并取得一定的成就。不过，这些有机物质都是从动植物体内提取或分离出来的，仅是对天然有机物的加工和利用。所以，人们获得的也是一些有关有机物质的感性经验，而对这类物质变化的化学知识则了解很少。一直到 18 世纪后期，人们才开始有意识地对有机物进行分离和提纯。1780 年，瑞典化学家贝格曼第一次提出了无机物和有机物的划分标准。人们对有机物质开始进行了专门的研究，并逐步形成有机化学学科。

从 18 世纪末到整个 19 世纪，欧洲经历了一场空前规模的技术革命，实现了从手工业到机器工业的转变，推动了生产力的发展，促进了资本主义的经济繁荣。钢铁、冶金、纺织、煤炭等工业的迅速崛起，需要大量的化学材料和制品，纺织工业的飞速发展，大大增加了对染料的需求量，而天然染料无论从数量上还是品种上都满足不了生产的需要，必须另辟制造染料的新途径。炼焦工业的发展而大量产生的副产品煤焦油也引起了人们对有效利用这类废料的重视。正是因为社会生产的需要，要求化学科学的帮助，同时也直接推动了化学科学的发展，有机化学则在人们对有机物质系统研究的基础上产生和发展起来了。

3.2.1　有机分析的发展

近代有机化学的系统研究，开始于对有机物的提纯、分析和合成。18 世纪下半叶，有机化合物的分离和提纯技术得到了很快的提高和发展。瑞典化学家**舍勒**的工作比较突出。他从 13 岁起，就在药店里做学徒，后来成为药剂师。那时候，药剂师必须自己动手提炼和配制药物，因此药店里一般都设有小型的化学实验室和藏书室。舍勒一生经常处于穷困之中，但他为人非常谦虚，学习非常勤奋。他利用极短的余暇，用极简陋的仪器，在寒冷的实验室中从事了大量的有价值的化学实验，并取得了第一流的发现。他不仅发现了氧气和氯气，还先后分离、提纯了大量的有机化合物，如酒石酸、乳酸、尿酸、草酸、氢氰酸、柠檬酸、苹果酸以及乙醛、甘油和一些酯等。其他人在有机物提纯方面也做了大量工作。到 19 世纪上半叶，人们已经离析出了许多重要的有机化合物，如吗啡、胆固醇、金鸡纳碱等。分离提纯技术的发展使有机化合物的品种日益增多，新的有机物不断被发现，随之而来的问题就是：这些有机物究竟是由哪些元素组成的，如何组成的。要想真正了解有机物质，就必须对有机化合物的成分进行分析，这样就构成了有机分析的课题，也是现代有机化合物研究过程的第二个步骤——有机元素分析。

在近代化学史上功绩卓著的拉瓦锡对有机化合物的分析做了奠基性工作。1781 年，他把燃烧理论应用于有机物的分析，提出了一套适用于有机物的分析方法。拉瓦锡把酒精、糖、橄榄油等有机物分别放到钟罩里的氧气中燃烧，然后测定其生成物，结果发现这些物质在完全燃烧后都产生二氧化碳和水。经过进一步分析，他得出"一般有机物都含有碳、氢、氧，动物则再加上氮"的结论。在他之后，盖·吕萨克、贝采里乌斯等也对蔗糖、乳糖、淀粉，蛋白质、明胶等进行了分析，逐步弄清了这些有机物中各种元素的组成比例，并初步确定了化学式。如当时得出的一些化学式，酒石酸（$H_5C_4O_5$），柠檬酸（CHO）等。

在早期有机分析方面最有代表性的是德国有机化学家李比希。作为大学教授，他发明了现代面向实验室的教学方法，因为这一创新，他被誉为历史上最伟大的化学教育家之一。他发现了氮对于植物营养的重要性，因此也被称为"肥料工业之父"。他把有机分析发展成为精确、系统的定量分析。在此之前，有机分析的工作都比较粗糙。李比希集盖·吕萨克、贝采里乌斯及其他人的分析方法之长，结合自己的亲身化学实验活动，形成的元素分析方法，直到现在化学中有些仍在使用。他对许多有机化合物的分析结果是相当精确的，作为德国一代化学宗师的李比希奠定了有机分析的基础。

李比希的父亲是一位经营药物、染料和油脂的商人。李比希少年时曾在他父亲的药店里建了一间小实验室。他酷爱实验，每一个实验他都要重复多次，一直到认为满意为止，正是由于这样，他观察实验现象并牢记这些现象的本领远远超出了一般人。一次，他的朋友寄给他一种新制备出来的白色粉末。在一般人看来，这种粉末与其他外观相同的物质毫无差别，但是李比希凭他敏锐的眼光和惊人的记忆力，立即认出这种白色粉末就是七年前他的老师格曼林让他分析的那种样品。后来他分析这种白色样品时，又出现了异常现象，它的成分与老师的样品并不完全一样，但李比希却坚信自己的观察没有错误，经过反复验证，终于发现白色粉末中混进了杂质。

李比希 19 岁获哲学博士学位，后来去巴黎留学，担任过盖·吕萨克的助手，因而有人说李比希是法国培养出来的。李比希回国后当上了吉森大学的教授，当时只有 21 岁。他在那里任教 28 年之久，一生培养了许多优秀的化学家，形成了以他为核心的吉森学派。李比希培养了凯库勒、霍夫曼、R·施密特、武兹，他们又培养出许多优秀的化学家。李比希培养出来的人有很多获得了诺贝尔化学奖。人数之多，在世界上也是首屈一指的。在 1901~1910 年，最早的 10 次诺贝尔化学奖获奖者中，李比希的吉森学派竟占了 7 位。他们是范霍夫（J. H. Van't Hoff）、费歇尔（E. Fischer）、阿累尼乌斯（S. A. Arrenius）、拜尔（A. von Baeyer）、布赫纳（E. Buchner）、奥斯特瓦尔德（W. Ostwald）和瓦拉赫（O. Wallach）。从这里可以看出吉森学派的科学研究水平。从这个意义上说，李比希可以与物理学大师 E·卢瑟福相媲美。

像一切献身科学事业的人一样，李比希把科学的利益看成高于一切。他的老师曾对他做出过很高的评价："对李比希来说，科学的利益是全人类一切利益中的最高的利益，他让其他事情都服从科学，而物质利益对他来说，其作用则是极其微小的。"李比希鄙视那种把科学当作会给自己提供黄油的奶牛。他认为科学是神圣的，是自己毕生应当崇拜的对象。因此，在他一生中，把自己生命的价值与科学活动紧紧地联系在一起，他在晚年时曾经说过："对于我们这些人来说，一旦精神和肉体的虚弱阻止我们去参加剧烈的创造和时代的运动，那么生活便不再有吸引力了。"李比希把自己的毕生精力都献给了科学，他的学问与品格为后世流传。

李比希一生共发表了 318 篇化学和其他科学的论文。著有《有机物分析》《生物化学》《化学通信》《化学研究》《农业化学基础》《关于近世农业之科学信件》等。他还和德国化学家维勒（F. Wohler）合编了《纯粹与应用化学词典》。1831 年创办《药物杂志》并任编辑，1840 年后此杂志改名为《化学和药物杂志》，他和维勒同任编辑。

李比希在吉森大学建立了面向学生的教学实验室，通过实验室中的系统训练培养出了一大批闻名于世的化学家。其中名列前茅的有为染料化学和染料工业奠定基础的霍夫曼、发现卤代烷和金属钠作用制备烃的武慈、提出苯环状结构学说为有机结构理论奠定坚实基础而被誉为"化学建筑师"的凯库勒等，并形成了吉森-李比希学派，为世界化学发展做出了巨大贡献。

1833 年，法国化学家杜马又提出有机化合物中氮的分析法，使有机分析的技巧更趋完善。随着生产的发展，提出了快速分析的要求，这又促进了操作简易、快速的容量法的建立。例如，1883 年克达尔（J. Kieidahl）创立了以容量法为基础的较简便的测定氮的方法。到了 19 世纪末，有机化合物中各种元素的常量分析法，基本上已经齐全。并且随着有机化学的发展，人们开始对微量的天然有机物质进行深入研究，促进了微量分析方法的发展。

3.2.2　有机合成的诞生

在 18～19 世纪初时，在生物学和有机化学领域中一直流行着一种生命力论。他们认为，动植物有机体内具有一种生命力，也称活力。依靠这种生命力才能制造有机物质，因此有机物只能在动植物体内产生，在生产上和实验室里人们只能合成无机物，不能合成有机物，特别是不能从无机物合成有机物质。这种主观臆测的生命力论的观点，在有机物和无机物之间人为地制造了一条不可逾越的界限，大大妨碍了有机化学的发展，因为它使得许多化学家放弃了在有机合成道路上的主动进取，延缓了有机合成前进的步伐。

德国化学家**维勒**出生于 1800 年 7 月 31 日。维勒幼时喜欢化学，尤其对化学实验感兴趣。1820 年入马尔堡大学学习医学，但仍常在宿舍中进行化学实验。1821～1823 年，在海德堡大学学习医学，同时跟随格曼林（Gmelin）学习化学。1823 年 9 月 2 日，完成了在海德堡大学的学业，获得外科学医学博士学位，被导师格曼林推荐到位于瑞典斯德哥尔摩的贝采里乌斯的实验室留学。贝采里乌斯的丰富知识，卓越的实验技巧，使他获益匪浅。他在瑞典留学一年，掌握了许多分析和制取各种元素的新方法。1824年，他回到德国，两年多后就做出一个重要贡献，制出了金属铝，以后又人工合成了尿素。

还是在贝采里乌斯那里工作的时候，维勒就制得了三氧化钨。他用同样的方法制备铬的化合物，结果得到了三氧化铬。后来他利用贝采里乌斯的还原法，制得了一系列新元素。1827年他把氯化铝与金属钾混合在一起，得到质地极轻的银白色金属——铝。1828年，他还以游离状态的形式分离出两种元素——铍和镱。维勒的另一个出色的发现也是在1828年完成的，他证实了有机物尿素可以人工合成，并且可以从无机物合成。

1824年，维勒在无机物氰酸（HCNO）同氨水作用时，得到一种叫氰酸铵（NH_4CNO）的化合物，这是当时公认的一种无机化合物，这种物质受热之后变成一种在性质上与尿素［$CO(NH_2)_2$］完全相同的白色结晶物质。在那时，尿素是作为人和动物的新陈代谢的产物，只有活的肾脏才能产生尿素。当时贝采里乌斯也是这样认为的。但是维勒却是在自己的实验室里，从无机物中制得了它。维勒想到：如果在实验室中可以合成出这种有机物，那又为什么不能合成出别的有机物呢？根本无需什么"生命力"的存在。他对这种物质又进行了4年的细心研究，最后证明它就是动物机体内的代谢产物尿素。为了慎重无误，他运用不同的无机物和通过不同的途径反复加以实验，都成功地合成了尿素。这使维勒感到欣喜若狂。他的实验给长期占统治地位的理论以前所未有的冲击："生命力"是不存在的！有机物可以在实验室里合成出来，只要找到合成所必需的条件就行。于是他便在1828年提交了《论尿素的人工合成》一文，公布了他用无机物合成尿素的方法。如果利用现在的化学反应式，这两种方法可以表述如下：

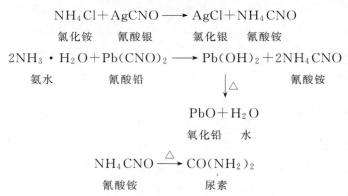

$$NH_4Cl + AgCNO \longrightarrow AgCl + NH_4CNO$$
氯化铵　　　氰酸银　　　氯化银　　氰酸铵

$$2NH_3 \cdot H_2O + Pb(CNO)_2 \longrightarrow Pb(OH)_2 + 2NH_4CNO$$
氨水　　　　　氰酸铅　　　　　　　　　　氰酸铵

$$\downarrow \triangle$$

$$PbO + H_2O$$
氧化铅　　水

$$NH_4CNO \xrightarrow{\triangle} CO(NH_2)_2$$
氰酸铵　　　　　　尿素

维勒指出：尿素的人工合成是个特别值得注意的事实，它提供了一个从无机物人工制成有机物并确实是所谓动物体上的实物的例证。人工合成尿素的成功是有机化学发展的一个重大转折，它填补了无机界和有机界之间的鸿沟，动摇了生命力论的基础，开辟了有机合成化学的新领域，对于当时整个化学学科的发展都有重大的现实意义和深远的历史意义，它也有助于生命科学的发展，启迪人们的哲学思考。

但是维勒的文章却招致许多人的强烈反对，科学家们信奉生命力论，他们还不能一下子放弃自己先前的理论。作为维勒的老师贝采里乌斯和格曼林都是生命力论的信奉者，此时他们辩解说，尿素只是介于"有机物和无机物之间的一种中间物质"，而不是真正的有机物。而且还说尿素充其量也不过是对有机物的一种"不完善的仿制品"。贝采里乌斯直到他逝世的前 5 年，也就是人工成功合成尿素 15 年后的 1843 年，他还相信生命力论，认为合成有机物要靠一种"神秘的、不知道的、抗拒任何理论解释的生命作用在进行干预"，仍然坚持用无机物人工合成更复杂的真正的有机化合物，在原则上是不可能的观点。当时法国化学家日拉尔曾经说过："事实上没有人能从尿素制出尿酸，从乙醇制出糖……在这里化学是无能为力的。如果我们猜测是对的话，今后也将永远如此。"但是，有机合成的迅速发展又很快地驳倒了这种观点。自从维勒开创了有机合成的道路之后，一系列新的人工合成实验不断地取得成功，生命力论失败的厄运已无可挽回了。

1845 年，德国化学家柯尔柏（H. Kolbe）用木炭、硫黄、氯水等无机物合成了有机物醋酸。此后，人们又用无机物合成了酒精、蚁酸、葡萄酸、苹果酸、柠檬酸、琥珀酸等一系列有机物。1854 年，法国化学家贝特罗（P. E. M. Berthelot）又成功地合成了属于油脂类的物质。1861 年，俄国化学家布特列洛夫又合成了糖类物质。这就充分证实了人工合成有机物的真实可能性，并且几乎都可以从无机物出发开始实现，合成的途径也很多。至此，生命力论彻底破产，使得一些化学家不得不放弃过去的陈旧的生命力论的观点。日拉尔也转变了认识，他说："天然产物和我们实验室的人工产物，都是服从同样定律的同一链条上的环节，因为依靠近代科学有无数的人工制备为证据。"

维勒不但从氰酸铵人工合成了尿素，他还分析了氰酸银的组成，其中含氧化银 77.23%，含氰酸 22.77%。这一分析结果竟然与李比希对雷酸银组成的分析结果相当地吻合，后者的结果是雷酸银中含氧化银 77.53%，含氰酸 22.47%。但是氰酸银和雷酸银确实是两种性质不同的化合物，这种现象使维勒和李比希迷惑不解，甚至认为二人之中总有一个人的分析结果是错误的。最后，还是化学大师贝采里乌斯解决了这个问题。贝采里乌斯过去曾经对雷酸银和氰酸银两种组成相同而性质不同物质的存在发生过怀疑，认为这二者之中可能有一个是实验误差造成的，而现在维勒制得的氰酸铵和尿素恰好又提供了一个实例，它表明，化学世界中确有这种现象存在。所以促使贝采里乌斯产生了新的思想。他指出"相同数目的简单原子可以不同的方式分配在化合物的'原子'（分子）中，能形成不同性质的物质"。后来，他又找到酒石酸和葡萄酸的又一同样实例。这使贝采里乌斯感到已经到了该提出新概念的时候了。于是在他所编辑的《物理、化学进展年报》（1832 年）中指出："在物理化学中，长期以来把含有相同组分按相同比例组成的物质必定具有相同的化学性质当作公理"，然而，"更近的实验表明……有一些物质，它们由相同元素的相同数目的原子组成，但是它们的原子按不同的方式排列，因而具有不同的化学性质和不同的晶形"，"我建议把相同组成而不同性质的物质称为'同分异构'物质"。同分异构现象的发现以及从理论上的说明是物质组成和结构理论的开端，并把分子结构问题提到化学研究的日程上来，为后来布特列洛夫建立化学结构学说以及巴斯德（L. Pasteur）、范霍夫（J. H. Van't Hoff）、勒贝尔（J. A. LeBel）等人创立的立体化学观念的建立，提供了前提条件。

3.2.3　早期有机理论的发展

1817 年，瑞典化学家**贝采里乌斯**为了探索有机物组成和结构的规律性，把他所提出的电化二元学说从无机化学推广到有机化学领域，并运用了拉瓦锡"基"的思想，提出了基团学说。这是人们在建立有机化学结构理论过程中提出的第一个学说。

前面曾经提到过由于贝采里乌斯对阿佛加德罗分子假说的不支持态度而影响了很多化学家对分子假说的深入研究。为什么贝采里乌斯会具有这样的权威性呢？我们有必要介绍一下他的生平及其在化学领域的贡献。

1779 年 8 月 20 日贝采里乌斯出生在瑞典南部的一个名为威菲松达的小乡村里。父母早逝，由亲戚抚养大。17 岁进入乌普萨拉大学攻读医学专业，大学期间，化学成绩很差，如果化学成绩继续差下去而影响整体成绩，可能有被退学的危险，直到这时，贝采里乌斯对于自己毕生所从事的化学，还没有多大兴趣，但为了补习化学，从书店买最便宜的化学书学习，慢慢地他对化学产生了兴趣。1802 年毕业获医学博士学位后担任斯德哥尔摩大学助教，1807 年被提升为教授。贝采里乌斯长期在该校从事教学和科学研究。贝采里乌斯最早研究的化学课题是分析化学和矿物分类，今天我们在分析化学中使用的定量滤纸就是贝采里乌斯发明的。他对化学的贡献涉及许多重要领域，例如发现了硅、硒、钍和铈等化学元素；改革了化学符号；确定了很多化合物的化学式；测定了大约两千种化合物的化合量；发表了三张原子量表；提出同分异构概念，创立电化学说；第一个提出催化概念。因此，贝采里乌斯被誉为化学大师、19 世纪前期最杰出的和成就最大的化学家。

贝采里乌斯之所以能取得这么多的成就，主要是由于他重视实验。他把一生大部分的精力都用在实验测定上，在他的住宅内设有两间实验室，实验室紧挨着他的卧室。这样，他随时都可以到实验室进行研究。这位化学大师真正认识到化学是一门实验科学。由于贝采里乌斯在科学上的贡献很大，因此他在 1808 年当选为斯德哥尔摩科学院院士，1818 年当选为科学院秘书，后来他还成为英国皇家学会会员和俄国彼得堡科学院名誉院士。

贝采里乌斯结婚很晚，在 56 岁时感到很孤独才结了婚。在举行结婚典礼之前，还收到了瑞典国王的贺信，并由于贝采里乌斯在化学科学中的贡献，为瑞典获得了荣誉，特赐给他男爵的爵位。

1807 年，英国化学家戴维通过电解实验提出了二元论的接触论。主张不同原子接触时就互相感应，分别地带上相反的电荷，其强弱随元素而不同。化合物结合力是由于异性电吸引所致。1811 年，贝采里乌斯进一步发展了戴维的观念，认为各种原子即使未接触也都有两极，像磁铁一样，一个极带正电，一个极带负电。但原子的两个极上所带的电强弱并不相等，因此各种原子的显示电性就不一样。他认为，氧是"绝对负性"的，钾是"绝对正性"的，不同原子（包括复杂原子）由于不同的电性，因而就相互吸引结合成化学物质，这就是贝采里乌斯的著名的电化二元论的主要思想，也称为化学亲和力理论。戴维的电化学说假定物质只是接触时才带电，反应后相反的电荷就中和了，反应粒子得到电荷是产生化学反应的原因，也就是说电并不是物质粒子的本性，而是由于接触才由外界带入。那么，这电荷从哪里来，又是怎样带进去，他都无法自圆其说，所以他的电化学说是含糊不清的。而贝采里乌斯则假定，物质粒子总是带电荷的，化合以后仍然带电荷，物质相互作用的亲和力就是电的吸引力。他把电看作是物质粒子的本性。贝采里乌斯的这种认识显然比戴维的更深刻，更接近事实。更重要的是贝采里乌斯把物质的化学性和电性都统一在同一物质属性内，通过物质的电性变化来认识物质的化学变化，把这两种变化有机地联系起来，这是对化学物质、对化学过程的认识的一个重要的思想发展。

贝采里乌斯的电化二元论基本符合电解过程，对使盐类结合、酸碱中和作用的亲和力概念也做出了较满意的解释。这个理论简单明了，能说明许多化学现象，加上古代对立面学说在科学界的长期影响，所以很快就被化学界所理解和接受，并成为流行的理论。贝采里乌斯也确实相信，他终于彻底阐明了产生亲和力的原因。当时尽管也有一些实验结果同这一理论不尽相符，但是却被人们忽略掉了。后来，贝采里乌斯又将他的理论推及有机化学领域。

拉瓦锡在建立科学的氧化燃烧理论之后，曾经企图建立一个以氧为中心的物质体系，认为不论是有机物还是无机物，凡含氧者都属氧化物，其中去氧后的剩余部分就称为"基"，无机氧化物去氧后的剩余部分是"单基"，即元素；而含氧有机物去氧后的剩余部分则称为复合基或复基，这是指最少含有碳和氢两种元素的基。贝采里乌斯继承了拉瓦锡这一思想，他认为，复基是一切有机物的组成单位，同无机物中的元素相同。他还认为，所有的有机物都是复基的氧化物，植物物质的复基一般含有碳和氢，动物物质的复基一般含有碳、氢和氮。这样，就使得他把所有的含氧有机物都写成了氧化物的形式。例如乙醇写成 $(C_2H_6)O$，乙醚为 $(C_4H_{10})O$，乙酸乙酯为 $(C_4H_{10})O \cdot (C_4H_6)O$，等等。贝采里乌斯把有机物的组成也分解为带正电和带负电的两部分，企图以二元论把无机物和有机物统一起来。然而，拉瓦锡和贝采里乌斯所提出的"基"并无固定的组成，也不表示化学反应的功能，在当时完全是一种想象。但是，它是人们对有机物质组成和结构认识的一个初步尝试，促进了人们对有机物内在本质的探讨。

1832 年，德国化学家李比希和维勒共同研究了苦杏仁油，发现了安息香酸基，从而发展了有机化合物的基团理论。李比希和维勒由于研究氰酸和雷酸而彼此相识，共同的研究使他们之间结成了永恒的友谊。1831 年，维勒的妻子去世，李比希为了使他不过分悲伤，让他散散心，邀请他共同研究苦杏仁油，这个研究工作只用了一个月的时间就搞完了，他们发现苦杏仁油可以转变为一系列含有 $(C_7H_5)O$—基的化合物，这是头一个含三个元素的基，于是，他们以《安息香酸基的研究》为题于 1832 年发表。他们在论文中指出：在苦杏仁酸、安息香酸、安息香酰氯及它们的许多衍生物中，存在着一个共同的基——安息香酸基（即苯甲酰基 C_6H_5CO—），在一系列化学反应中，这个基的组成保持不变。由于他们分析安息香酸银时采用的银的原子量为现在的二倍，所以当时他们得到的安息香酸基的化学式是 $C_{14}H_{10}O_5$。李比希和维勒的这一研究成果受到了化学界的瞩目，贝采里乌斯认为这是对具有三元素复合基的"头一个和完全被证实的例子"，李比希和维勒的这一工作是"植物化学中一个新时代的开端"。当时的许多化学家也都认为这是一项"划时代的研究工作，它开辟了通到有机化学的黑暗的森林中去的一条道路"。

通过李比希和维勒的工作，基团学说既有了实验根据，又获得了贝采里乌斯的支持。于是化学家们纷纷研究有机化合物中是否都存在原子团。李比希在 1834 年提出了乙基说，把乙醇、乙醚等看作是乙基的化合物。同年，杜马和他的法国同仁佩利哥特（E. M. Peligot）研究了木醇，把木醇的原子团称为甲基。1837 年在李比希和杜马合作发表的论文中指出："无机化学中的基是简单的，有机化学中的基是化合物——这是唯一不同点。化合的规律和反应的规律在这两个化学的分支中都是完全一样的。"他们把原子基团看作是有机化学的元素，相信这些基团包含着有机化学的全部秘密。他们与许多年轻的化学家一道为发现新的原子基团不懈地努力着。

1838 年，李比希给基下了定义：①基是化合物经一系列变化仍保持不变的部分；②基可被元素置换；③当基与一种元素形成化合物时，这种元素可以分出或被另一种元素代替。

1839～1843 年间，德国化学家本生研究了卡可基即二甲胂基，这是一种有恶臭的、有毒液体。在研究中，由于一次爆炸，他的一只眼睛部分失明。但是，他在实验中却发现，用酸作用在二甲胂基的氧化物上可以制得二甲胂基的氯化物、碘化物、氰化物和氟化物。本生认为，在研究二甲胂基化合的过程中"可以认出一个不变的组分，可用式 $C_4H_{12}As_2$ 表示，构成这个组分的元素，彼此以强的亲和力化合"，"在它们的化合物中，这个组分构成我们称为有机原子或基的较高单位"。当时化学界认为，本生关于二甲胂基的研究工作是对复基存在的一个有力支持。人们更加相信基团学说，李比希甚至认为"有机化学就是复合基的化学"。

作为解释有机化合物性质的第一个理论——基团学说，在当时起到了初步统一有机化学事实的作用，促进了早期有机理论的建立。然而，它并没有揭示出有机化合物的本质。因此，当有机化学进一步发展时，基团学说便暴露出一系列缺陷。

杜马首先发现了一个不能同基团学说调和的事实。1834 年，杜马在参加一次社交晚会时，发现蜡烛燃烧时放出了一种使人难以忍受的刺激性气体。他对此进行了研究，发现这是由于经过氯气漂白后的蜡烛中的氢被氯气所置换造成的。事实上，早在 1815 年，盖·吕萨克研究氰化物时，就谈到氯取代氢氰酸中的氢而变成了氯化氰，预示了取代学说。1821 年，法拉第也曾经谈到，荷兰油（$C_2H_4Cl_2$）在氯的连续作用下生成六氯化二碳（C_2Cl_6），也是氢被氯取代。1832 年，维勒和李比希也曾经发现氯与苯甲醛（C_7H_6O）反应生成了苯甲酰氯（C_7H_5ClO），当时他们也认为是氯取代了氢。虽然那时就已经发现了许多这样的取代现象，这种现象已与基团理论有了冲突，但是并没有引起化学家们的足够重视。一直到杜马才系统地研究了氯代反应。于是，他在前人和自己工作的基础上提出了取代学说：氯等卤素能够置换出有机化合物中的氢原子。虽然杜马最早提出了取代学说，但是他也没有认识到它的全部意义，他在随后发表的有关论文中就不再应用"取代"一词了。但是杜马的学生，年仅 27 岁的法国化学家**罗朗**（**A. Laurent**）却以深刻的洞察力敏感地觉察到了它的重要意义。他又进一步研究了卤素对有机化合物的取代作用。他发现，烃是一种基本"基团"，通过取代反应可以生成各种衍生物，而这些衍生物仍保留有与派生它们的基本基团相同的主要特征。这就是说，罗朗把有机物视为是具有结构的一个整体，因而当它的某些部分被其他元素所取代时，其性质大致不变或化学类型不变。这就是罗朗的一元论。

这种理论与当时流行的贝采里乌斯的二元论背道而驰。按照贝采里乌斯的二元论见解，带负电的氯居然能置换带正电的氢，而且不改变化合物的主要特征，这实在是不可思议。因而首先就遭到了贝采里乌斯的激烈反对，说什么"与化学基本原理相矛盾"，"给人以假象"，"使化学家看不到事物的真实面目"，"不利于科学的发展"，等等。但是，贝采里乌斯错把罗朗的观点当成罗朗的老师杜马的观点，因而直接点名攻击了杜马，这使杜马大为震惊。杜马立即出来辩解，宣称他的取代学说不过是一项根据经验做出的发现。他还补充说：那是罗朗的观点，而不是他的，不要强加于他，罗朗的见解与他完全无关。他因此声明："罗朗对我的学说做了种种夸大其词的渲染，对此我概不负责"。这样，包括罗朗自己的老师在内，反对者都把矛头对准了罗朗。贝采里乌斯指名攻击罗朗的观点"如此离奇"，以至罗朗也"被自己的理论迷住了眼"，分不清是非了。除了贝采里乌斯之外，对罗朗大肆攻击的还有李比希等。面对化学大师和权威们的强大攻势，罗朗没有动摇，他坚定地表示只能服从真理而不屈从权威。他认为贝采里乌斯的论点并没有事实根据。他说：哪怕这位著名的化学家能够拿出一个事实来，我也就会立即放弃自己的奇怪观念，否则将坚持到底。

为了寻求正确的答案，罗朗坚持不懈地积累资料，不断充实自己的论点，使一元学说得到了越来越多的实验证实。后来有许多化学家又发现了许多有机取代物。1839 年，杜马自己也发现了一个典型的取代反应，这使他的态度发生了根本转变，从反对罗朗的观点转而又接受了罗朗的观点，并且也开始批判二元论，向贝采里乌斯发动了带"有点醋酸味"的攻击。

杜马在化学界很有影响，他对一元论态度的转变及不断发现的新事实，使很多化学家转而支持一元论。李比希也开始认为一元论是正确的。杜马和李比希联合起来。以两位"化学界的思想领袖"的共同声望向二元论发动了抨击，这样，再由于罗朗等人的工作，在有机化学领域中一元学说终于获得了胜利。

罗朗把有机化合物看成是某些烃或初始基的衍生物，衍生物是靠其他元素取代氢后得到的。他认为每一种有机化合物都有一个核心。他把这些烃或初始基称为基本核，基本核中的氢被其他基团或元素取代后则形成衍生核，取代物与原来的物质相类似。罗朗的这种一元论也叫做核团理论，后来曾成为有机化合物分类的基础。

1839 年，杜马在转而承认了一元学说后，根据他所发现的醋酸氯化的实验结果又加以发展，改称类型论。杜马认为"有机化学中存在着某些类型，即使它们所含的氢被等量的氯、溴或碘所置换，这些型式仍保持不变"。他又把类型区分为化学类型和机械类型。化学型是指化学式相似，化学性质也相似的一类化合物，如醋酸（$C_2H_3O_2H$）和氯醋酸（$C_2H_3O_2Cl$）。机械型是指化学式相似而化学性质不相似的一些有机化合物，如醋酸（$C_2H_3O_2H$）和酒精（C_2H_5OH）。实际上，类型论是以取代学说为基础的，但是杜马却否认这一点，他声称，自己的创见与罗朗无关，以致一些不明真相的化学家都把杜马视为给电化二元论打击的第一个人和一元论的创立者。这显然是不符合实际，也是不公正的。正如罗朗所说：如果这个理论被证明是错误的话，我就成了它的创立者，如果这个理论被证明是正确的话，杜马就成了它的创立者。这样，罗朗无论怎样都不会正确，而杜马无论怎样也不会错误了。不仅如此，罗朗由于进行了直言不讳的申诉而激怒了杜马，竟被排斥到边远地区，致使他一生穷困潦倒。他在波尔多当了 8 年教授，由于实验室条件极差，他无法进行研究工作，于是他赴巴黎与日拉尔合作。但因为没有收入，迫使他到造币厂当化验员，那儿的实验室是一个潮湿的地下室，只供给一些普通的化学药品。贫困的生活和恶劣的工作条件使罗朗染上了肺病，不幸去世，年仅45 岁。罗朗的不幸遭遇赢得了许多正直的化学家的同情，德国化学家霍夫曼（A. W. Hofmann）等 1851 年访问法国时，看到罗朗和日拉尔受到法国同事的如此排斥，深感不平，"看到当时最出色的两个化学家被他们的同事这样欺负，的确十分痛心。"著名德国化学家凯库勒在回顾这段历史时沉痛地说，这位"伟大的化学家所受到的冷遇，至今思之，犹令人痛心不已"。罗朗在世时虽然没有得到承认，但是，历史是公正的。日本化学史家柏木肇指出，"杜马原本并不是一元论者"，而是一位在"当时化学家中最强有力的二元论的推进者"。著名美国化学史家莱斯特说，杜马并不是提出一元论，而只是"终于承认了一元论"，并把它"改称为类型论"了。著名英国化学史家柏廷顿（J. R. Partington）在他的著作中明确地指出，当贝采里乌斯指责取代学说时，杜马则声称罗朗与己无关，"我不能对此负责"，而后来实验"证实这个假设还是相当可靠"时，"杜马似乎又声称这是他自己的理论"。同时柏廷顿还指出，杜马的类型论也并不只是他个人的成果，"机械型是从瑞瑙（Raynao）处借用的，在罗朗的著作中已有化学型的萌芽。"因此，事实上罗朗最终得到了人们的普遍承认。罗朗著有一本有名的《化学方法》，是他去世后一年，1854 年出版的。英国化学史家柏廷顿高度评价："作者的真诚与热情在书中每一页都发挥出来；他的逻辑心灵永不萎缩。"德国化学家肖莱马（L. Schorlemmer）认为，尽管罗朗的"事业与功绩"当他在世时很少有人承认，然而在他去世后却终于"被普遍接受"，他不愧是一位"在创立现代化学体系方面占据着首要的地位"的化学家。

罗朗所遭到的不幸，其根本原因是来自化学权威们的压制，是一种被默顿称之为"马太效应"的现象，即科学上优势积累的棘轮效应。它表现为某些科学家一旦具有一定优势后，就有了更多机会进一步去获得成果和承认，获得评价他人成果的权力以至压制"小人物"的机会，社会对他们的能力、成果、荣誉也给予一种不适当的、人为的放大作用或夸大作用，他们的论文著作会以很高的频率被引用，并不断地得到种种科学荣誉的桂冠。与此相反，"小人物"相对地受到冷落和贬低，他们的论著很少或不被引用。本来应该或者说很早就应该被社会承认的科学成果，由于是"小人物"、年轻人、无名小辈做出的，由于马太效应，使成果迟迟得不到大家承认。对"大人物"、对权威，凡有的还要加给他，使他有余，而对"小人物"连他所有的也要夺过来，变成科学王国中的"无产者"，变成知识生产中默默无闻的人，无人理睬而被埋没，这种由于马太效应而引起的消极影响在科学史上屡见不鲜，在今天更应该引起注意，采取适当的制度和方法加以调节。

1850 年，德国化学家**霍夫曼**（A. W. Hofmann）基于甲胺、乙胺等胺类物质的发现，提出了氨类型。

$$\left.\begin{matrix} H \\ H \\ H \end{matrix}\right\}N \qquad \left.\begin{matrix} H \\ H \\ C_2H_5 \end{matrix}\right\}N \qquad \left.\begin{matrix} H \\ C_2H_5 \\ C_2H_5 \end{matrix}\right\}N \qquad \left.\begin{matrix} C_2H_5 \\ C_2H_5 \\ C_2H_5 \end{matrix}\right\}N$$

$$\qquad 氨 \qquad\qquad 乙（基）胺 \qquad\qquad 二乙（基）胺 \qquad\qquad 三乙（基）胺$$

同年，英国化学家威廉逊把醚和醇同水相比较，提出了水类型。

$$\left.\begin{matrix} H \\ H \end{matrix}\right\}O \qquad \left.\begin{matrix} C_2H_5 \\ H \end{matrix}\right\}O \qquad \left.\begin{matrix} C_2H_5 \\ C_2H_5 \end{matrix}\right\}O \qquad \left.\begin{matrix} NO_2 \\ H \end{matrix}\right\}O$$

$$\qquad 水 \qquad\qquad 乙醇 \qquad\qquad 乙醚 \qquad\qquad 硝酸$$

从中受到启发的日拉尔在"氨类型"和"水类型"的基础上，于 1852 年又引出了"氢类型"和"氯化氢类型"有机化合物。

$$\left.\begin{matrix} H \\ H \end{matrix}\right\} \qquad \left.\begin{matrix} C_2H_5 \\ H \end{matrix}\right\} \qquad \left.\begin{matrix} C_2H_3O \\ H \end{matrix}\right\} \qquad \left.\begin{matrix} C_2H_3O \\ C_2H_3O \end{matrix}\right\}$$

$$\qquad 氢 \qquad\qquad 乙烷 \qquad\qquad 乙醛 \qquad\qquad 丁二酮$$

$$\left.\begin{matrix} H \\ Cl \end{matrix}\right\} \qquad \left.\begin{matrix} C_2H_5 \\ Cl \end{matrix}\right\} \qquad \left.\begin{matrix} C_2H_3O \\ Cl \end{matrix}\right\} \qquad \left.\begin{matrix} C_6H_5 \\ Cl \end{matrix}\right\}$$

$$\qquad 氯化氢 \qquad\qquad 氯乙烷 \qquad\qquad 氯酰 \qquad\qquad 氯苯$$

日拉尔认为所有的有机化合物都是由这四种类型创立出来的，有机化合物可以看成是简单无机化合物中一个氢或数个氢被取代后得到的衍生物。1856 年，日拉尔又把各种有机化合物归了类，形成了一个比较系统的分类体系：

氢类型：包括碳氢化合物、醛、酮和金属有机化合物等。

氯化氢类型：包括有机氯化物、溴化物、碘化物、氰化物和氟化物等。

水类型：包括醇、醚、酸、酸酐、酯和硫化物等。

氨类型：包括胺、酰胺、亚酰胺、肼、膦等，以及有机氮化物、砷化物和磷化物等。

1857 年，德国化学家凯库勒在四种类型的基础上，又提出了沼气类型：

$$\left.\begin{matrix} H \\ H \\ H \\ H \end{matrix}\right\}C \qquad \left.\begin{matrix} Cl \\ H \\ H \\ H \end{matrix}\right\}C \qquad \left.\begin{matrix} Cl \\ Cl \\ Cl \\ H \end{matrix}\right\}C \qquad \left.\begin{matrix} Cl \\ Cl \\ Cl \\ Cl \end{matrix}\right\}C$$

$$\qquad 沼气 \qquad\qquad 氯甲烷 \qquad\qquad 氯仿 \qquad\qquad 四氯化碳$$

至此，类型论已经发展到了比较系统的地步。霍夫曼、威廉逊、日拉尔、凯库勒等人提出的新类型论，比杜马的类型论前进了一大步，它使有机物的分类体系逐步建立起来，为现代按官能团分类奠定了基础，对有机化合物的分类起了积极的推进作用。类型论给出的类型式有些已接近现代结构式，虽然这只是经验和类比的结果，但对引起人们

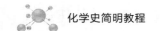

注意原子之间的关系是有意义的。类型论虽然没有能够有意识地提出原子价的概念，但却为这个概念的建立提供了重要线索。

类型论和基团学说一样，并未能揭示出有机化合物的本质，仍然带有机械类比的色彩。它不能够很好地解释多官能团的有机化合物。因此，随着化学的发展，类型论的缺点日益明显地暴露出来。这就要求建立起一个更符合客观实际的理论来代替它。这将是19 世纪后期化学发展所面临的一个迫切任务。

3.3　经典有机结构理论的建立

19 世纪中叶，越来越多的化学事实与已经发展起来的有机理论发生冲突，这就需要新观点、新思想的产生，而新的化学事实和经验确实提供了新学说产生的可能性，原子之间化合的问题被提到了议事日程。经典有机结构理论的首要内容就是化合价理论，而原子价和碳链概念的提出是化合价理论的核心。它们的提出，标志着经典结构理论开始形成。

3.3.1　化合价理论的建立

在有机化学中，原子价概念的形成和确立，是有机结构理论建立的先决条件。

1850 年，英国化学家**弗兰克兰**（E. Frankland）研究了金属有机化合物，发现在一些金属有机化合物的分子中，有机基团的数目与金属原子的数目之间有一定的比例关系，因而提出"饱和能力"的概念。他指出：金属与其他元素化合时，具有一种特殊的结合力，"不管所化合的原子的性质如何，吸引元素的化合能力（如果允许我用这个字眼的话）总是要同样数目的原子才能满足。"当时，人们也曾用"原子数"和"亲和力单位"等不同术语来表示化合能力。1868 年，威切尔哈乌斯（C. W. Wichclhaus）引进"化合价"一词，于是，对于整个化学发展都至关重要的这一概念便被用来阐明有机化合物的性质。

弗兰克兰在提出化合能力的概念之后，又进一步指出："有机金属化合物的生成和检验可以促使两个学说融合在一起。这两个学说长期以来使得化学家意见分歧，并且过分轻率地被看成是不可调和的。"这两个学说就是电化二元论和类型论。弗兰克兰的认识颇有见地。确实，类型论把"电"的因素完全抛弃了，弗兰克兰则认为，化合物的性质不仅依赖于所注重的原子的相对位置，而且"本质上依赖于原子的电化学特性"。这是很重要的一步，虽然人们还没有集中精力去研究化合价形成的原因，但是它再次提醒人们重视化学亲和力问题的研究。

弗兰克兰的想法在凯库勒那里得到了发展并加以推广。**凯库勒**（F. A. Kekule），德国有机化学大师。1829 年出生于德国的达姆斯塔德市，中学时，就懂四门外语，从小热爱建筑，立志长大后要当一名优秀的建筑大师。18 岁，他以优异的成绩考入了吉森大学。凯库勒在上大学前，就为达姆斯塔德设计了三所房子。初露锋芒的他深信自己有建筑的天赋。因此，进入吉森大学，他毫不犹豫地选择建筑专业，并以惊人的速度很快修完了几何学、数学、制图和绘画等十几门专业必修课。由于听了李比希的化学课，渐渐地他对化学研究着了魔。不久，凯库勒放弃了建筑学，立志转学化学。此举遭到了亲人们的坚决反对。但他仍坚信，自己未来的前途是从事化学，别无它路。为了在化学方面继续深造，自费去法国巴黎留学。凯库勒曾受杜马指导；听过日拉尔的课。在伦敦做过斯登豪斯的助手，同时还与威廉逊是朋友。回国后，先后在海德堡大学、根特大学（比利时）、波恩大学任教。曾任波恩大学校长和德国化学会主席。培养出拜尔等一批优秀化学家。1895 年被德国皇帝威廉二世赐予贵族封号。

真正的原子价概念是在日拉尔的类型论中诞生的。1857 年，凯库勒根据日拉尔的类型论总结、归纳各类化合物时，把各种元素的化合力以"原子数"或含义更明确的"亲和力单位"来表示，并且指出，不同元素的原子相化合时总是倾向于遵循亲和力单位数是等价的原则。这是原子价概念形成过程中最重要的突破。

当时，凯库勒是用氯气处理雷酸汞得到硝基氯仿的。如何确定这些化合物的类型呢？凯库勒认为，这是很重要的问题，可以丰富并充实类型论的内容。于是，他就将甲烷、氯代甲烷、三氯甲烷与硝基氯仿等的化学式加以类比，因而导致得到所谓"沼气"或甲烷类型。在这个类型中，他注意到由甲烷经氯代甲烷、二氯甲烷、三氯甲烷到四氯化碳，氯原子数依次递增，因而使他推论出，CH_3 是"一原子"或"一价"的；CH_2 是"二原子"或"二价"的；CH 是"三原子"或"三价"的；C 是"四原子"或"四价"的。同时他又把自己的甲烷类型与日拉尔的四个类型比较，因而确定氮、磷、砷等是"三原子的"或三价的，氧与硫是"二原子的"或二价的，而氢、氯、溴、碘、钾等则是一价的。于是他引入了"原子数"的概念，也即后来所说的原子价的概念。凯库勒不但确定了原子价概念，而且得出了许多元素的正确的原子价数目。这就是凯库勒的"原子数学说"。

1864 年，德国化学家迈尔建议以"原子价"这一术语来代替"原子数"和原子"亲和力单位"。原子价学说这时已初步定型，就是我们现在所讲的化合价理论。

原子价学说的建立，揭示了各种元素化学性质上的一个极重要的方面，阐明了各种元素相化合在数量上所遵循的规律，它又为化学元素周期律的发现提供了重要的依据，而且这一学说大大推动了有机化合物结构理论的建立和整个有机化学的发展。

1858 年，凯库勒在《化合物的组成和变化以及碳的化学本质》一文中，阐述了碳原子在有机化合物中具有四价的特征，并提出了碳原子自相成链的思想。他写道："和一个碳原子化合的元素的化学单位总数是 4"。这是第一次用正确的原子价表述碳的四价性质。在这篇论文中，凯库勒用崭新的观点考察了有机基团的组成，提出了碳原子自相连接成链的思想。他指出："对于那些含有若干个碳原子的物质来说，应当认为，别种元素的原子之所以能够留在有机化合物中，完全是靠了碳对它们的亲和力（即化合价）；碳原子与碳原子之间也相互化合，这时，一个碳原子的一部分亲和力（化合价）被另一个碳原子的等量亲和力（化合价）所饱和。"他还指出，n 个碳原子的链能够和 $2n+2$ 个氢原子相连接，因而任何一种饱和碳氢化合物的组成都可以用 C_nH_{2n+2} 这个通式来表示。凯库勒还认为，化合价不变。后来，为了解释乙烯和乙炔的结构，凯库勒又提出了双键和三键的概念。

与凯库勒几乎是同时，正在巴黎工作的英国化学家库帕（A. S. Couper）也在研究碳化合物的结构问题。他在 1858 年发表的论文《一个新的化学学说》中阐述了自己的理论，其观点与凯库勒的论点没有多大区别。他也提出了碳原子是四价，碳原子能够自相连接成链。他还在元素的化学符号之间画了一条短线，表示亲和力的单位和原子之间的键。库帕还知道碳有两个化合价，一氧化碳中的二价，二氧化碳中的四价。弗兰克兰也认为元素的化合价是可变的。但凯库勒却认为化合价应是常数。

凯库勒在读了库帕的文章后，立即又写了一篇文章。他在文中着重指出：确认碳原子是四价的和确认有可能形成碳链的优先权应当属于他，属于凯库勒，而不应当属于库帕。俄国化学家布特列洛夫认为，确定碳原子的四价特性以及碳具有形成碳链性质的功劳，应当属于凯库勒，而认为有机化合物的分子具有一定的结构，而且这个结构可以用结构式来表示的思想应当是库帕的功劳。据讲，库帕的论文在他的老师武兹手中耽误了，他的论文比凯库勒的论文稍晚数月发表。值得指出的是凯库勒并不否认他是在前人工作基础上进行的，他说："我必须反复强调，我不认为这些见解的大部分是由我创造的。"

凯库勒和库帕提出的碳四价和碳链学说，为有机化学结构理论的建立奠定了基础，这样，化学家就能够根据碳原子"建造"的骨架来认识有机化合物分子，使有机物中的脂肪族分子从它们的碳链中得到解释。

3.3.2　苯结构学说的演化

在有机化学发展的初期，人们把那些从香树脂、香料油等天然产物中得到的，具有芳香气味的有机化合物叫做芳香族化合物。随着有机化学的发展，人们又发现了许多类似的化合物，虽然有的并没有香味，但按其化学性质来说应属于芳香族化合物。后来人们才知道，这类化合物结构上具有共同的特点，就是都含有苯环结构。

苯是 1825 年由法拉第首先发现的，并通过实验分析确定了苯的实验式为 CH。1834 年，德国化学家米希尔里希（Mitscherlich）将安息酸和石灰进行干馏，得到了一种碳氢化合物液体，他把其叫做苯，并测定了苯的蒸气密度，得到的结果与法拉第类似。在有机化学中建立了正确的分子概念以后，日拉尔等推测出苯的分子式为 C_6H_6。

瑞士科学家劳斯密特（J. Loschmidt）在 1861 年首先提出"苯核"的概念，并给出了第一个苯分子的图式。这个由朴素直观得出的图式，虽然不能算作结构式，但是对苯的环状结构的提出也还是具有启发意义的。

凯库勒在提出原子数和碳链概念的时候，主要还是研究脂肪烃化合物。当取得初步的成功后，他就应用这个概念来解决苯的结构问题。但是，他无论怎样排布苯的分子，都不能用链式结构说明苯的性质。

凯库勒在 1858 年就认识到苯中碳原子彼此之间比大多数有机化合物中的碳原子之间要靠得近。1864～1866 年间，他始终在苦苦探索苯的结构，并接连发表论文，直到 1866 年，这个工作才取得突破性的进展。这时他明确指出"苯，可用正六角形来表示"。苯分子中的 6 个碳链连成环状，碳之间以单、双键交替结合，每一个碳与一个氢相连，这样既满足了四价，又符合分子式 C_6H_6。

凯库勒在研究苯的结构过程中，充分发挥了他的建筑学特长和灵感。他曾经对自己的发现做了一个描述：有一次他在书房里打瞌睡，梦见碳原子的长链像蛇一样盘绕卷曲，忽见一个抓住自己的尾巴，这幅图像在眼前嘲弄地旋转不已。他惊醒后连续工作一夜，联想到几年来自己苦苦思索的苯的结构，不就是像这条碳原子连成的蛇一样是首尾相接的环状结构吗？就这样，苯的环状结构学说诞生了。

凯库勒提出的苯的环状结构学说在有机化学结构理论上是一个重要突破，与碳原子之间能够形成长链的概念具有同等重要的意义。它对化学的发展影响很大。1890 年 3 月 11 日，在苯环结构学说问世 25 周年时，伦敦化学会曾指出："苯作为一个封闭链式结构的巧妙构思，对于化学理论的发展，对于研究这一类化合物及其衍生物中异构现象的指导作用，对于发展煤焦油为原料的染料工业所起的先导作用，都已经是举世公认的了。"正是因为这样，苯的结构学说被认为是经典结构理论的最高成就。

3.3.3　化学结构说的创立

凯库勒的学说具有一定的局限性，忽略了分子中原子间的相互影响，因而它不能圆满地解释各个原子或基团在不同化合物中所表现出的特殊性。例如为什么醇、酚、酸中的羟基性质各有不同，而醛、酮、酸、酯及酰胺中的羰基性质上差别也很大。俄国化学家布特列洛夫提出的化学结构说，对此做出了重要的发展和补充。

布特列洛夫是 19 世纪杰出的化学家之一，是俄国有机化学家组成的喀山学派的领导人和学术带头人，这个学派荟萃了一大批俄国化学界的精英，在世界化学史上有着深远的影响。布特列洛夫的化学结构学说在化学发展史上具有重要的地位。

布特列洛夫出生于喀山省的契斯托波尔市一个地主和退伍军官的家庭中，他的父辈们曾参加过 1812 年抵抗拿破仑的卫国战争，布特列洛夫从小过着比较富有的生活，受到过良好的教育。他的初等教育是在一所寄宿学校里完成的，1839 年进入喀山中学读书。在中学时期，他喜欢物理学、数学和博物学，对化学更有着特别浓厚的兴趣。布特列洛夫从小就养成了有条不紊的生活和学习习惯。他学习相当刻苦，有空就读书，同学们和老师们都很喜欢他。他学习时专心致志的神情，引起了大家的注意。他仿佛毫无倦意，即使快下课时，他也不会心不在焉地东张西望，而是仍旧精神集中，用心听讲。1844 年中学毕业后，他以优异的成绩考入喀山大学，进一步深入学习化学。在喀山大学读书期间，他学习各门功课都很努力，但他在大学里最感兴趣的还是化学课，经常去听著名俄国化学家齐宁为数理系学生开的化学课。在做实验时，齐宁很快发现这个身材高大的年轻人天赋很高，很可能成为优秀的科研人才。齐宁很注重对布特列洛夫的培养，让他与自己一块参加研究工作。布特列洛夫在齐宁那里看到了五彩缤纷的有机化学世界：红色片状结晶偶氮苯、黄色针状结晶氧化偶氮苯和闪闪发光的联苯胺，奇妙的化学实验结果使他决心一生从事有机化学研究。在齐宁循循善诱的引导下，布特列洛夫研究了各种安息香基化合物和萘的化合物，完成了尿酸、靛蓝等一系列的有机制备，从这些较难的实验中，布特列洛夫掌握了有机化学知识和实验技能。他不仅在学校的实验室里工作，而且还在家里做制备咖啡碱、靛红、双阿脲等实验，弄得住宅里充满难闻的气味，邻居们为此大发脾气，认为他是在胡闹，他的姑姑们也为他的健康担心，而他却乐此不疲。他对有机化合物合成的实质钻研得越深入，就越清楚地看出了他的几位老师在理论观点上存在着分歧。克拉乌斯教授坚持贝采里乌斯的电化学学说立场，他认为，物质的形成是由带正电荷或带负电荷的原子团或原子团间的电化学引力引起的。而齐宁讲课时则强调指出，凡是涉及有机化合物的地方，贝采里乌斯的理论都不适用了。然而，主要在法国出现的一个个新理论却解释不清有机化合物的构成和成分。这些问题更加吸引布特列洛夫的研究兴趣，他发奋读书，扩大视野，要在对各种事实的比较中去寻求真理。

1849 年，布特列洛夫完成学士学位论文，并被留在喀山大学数理系工作。1851 年，布特列洛夫通过了硕士学位考试和论文答辩，并着手准备撰写博士论文《论香精油》。同时，他一边备课，一边仔细地研究化学史。布特列洛夫认为，"要从事创造，要有所前进，就必须详尽无遗地熟知前人走过的曲折复杂的道路。要找到新途径，就必须对过去的理论、成功和失败有所了解。"

1853 年，布特列洛夫完成了博士论文，当时喀山大学的化学和矿物学教授都同意通过他的这篇博士论文。但是，有位物理学教授认为论文未能达到要求。于是，布特列洛夫只得将论文送到莫斯科大学去答辩。1854 年 6 月 4 日布特列洛夫终于获得了莫斯科大学的化学和物理学博士学位。

布特列洛夫获得博士学位后，对彼得堡进行了短期访问。在彼得堡大学他受到了当时已在彼得堡工作的齐宁老师的热情接待。对布特列洛夫来说，这次会晤关系重大，他们交谈了很久，谈了很多，齐宁老师提醒他要注意罗朗和日拉尔的著名理论，并向他详细地介绍了他们的论著。回到喀山大学后，他一直思考着与齐宁老师的谈话以及罗朗和日拉尔的理论。布特列洛夫在研究香精油的过程中，曾分析过一种物质——樟脑的同分异构体，这种物质使他遇到了类型论无法解释的难题。而当时一些学者们的解释也不能使布特列洛夫满意。他预感到：类型论已无法解释越来越多的新事实和新发现，必须探索新途径，而新途径就要求创立新理论。

1857 年初，布特列洛夫被聘为化学教授，同年夏季获准出国访问。他游历了德国、瑞士、意大利和法国，参观了欧洲的著名实验室，结识了著名的学者。在当时全世界的化学研究中心巴黎他拜见了著名化学教授武兹，布特列洛夫对武兹分析和合成有机化合物的独特方法十分感兴趣，提出想在武兹的实验室里工作一段时间，得到了武兹的允许。他在短短的两个月内收集到大量的资料，并抛弃了传统的方法，总结出自己的一套新方法。在法国科学院做了关于二碘甲烷的报告。在报告中他认为，原子相互结合的能力各不相同，碳是其中一个有趣的例证。凯库勒提出碳是四价的。那么，布特列洛夫就此设想价键的形状像一些触须，原子借助于这些触须互相结合，并认为这种结合方式会对化合物的性质产生影响。他还曾预见："也许这样一个时刻已经到来，就是我们的研究成果一定能成为物质化学结构新理论的基础。这种理论虽然不会像数学定律那样精确，但是它却使我们预见到有机化合物的各种性质。"这时化学结构学说的雏形已经具备。1861 年，布特列洛夫第二次出国访问，并参加了在斯佩耶举行的德国自然科学家和医生代表大会。会上他宣读了论文《论化合物的化学结构》。这是在有机化学中第一次使用"化学结构"这一术语。布特列洛夫指出，化学的发展，已使日拉尔、罗朗和贝采里乌斯的理论满足不了需要，这就要求有一种新的理论来阐明有机化学。他强调所提出的化学结构的含义是："假定一个原子具有一定的和有限的化学亲和力，借助于这种亲和力，原子形成化合物，那么，这种关系，或者说在组成的化合物中各原子间的相互连接，就可以用化学结构这一术语来表示。"他还指出，"一个分子的本性，取决于组合单元的本性、数量和化学结构。"而有机化合物的化学性质与化学结构之间又互相联系，"根据化学结构可以推测分子的化学性质，同时，又可以根据化学性质和化学反应推测分子的化学结构。"这样，布特列洛夫就非常明确地把化学性质和化学结构联系起来了。

布特列洛夫化学结构学说的核心是分子中原子相互影响的观点。他认为，分子中各原子间的相互作用，不但存在于直接相连接的原子之间，而且也存在于不直接相连接的原子之间。所以分子不是一个僵死的体系，而是发生着一种经常处在平衡状态下的异构化作用。布特列洛夫关于分子中原子相互影响的观点后来为他的学生进一步阐述，并把原子价概念和化学键概念区别开来。分子中原子相互影响的观点是化学结构观念的重要发展，说明分子的性质不是它的各个组成部分性质的简单加和。布特列洛夫在这一段时间里，根据他的化学结构观点，曾预言并合成了一些有机化合物，例如三甲基甲醇、异丁烷等。

在经典有机结构理论建立的初期，在某种程度上还残留着类型论的影响，有些观点还不够成熟和完备。例如，现在看来很简单的乙烷，当时却错误地认为有两种异构体。一种是从电解醋酸或将碘甲烷与锌加热时得到的所谓"二甲基"（CH_3CH_3）；另一种是从乙腈中得到的所谓"氢化乙基"（$C_2H_5—H$）。类型论者把"二甲基"看成是沼气中的一个氢被一个甲基取代，因而是沼气型；他们把"氢化乙基"看成是氢分子中的一个氢被乙基取代，因而是氢型。当时，凯库勒等人都赞成这种解释方式。而布特列洛夫提出碳原子的四个价键是不同的假定，来为这种解释提供"理论根据"。由此可见，在走向正确的有机结构理论的途中还面临着两个问题有待于突破：一是具有 C_nH_{2n+2} 代数式的烷烃是否存在两大异构系列；二是碳原子的四个价键是否相异。

1864 年，德国有机化学家肖莱马批判地继承了前人的观点，并进行了分析，又用较纯的样品做了实验，发表了《论二甲基和氢化乙基的同一性》的著名论文，肯定地指出所谓的"二甲基"和"氢化乙基"实际上是同一种物质，即乙烷 C_2H_6，从而排除了一个假想的烷烃系列，并间接证明了碳原子的四个化合价的等同性。1865 年，布朗（A. C. Brown）根据肖莱马的工作，写出了乙烷的结构式。

当时，在有机化学中人们只获得了一种丙醇，就是现在我们所说的异丙醇。有人试图制出它的异构体来，但一直没有成功。布特列洛夫认为只有一种丙醇，不相信含有三个碳原子的一元醇会有异构体存在。肖莱马基于对有机结构理论和对异构现象的正确理解，预见丙醇应有两个异构体存在，并且后来确实分离出正丙醇来，并进一步用合成方法制备了正丙醇。肖莱马否定了乙烷有两个异构体，并肯定了丙醇有两种异构体存在，正确地解释了烷烃及其衍生物的同分异构现象，为有机结构理论的确立，扫清了前进道路上的障碍。显而易见，没有肖莱马的这两项工作，就无法完整地建立关于原子结合的正确理论观念，也无法建立合理的结构式和命名法。因此，肖莱马在建立有机结构理论的过程中是做出了重要贡献的。

肖莱马出身于手工业工人家庭。青年时代在一家药店里当过学徒和配药助手，后来在大学化学系学习，他只学习了半年。1859 年秋，他来到英国从事化学教学和科学研究工作。19 世纪 60 年代初，肖莱马与恩格斯相识，后来成为马克思和恩格斯的亲密朋友。在马克思和恩格斯的影响下成为共产主义者。肖莱马在从事有机化学研究的过程中，运用了唯物辩证法做指导，选择了有机化学中最简单、最重要的脂肪烃作为重点研究对象，发现并分离了一系列前人不知道的烷烃，如戊烷、己烷、庚烷、辛烷等，研究了它们的物理和化学性质。他还从寻找脂肪烃及其衍生物的异构现象的正确解释入手，抓住了解决问题的关键，因而为有机结构理论的确立和发展做出了贡献。

恩格斯对肖莱马评价很高，他在《卡尔·肖莱马》一文中指出："60 年代，他完成了化学领域内的一些划时代的发现。有机化学大大发展，终于从一堆零星的、或多或少不完备的关于有机物中最单纯的作为研究对象，坚信正是应该在这里奠定这门新科学的基础，……我们现在关于脂肪烃所知道的一切，主要应该归功于肖莱马。……这样一来，他就成了现代的科学的有机化学的奠基人之一。"

3.3.4 结构观念的新突破

19 世纪下半叶，随着有机合成和有机分析的发展，人们对有机化合物的认识也逐步深入。不仅了解了有机分子中各个原子互相结合的方式，建立了有机结构理论，并且也逐步了解了这些原子在三维空间排布的规律，建立了有机立体化学理论，使有机结构理论进一步得到充实和发展。

有机立体化学的兴起是从人们对有机化合物旋光异构现象的认识开始，而逐步建立起来的。在 1815～1835 年间，法国人比奥（J. B. Biot）发现有些天然存在的有机化合物，在液态或处在溶液中时具有旋光性。例如松节油、糖、樟脑和酒石酸等。不仅它们的晶体表现出前人已发现的旋光性，而且它们的液态或溶液也能使偏振光的平面向一方或另一方旋转，所以他指出："有机化合物在非结晶状态下所具有的旋光性，一定是它的分子所固有的性能。"

1844 年，米希尔里希曾研究了酒石酸和葡萄酸的钠铵盐的结晶，注意到它们的晶形是相同的，但酒石酸和酒石酸盐有旋光性，而葡萄酸及其盐没有旋光性。

1848 年，法国微生物学家、化学家**巴斯德**（L. Pasteur）系统地研究了 19 种酒石酸的结晶。他发现了一个非常重要的现象，那就是酒石酸的晶体都有特殊的半面晶面，而这一点却被米希尔里希所忽略。巴斯德曾经使一种没有旋光性的酒石酸铵钠的溶液缓慢结晶，结果得到了有半面晶面的晶体，其半面晶面有的在右，有的在左。巴斯德小心地分开半面晶面向右的晶体和向左的晶体，然后用偏振装置分别地检查它们的溶液。结果看到，半面晶面向右的晶体使偏振光平面向右旋，半面晶面向左的晶体使偏振光平面向左旋。他又细心地把两种晶体各取等重制成混合溶液，由于两种偏转相等，方向相反而抵消，因而对光不产生影响。在这个实验中，巴斯德第一次将一个不旋光的物质析解成旋光的两个组分。分别将这两个组分沉淀为铅盐或钡盐，用硫酸酸化，就得到两种旋光性不同的酒石酸，一种与天然的右旋酒石酸相同；另一种则是新发现的左旋酒石酸。当将这两种等量的酒石酸混合，就得到了不旋光的葡萄酸。因此葡萄酸又叫外消旋酒石酸。

巴斯德认为，右旋酒石酸和左旋酒石酸的关系，就像右手和左手的关系一样，不能叠合，与石英晶体是类似的，两种晶形有物与镜像关系。1860 年，巴斯德又进一步思考了酒石酸分子的结构问题。他思考：是不是右旋酒石酸的原子是组合在一个向右的螺旋上，或者是在一个不规则的四面体顶点上，还是它们具有某些其他的非对称的排布？虽然尚不能回答这些问题，但是，存在着一种非对称的排布，它有一个不能叠合的镜像，却是无可怀疑的。同样可以肯定，左旋酸具有恰好相反的非对称排布。

1863 年，德国有机化学家威斯利努斯（J. A. Wislicenus）利用合成和降解的方法，对乳酸进行了一系列的研究，经过 10 年的艰苦努力，终于证明了无旋光性的发酵乳酸和右旋的肌肉乳酸具有相同的结构，而且原子有相同的连接顺序，都是 α-羟基丙酸。那么，为什么分子结构相同，原子连接的顺序相同，却具有不同的性质呢？威斯利努斯认为，是由于原子在空间有不同的排布，只有这样才能够加以解释。

在此基础上荷兰化学家范霍夫和法国化学家勒贝尔分别提出了碳的四面体构型学说，成功地解释了当时已经观察到的旋光异构现象，从而开创了立体化学。

范霍夫 于 1852 年 8 月 30 日出生于荷兰的鹿特丹市。他的父母都是医生，非常注意对孩子的教育和培养，决心把范霍夫培养成为道德高尚、有责任感和自尊心的人。范霍夫从小聪明好学，非常勤奋，记忆力非凡，而且喜欢自己动手做各种化学实验。那时，谁也没有想到，这种爱好已决定了这个少年的命运。范霍夫决心做一名化学家，而他父亲认为：搞化学实验是有趣的，甚至是有益的，可是，终生献身于化学却是荒唐的。认为化学不是一种职业。当时在荷兰，人们都普遍地瞧不起化学，化学家也无法维持自己的生活。但是范霍夫却立下了做一个化学家的志愿，他和父亲谁也无法说服对方。大学二年级时，范霍夫就通过了三年级教学大纲规定的全部课程的考试。他认为，只取得高等学校的毕业证书是不够的，他要准备博士论文。于是他来到波恩，去找著名的化学家凯库勒，凯库勒热情地接纳了他，他开始在凯库勒的有机化学实验室里工作。凯库勒认为，范霍夫可以立即进行博士论文答辩，可是范霍夫却想自己重新找课题，自己选题目。在凯库勒实验室里工作的全体人员，都是凯库勒提出题目，但是由于凯库勒重视范霍夫的才能，破例给予他充分的选择自由。范霍夫通过研究，发现了合成丙酸的新方法，凯库勒建议他把这个材料写成博士论文，并建议他去武兹那里学习。武兹在巴黎，他看到凯库勒对范霍夫的评语和推荐，也给了这个新来的实习生以选择题目的自由。范霍夫怀着极大的兴趣听了巴黎著名教授的讲课，然而最吸引他的却是实验室里的讨论。这里聚集着武兹的助手们，讨论的不仅是他们工作中直接发生的问题，而且还有全世界科学方面的一切重大成就。他们系统地研读有关化学、物理学、生物学和其他知识领域的文献。

在巴黎，范霍夫结识了法国化学家勒贝尔，他比范霍夫大 5 岁，已经通过了博士论文答辩，可是仍然在武兹这里工作。这两位青年互相倾慕，很快就成了形影不离的朋友。每到晚上，实验室里的工作结束之后，他们就在巴黎美丽如画的大街上或者到郊外去散步。蒙马特尔的月夜，布伦森林中的古怪而神秘的树影，巴黎圣母院大教堂墙边塞纳河的潺潺流水声，所有这一切都长久地留在他俩的记忆中。在这些时刻里，他们的思想更加开阔了，思维更加敏捷了，并产生了一些大胆的新思想。

在早期有机结构理论中，所有有机化合物的分子结构都是平面型的，即有机分子中的原子都处在同一平面内。但是这种结构理论无法解释旋光异构现象。范霍夫决心要解开旋光异构之谜，他阅读了威斯利努斯教授关于乳酸研究结果的论文，受到启发。他拿起一张纸，画出乳酸的化学式。分子的中心是一个不对称的碳原子。实际上，如果四个不同的取代基被氢原子所取代的话，就会得出一个甲烷分子。设想甲烷分子中的氢原子和碳原子是排列在同一平面上的。范霍夫为自己突然产生的一种念头而感到惊奇，他放下没有读完的文章，就到街上去了。傍晚的微风吹拂着他的金色的头发，他对周围的一切都没有注意，浮现在他眼前的只是刚才想到的甲烷化学式。可是，四个氢原子全都排列在一个平面上究竟有多大可能呢？自然界中一切都趋向于最小能量的状态，在这种情况下，只能发生在氢原子均匀地分布在一个碳原子周围的空间的时候。范霍夫思考着，空间里的甲烷分子如何能够看出来呢？正四面体！这是最合适的排列方式了。范霍夫沿着这个思路又进一步，假如用四个不同的取代基换去氢原子会怎么样呢？它们可能在空间有两种不同的排列方式，难道旋光异构的谜底就在这里吗？范霍夫想着想着，感到豁然开朗，他转身奔向图书馆。

物质的光学特性的差异，首先是和它们的分子空间结构联系在一起的。范霍夫十分高兴，在一张纸上，乳酸化学式旁出现了两个正四面体，并且一个是另一个的镜像。有机化合物的分子居然也有空间结构，这本来很简单，为什么迄今没有人想到呢？范霍夫感到必须立即阐述自己的假说，并发表论文。很快他就写成了论文，题目是《建议采用现代的空间化学结构式，并附有机旋光能力和化学结构关系的解释》。题目虽长，但是它却准确地反映了提出问题的目的和基本结论，但由于论文是用荷兰文刊出的，未引起欧洲科学家们的注意。第二年，也就是 1875 年，范霍夫又以《空间化学》为题，对于旋光性和有机化合物的结构之间的关系做了详细的阐述，他指出，建立在平面结构基础上的碳化合物的结构式并不能反映某些异构现象。如果假定碳原子的四个价键指向四面体的顶点，而碳原子本身则占据四面体的中心，对于像 $CR^1R^2R^3R^4$ 这样的分子来说，异构体的数目就有两个。范霍夫的这种推论恰恰与实验事实相符。他由此得出结论："当碳原子的四个原子价被四个不同的基团所饱和时，可以得到两个，也只能得到两个不同的四面体，其中的一个是另一个的镜像，它们不可能叠合，因此能产生两个空间结构的异构体。"范霍夫把这种与四个不同基团相结合的碳原子叫做不对称碳原子。他还指出，在溶液状态下，能够旋转偏振光振动面（即能够产生旋光现象）的碳化合物，都含有不对称碳原子，例如乳酸和酒石酸：

$$
乳酸 \quad CH_3-\overset{\overset{\displaystyle H}{|}}{\underset{\underset{\displaystyle OH}{|}}{C^*}}-COOH
$$

$$
酒石酸 \quad CH_3-\overset{\overset{\displaystyle H}{|}}{\underset{\underset{\displaystyle OH}{|}}{C^*}}-\overset{\overset{\displaystyle H}{|}}{\underset{\underset{\displaystyle OH}{|}}{C^*}}-COOH
$$

式中 C^* 为不对称碳原子。

范霍夫关于碳的四面体结构学说和不对称碳原子的概念解释了当时还弄不清的一些异构现象。他还讨论了不对称碳原子的数目与异构体数目之间的关系，他指出：如果有机化合物中含有一个不对称碳原子，就会有两个异构体，如果含有 n 个不对称碳原子，异构体的数目就是 2^n 个。范霍夫的这篇论文受到了德国化学家威斯利努斯的赞许，他把论文译成了德文，并给范霍夫写信说，范霍夫的这一工作"在我们这门科学中……将具有划时代的意义。"然而，他的《空间化学》这篇论文却遭到莱比锡的赫尔曼·柯尔贝（H. Kolbe）教授的反对。他使用十分尖刻的语言评论范霍夫的文章。但是结果却是相反，凡是读过这篇尖刻评论文章的人，都对范霍夫的理论发生兴趣，使得范霍夫的理论在科学界迅速传播开来，并成为有机化学发展新阶段的开端。

勒贝尔于 1874 年在《论有机物原子式与有机物溶液旋转能力之间的关系》一文中，发展了巴斯德关于不对称分子的设想，独立地提出碳原子的四面体结构学说，但是在范霍夫和勒贝尔之间从未发生过关于是谁先发明的这个问题的争论。在各自的结论中，他们并不想说明，谁做得更多些和谁走得更远些，它们互相十分尊重，并承认彼此的功绩，表现了良好的科学精神和品格。范霍夫在化学动力学和化学热力学上有重要贡献，因此，于 1901 年获诺贝尔化学奖，成为第一位获诺贝尔奖的化学家。

范霍夫成为名声很大的化学家之后，仍然保持原有的本色，一面研究化学，一面经营农场。每天早上，他还像得诺贝尔奖之前那样，驾着一辆马车，为用户送牛奶。范霍夫一生勤奋，具有罕见的干劲，每天通常要工作 12～14 小时，常年超负荷地工作，使他患上了严重的肺结核。但他仍然继续带病工作，并以惊人的毅力完成了海洋盐积沉物形成条件的研究，还与瑞典化学家，他的朋友阿累尼乌斯（S. Arrhenius）见了最后一次面，于 1911 年 3 月 1 日与世长辞，享年 58 岁。

范霍夫的立体结构学说，是对分子平面结构传统观念的一个突破，给有机化学领域带来了新的观念，较全面地反映了分子结构的真实状况，把人们对化学结构的认识推进到一个新的阶段。这样，有机化学就"终于从一堆零星的、或多或少不完备的关于有机物成分的资料变成了一门真正的科学"，跨进了近代科学全面发展的阶段。

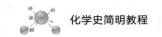

3.4 无机化学的系统化

在 1790～1830 年，由于采矿和冶金工业的需要，地质学得到了迅速的发展，使无机化学的研究工作很大部分集中在对矿物进行分析、分离和提纯上。同时，这一时期其他学科的发展也不断向化学研究领域引入新的研究方法和测试技术，因此，新的化学元素在这一时期被大量发现，它们的性质逐渐得到研究，元素原子量的测定越来越精确，在化学元素的性质和原子量之间寻找规律性的研究工作已经开始。这样一来，发现化学元素周期律的客观条件逐步成熟。

3.4.1 新元素的发现

在化学元素周期律发现之前，化学家们发现的 63 种化学元素按其发现方法，大体上可分为以下几个阶段：

（1）感性直观阶段 可追溯到远古时期，到炼金术时期为止，用火冶炼金属，人类发现的元素有：金、银、铜、铁、锡、锌、汞、碳、硫、铅共 10 种。在炼金术时期，尽管有荒诞的一面，但炼金术士在炼丹的过程中，也积累了一些化学资料，到 1669 年止，共发现砷、锑、铋、磷四种元素。

（2）古典化学分析阶段 古典化学分析是由波义耳、普利斯特里、舍勒、拉瓦锡以及后来的贝采里乌斯等人逐步创立的。这个时期从 17 世纪下半叶到 19 世纪，经历了一百多年，用传统方法、玻璃仪器，共发现 14 种元素：钴、镍、锰、铂、氢、氮、氧、氯、铬、钼、钨、铀、碲、硒。

（3）电解阶段 18 世纪末，伏特发现电堆起电（原电池先声），化学家发现了电解法，发现元素出现了一个高潮。44 年间发现了 31 种元素。这个时期电解法起了重要作用，但传统方法也还在起作用。

（4）光谱分析阶段 1860 年后，用分光镜发现在地壳中含量少又分散、用通常的化学分析方法很难发现的元素。

19 世纪初，由于电池的发明以及电解试验比较普遍地开展。人们利用电解法相继发现了一些新的化学元素。在这方面做出重要贡献的应当首推英国化学家**戴维**（被誉为化学王国里的哥伦布），发现了 7 种元素：钾、钠、镁、钙、锶、钡、硼。

戴维于 1778 年 12 月 17 日出生在英国的彭赞斯镇，他的父亲是一位木雕师，收入甚微，后来又因为经营农业和锡矿而破产，于 1794 年逝世。戴维的母亲用一笔为数不多的遗产供养戴维与他的弟弟。

幼年时代的戴维富于情感，爱好讲故事和背诵诗歌。他的老师认为，戴维最好的功课是把古典文学译成当代英语。戴维的学生时代是在愉快中度过的，他有足够的时间进行学习和思考，他学到了多方面的知识，例如神学、几何学、七种外语和其他科学知识，他还喜欢哲学，阅读了大量的著名哲学家的著作。15 岁后，由于家境贫困，戴维不得不辍学，走上了自学成才的道路。1795 年，他的母亲为了让他有机会继续学习，送他到彭赞斯镇的外科医生兼生理学家约翰·博莱斯先生的药房里当学徒。博莱斯先生知识渊博，又具有丰富的实践经验。他家珍藏着大量的医学文献和科学著作。戴维在这里全力以赴地工作，利用现成的药品和仪器进行各种化学实验的训练。在博莱斯家浩瀚的巨著中，他发现了化学家拉瓦锡的名著《化学纲要》，接着又找到尼科尔森（W. Nicholson）的《化学辞典》，戴维读了这些化学家的著作以后，才理解到，研究化学才是他真正的志向。在这个时期的学习和工作为他后来的研究打下了坚实的基础。

1798 年，英国医生、物理学家贝多斯（T. Beddoes）在克里夫创办气体研究所，需要聘用一个精通化学的人，贝多斯邀请戴维去他的实验室工作。戴维当时只有 20 岁，他承担的第一个任务是研究一氧化二氮的特性。按照美国化学家米切尔（S. Mitchell）的观点，一氧化二氮对人体是有害的，这种气体吸入呼吸器官，会使人患严重的疾病。戴维经过研究后，认为一氧化二氮是最好的麻醉剂，人吸入后，会产生一种令人麻醉的感觉，他建议，可以用在外科手术上。戴维的这一结论，不仅是反复试验查明的结论，而且也是他在自身上试验的结果，他曾经因为尝试大量吸入一氧化二氮而狂笑不止。他在气体研究所研究气体（一氧化二氮、氢、二氧化碳、甲烷等）对人体的作用时，基本上都是在自己身上做试验的。有一次他因吸入一氧化碳险些丧命，但是他还是坚持做下去，而且还鼓励他的弟弟约翰·戴维也来做这种冒险的实验。戴维在气体研究所的工作和他关于一氧化二氮的呼吸作用的论著使他大大地出了名，他的化学生涯在此有了一个良好的开端。

戴维在电化学方面也做出了重要贡献。1806 年他发表了《关于电的某些化学作用》的论文。在这篇论文的最后结论部分，他详细地讨论了"电解"与"化学亲和力"之间的关系。他认为，氧与氢之间、酸与碱之间，以及金属与氧之间的化学亲和力实质上是一种电力的吸引。它能使氢和氧结合成水，而"电能"又可将水分解成氢气和氧气。他于该年的 11 月 20 日，在英国皇家学会上宣读了这篇论文，受到科学界的极大赞扬，后来还被誉为是化学学说中最伟大的一部分。这篇论文也受到当时瑞典最卓越的化学家贝采里乌斯的大力推崇，并于 1811 年发展了戴维关于化学亲和力本质的见解，又进一步提出了著名的电化二元论。

1806 年，戴维还曾颇有远见地预言过："如果化学结合真像我曾大胆设想的那样，具有那种电化学特性，那么物质中的各元素无论其天然电力多强，但总不能没有个限度；可是我们人造仪器的力量似乎能无限地增大，所以我们可以预期新的分解（电解），能使我们发现物质中真正的元素。"戴维决心利用强力的电堆来分解苛性碱，探讨其组成。这项研究课题引导他攀上了更高的科学高峰，创造了他一生中最享盛名的科学成就。

1807 年，戴维着手揭开苛性钾和苛性苏打之谜。开始，他做了电解苛性钾和苛性钠饱和溶液的试验，结果和电解水一样，在电池两极只得到氢、氧两种气体。他认为是水在里面起了作用，于是他改用熔融的苛性钾进行电解，但又由于温度太高，试验也没有得到预期的结果。最后他用强电流来熔化碳酸钾，并进行电解，从而在电池的阳极得到氧气，在阴极得到水银滴状的金属颗粒。戴维将所制得的金属颗粒投入水中，它就在水面上急速地乱转，发出咝咝的尖叫声，随即发出淡紫色的火焰在水面上燃烧。戴维发现，这种金属能与水发生作用，分解出氢气，因而推断其火焰是氢气燃烧的结果。因为这种金属是来自木灰碱（potash 碳酸钾）中，所以戴维把它命名为"potassium"（钾）。

同年戴维又用同样的方法电解苏打，不过他指出，在电解苏打时要通以较大的电流才能将它熔化。他把电解苏打所得的金属命名为"sodium"（钠），因为它存在于天然碱苏打中。戴维还指出，金属钠的熔点要比钾高。

戴维在发现金属钾和钠之后，继续研究它们的性质，不止一次地重复实验，有时实验发生爆炸，而戴维为了观察到确切的结果，做实验时几乎完全忘记了危险，而且每天都会有这种冒险的事情发生。他的右眼就是在一次爆炸中受伤而失明的。戴维在发现金属钾和钠之后，又用电解的方法制得了金属镁（1808 年）、钙（1808 年）、锶（1808年）、钡（1808 年）和非金属元素硼（1808 年）等。

由于戴维在科学上的杰出贡献，拿破仑不顾当时英法两国正在交战，发布了一项命令，授予英国科学家汉弗莱·戴维奖章，并奖励 3000 法郎的奖金，以表彰他对电学研究的重大贡献。当时，英国皇家学会的全体成员都认为，敌人都承认我们的成就，我们应感到自豪。但是不应当接受奖金。戴维认为，科学是没有国界的，我是为科学、为全人类工作的。科学家如果要展开斗争，那只是为了争取理想的胜利，即为了坚持真理而斗争。所以他坚持和助手法拉第一同踏上访问法国的征程。在此期间，戴维还当选为法国科学院院士。在巴黎凡尔赛宫为戴维举行了隆重而盛大的授奖仪式。法国科学院赠予戴维 3000 法郎的奖金。拿破仑皇帝向他授了勋章。戴维刚满 35 岁，就成为举世闻名的大化学家了，他受到了欧洲科学界的尊重。戴维的科学发现横跨了物理学和化学两大领域，在电学及化学元素发现方面做出了重大贡献。他的一系列科学发现，成为 19 世纪上半叶鼓舞自然科学家们前进的力量。1812 年，戴维用一组由 2000 个电池联成的大电池制造了碳弧电极。在白炽灯问世之前，它曾一直作为光源供人们使用。1813 年，在法拉第的协助下，发现并测定了元素碘。1814 年，他预言了氟元素单质的存在。1816年，他发明了煤矿使用的安全矿灯，使矿工们从此摆脱一些致命的危险，戴维因此获得伦福德勋章。此外，戴维还明确指出，氧化反应不一定非要有氧气存在，所有的放热反应都是氧化反应，出色地发展了拉瓦锡的燃烧理论。

戴维不仅是一位伟大的化学家，也是一个杰出的演说家。他在皇家学院开办讲座，讲演的内容尽管都是关于科学研究方面的，但是由于讲演的形式活泼、语言诙谐幽默、生动有趣，以致每次教室里都挤满了听众，有的人甚至对他所讲的内容一窍不通，但是仍然争先恐后，怀着敬慕的心情来听这位著名化学家的讲演。

自然，戴维一生中也有令人遗憾的事情。法拉第，在戴维录用他时，还是一个没有任何学历、文化程度很低的报童和订书工人。戴维不仅录用了法拉第，还推荐他为皇家学院实验室主任。后来法拉第不仅成为 19 世纪最杰出的实验科学家，并且在科学理论的发展中也做出了重大贡献，在电化学方面建立起了一套科学的概念，如阳极、阴极、阳离子、阴离子等概念都是他最先确定下来的。在电磁学方面，他还发现了极其重要的电磁感应现象，在电学理论发展的关键时期发挥了重要的指引作用。可是在 1824 年，当英国皇家学会要接受法拉第为会员时，戴维竟然投了反对票。

卤族元素的发现，从 1774 年舍勒发现氯气一直到 1886 年莫瓦桑（H. Moissan）制得氟为止，经历了 112 年的时间。

碘是从事制硝业的法国人库特瓦（B. Courtois）在 1811 年发现的，后来克雷蒙（N. Clement）、戴维、盖·吕萨克等人对这一新物质又都独立地进行了仔细的研究，认为是一种新的元素，1811 年被定名为碘（iodine）。

1824 年，法国巴黎大学化学教授巴拉尔（A. J. Balard）从事盐湖中所产植物的研究。当他看到，当地人在处理提取了食盐后的母液时，仅回收其中的芒硝，随即就将母液弃掉，感到十分可惜。于是他有意识地要寻求这种母液的用途。他进行了多次实验，观察到，若往这种母液中加进某些氧化剂后，母液会变成棕黄色。以后他又用氯气处理盐湖水，获得了棕红色液体。1826 年，确认这是一种新元素，被命名为溴（bromine），即"恶臭"之意。

氟的发现史可以说是一篇悲壮的记录。早在 1768 年，德国矿物学家马格拉夫（A. S. Marggraf）曾用硫酸处理萤石得到氢氟酸，并且初步研究了它的性质。1771 年，舍勒也曾研究过这种酸，发现玻璃的内壁被腐蚀了。1810 年，戴维用大量的实验证明盐酸气和氢氟酸气中都不含有氧，并证明氯是元素。法国的物理学家和化学家安培根据氢氟酸的性质指出其中可能含有一种与氯相似的元素，戴维也得出了同样的结论。

从 19 世纪初起，各国化学家就在各自的实验室中摸索离析氢氟酸中所含的这种元素。有的化学家认为这种元素是一切元素中最活泼的，要将其分离出来将是一件极其困难的事。1813 年，戴维曾经尝试利用电解氟化物的方法，制取单质氟，实验中发现，氢氟酸不仅能腐蚀玻璃，甚至能腐蚀银、金和铂做的容器。后来他改用萤石制成容器进行电解，腐蚀问题才得以解决，但是没有得到氟。戴维在英国，盖·吕萨克和泰纳（L. J. Thenard）在法国同时分别进行实验，都没有成功，并且都因为吸入了氟化氢而病倒过，忍受了很大痛苦。

而后，英格兰的两兄弟，爱尔兰皇家科学院的院士乔治·诺克斯（G. Knox）和托马斯·诺克斯（T. Knox）曾利用干燥的氯气处理干燥的氟化汞。他们把一片金箔放在玻璃接收器的顶部，当加热处理一段时间后，得到了氯化汞的结晶，而金箔却遭到了腐蚀。为了弄清金箔被腐蚀的原因，他们把这块金箔放在玻璃瓶中，再用硫酸去处理，结果玻璃又遭受腐蚀，这说明产生出了氟化氢。当然，这也表明原来的氟化汞被分解了，并且释放出了氟。但是他们始终收集不到单质氟，而且他们二人都因此中了毒，托马斯几乎丢掉了性命，乔治被送到意大利的那不勒斯修养了 3 年才恢复健康。

比利时化学家鲁耶特（P. Louyet）继诺克斯兄弟之后对制备氟进行了长期的研究。他不顾艰险，力求精细慎重，但还是因此中了剧毒，而献出了生命。不久，法国化学家尼克雷（J. Nickles）也为此献身。

1850 年，法国自然博物馆馆长，工艺学院化学教授弗雷米（E. Fremy）利用电解法分解无水氟化钙、氟化钾和氟化银。结果在阴极上得到了金属钙、钾和银；同时在阳极上有气体放出，这似乎应该是氟。但是，由于这种气体太活泼，电解时的温度很高，产生的氟会立即与电解的容器和电极发生反应而消失，因此始终未能收集到氟。他又改用电解无水氟化氢，但发现它们并不导电，电解吸潮的氟化氢液体时，虽有电流通过，但是也没有成功。他又用氯和氧来处理氟化物，结果得到的都不是氟而是氟化氧。在这种情况下，弗雷米只好把这个实验暂时搁置起来。

在制取氟的问题上，使这么多的化学家用尽心机，然而却一个个都失败了。年轻的法国化学家**莫瓦桑**看到这个研究课题难倒了这么多的化学家，不但没有气馁，相反下决心一定要攻下这一难关。

莫瓦桑生于1852年，法国巴黎人。青年时期家境清贫，18岁时中途辍学，到一所药店里当学徒，并学到一些化学知识。1872年，他到自然博物馆依靠半工半读，向弗雷米和台赫仑（Deherain）教授学习。他喜欢化学，本想做一名化工技师，但是由于他刻苦好学、聪敏过人，很快就被台赫仑老师看中，建议他致力于化学的研究。莫瓦桑欣然接受，并更加刻苦，在良师的指导下，他在27岁时获得高等药剂师的证书，28岁发表一篇关于铬的氧化物的论文，并获得物理学博士学位。1884年，莫瓦桑接受制取氟的研究课题，他认真总结了前人的经验教训，特别是他的老师曾做过的各种实验，他得到这样的推论：因为氟的腐蚀性实在太强，与各种电极材料接触，都要起化合作用，使它不能分解出来。假如在低温下进行电解，有可能是解决这个问题的一个途径。因此，选择电解的原料是一个关键。他决定对低熔点的化合物进行实验，他以氧化砷、硫酸和萤石为原料，混在一起进行蒸馏，得到了氟化砷（沸点 $63℃$，熔点 $-8.5℃$）。他用白金做电极，对氟化砷进行电解，经过多次的失败，但是在阴极上发现沉积了一层单质砷；在阳极上有少量的气泡冒出来（但电极还是被腐蚀了）。十分遗憾，当这些气泡在升达液面之前就被周围的氟化砷吸收了。氟还是没有制取出来，而莫瓦桑本人却因为砷中毒，严重地影响了健康，不得不把实验暂时停下来。

1886年，莫瓦桑又总结了弗雷米电解无水氢氟酸的经验：无水氢氟酸熔点 $-83℃$，很低，但是它不导电。莫瓦桑把氟氢酸钾（KHF_2）加到无水氢氟酸中，使它变成了导电体。他用铂制的U形管做电解容器，用铂铱合金做电极，用萤石制成的螺旋帽将管口盖住，再用虫胶将它封固起来。为了降低温度，他用气体氯仿使U形管冷却到 $-23℃$。根据以往的实验，已知氟化硅是一种非常稳定的化合物，即氟与硅之间化学亲和力很强，当实验一旦有氟气产生出来，并与硅接触，就会猛烈反应而起火燃烧。因此，莫瓦桑采用硅来检验在他的实验中是否制出了氟。科学不负苦心人，多少年来化学家们梦寐以求的愿望终于实现了。1886年6月26日，莫瓦桑在电解氟化氢的实验时，在他的U形管的阳极口终于冒出了一种气体，用硅检验，立即冒出火来，闪出耀眼的白光。氟终于被分离出来了，它是一种淡黄绿色的气体。莫瓦桑成功后，他把实验结果写成报告，上报到法国科学院。但是，由于他不是院士，没有资格在法国科学院的会上报告，所以他请高等师范学院教授德柏雷（J. H. Debray）代表他向科学院报告制取氟的情况。他的成功引起了科学界的浓厚兴趣。科学院院长指派当时知名的三位法国化学家审查莫瓦桑的工作。第一次审查很不顺利，在莫瓦桑做实验的整个过程中，一个氟的气泡也没产生。第二次审查他更新了试剂，表演获得成功，审查的权威们十分满意，祝贺他确实提取到了这种最难捉摸的气体元素。弗雷米看到自己的学生完成了自己原来接近完成而未成功的发现，十分兴奋地说："看到自己的学生能青出于蓝而胜于蓝，这永远是做老师最感欣慰的事！"为了表彰莫瓦桑在制备氟方面做出的突出贡献，法国科学院发给他一万法郎的拉·卡汉（Prixla Caze）奖金，还聘他为高等药物学院的教授。1891 年，他被选为法国科学院院士；1896 年，英国皇家学会颁给他戴维奖章；1903 年，德国化学会又颁发给他霍夫曼奖章。1906 年，他因为在研究氟的制备和氟的化合物上卓有成就而获得 1906 年诺贝尔化学奖。

莫瓦桑是第一位制出许多新的氟化物的化学家，他制备了气态的氟代甲烷、氟代乙烷、异丁基氟。1890 年，通过碳与氟的反应制备了许多氟碳化合物，其中四氟代甲烷（CF_4）最引人注目，由此甚至可以说，莫瓦桑是 20 世纪合成一系列作为高效的制冷剂的氟碳化合物（氟里昂）的先驱。除此之外，莫瓦桑制成了人造金刚石、设计制造了电炉，使一般化学反应能够在 2000℃ 下进行，从而开辟了高温化学新领域。他研究的金属氢化物也是前人未做的。莫瓦桑一生主要从事化学实验，长期与含有毒气的物质接触，缩短了他的生命。1907 年 2 月 20 日才 54 岁的莫瓦桑就与世长辞了。但是他在化学史上的功绩却永垂史册。

有一些元素在地壳中含量既少又分散，用通常的化学分析方法很难发现，1860 年，德国化学家**本生**和物理学家**基尔霍夫**（G. R. Kirchoff）发明了分光镜后才有了新的突破。人们开始利用分光镜发现新的元素。

本生是研究化学的，19 岁于哥丁根大学毕业后就在大学任教，他在研究鼓风炉顶上排出的废气时，创立了气体分析法，同时他是本生灯的发明者。他在研制和使用本生灯时，常常会看到火焰被染上各种鲜艳的颜色，例如在弯玻璃管时，原来几乎无色的灯焰突然变成亮黄色；当火焰没有调节好，火焰会缩到灯管里去，把铜制的灯管烧得很烫，火焰就会变成翠绿色。这些现象引起了他的好奇心。当时他还不知道 20 多年前英国和美国的一些物理学家早已研究了这个问题，他也着手试验把各种盐类引进火焰使火焰的颜色发生变化，也设想通过火焰所出现的彩色信号来检定元素。但是，他也和英、美科学家当年一样，遇到一些他不能解决的问题。于是，他就去请教他的好朋友基尔霍夫。基尔霍夫 1846 年大学毕业后在海德堡大学任教，他精通物理光学，很熟悉物理学史，他对物理光学前辈的工作了如指掌。于是，他也采用了观察火焰光谱的办法去研究本生的疑难。他们的实验比任何前人做得都要仔细精确，而且基尔霍夫研制的分光仪也可以说是最早的一台分光仪，他们利用分光仪进行光谱分析。1859 年 10 月，经过对光谱的考察，说明了太阳中也有氢、钠、铁、钙、镍等元素，并向柏林科学院递交了报告。这个新发现和卓越的见解立即轰动全球科学界，人们想不到在地球上居然测定了 5000 万公里以外的太阳的组成。在此两年前，法国的实证主义者孔德（A. Comte）还讲到过人类知识具有局限性，人在任何时候也不会知道天体的组成，不能发现恒星的化学成分。他也不会想到两年之后，他的论断就被推翻了。而后，光谱分析不仅成了化学家的重要检测手段，而且也成了物理学界、天文学界进行科学研究的重要工具。

本生和基尔霍夫的思考并没有停留在解释光谱线上，而是决心要尝试用其寻找和发现新的元素。

1860 年，本生在研究一种矿泉水时，把其中的钙、锶、镁、锂等用碳酸铵沉淀掉，把母液浓缩，再用分光镜检验。他发现，在目镜中除了显示钠、钾、锂存在的谱线外，还出现了两条从来没有见过的鲜艳的蓝色明线。经过详细对比，本生在当年 5 月 10 日向柏林科学院正式提出报告："截至目前，已知的元素都不会在这个光谱区里显现出两条蓝线，因此可以做出结论，其中必然有一个新的元素存在，且属于碱金属。我们命名为 cesium（铯），因为古代的人曾用 cesinm 这个词指蔚蓝的天空。"用这种方法观测，即使在碱中存在 10^{-6} 毫克的铯，也可以清晰地找到它。新元素就这样被发现了。当时本生还一点没有获得纯的金属铯，但是科学家们很快就信服和肯定了这个新元素的发现，这在元素发现史上也是首例。

在发现铯的数月之后，本生和基尔霍夫又用这种仪器发现了另一种新的稀有碱金属——铷。当时已经知道的一种鳞状云母中含有丰富的碱金属锂，他们猜测在这里可能会找到新的碱金属元素。于是他们把这种鳞状云母制成溶液，除去碱金属以外的其他金属，再加入氯化铂，得到相当多的沉淀，当用分光镜检视沉淀时，最初只见钾的明线，但随着不断地用热水洗涤沉淀后，终于在灼烧沉淀的火焰中钾的光谱线完全消失，而呈现出红色、黄色和绿色等新线条，而这些新线条又都不属于任何已知的元素。特别是一条深红色的明线，位置正在太阳光谱的最红一端，他们确信又找到了一种新的、稀有的碱金属元素，它的铂氯酸盐的溶解度要小于钾盐的溶解度。1861 年 2 月 23 日，本生和基尔霍夫向柏林科学院报告："我们又找到一个碱金属，由于它的深红谱线，我们建议给它取 rubidium（铷）的名字，这个字来源于 rubidus 一词，古代人用这个词表示最深的红色。"

1861 年，英国化学家和物理学家克鲁克斯（W. Crookes）在分析一种从硫酸厂送来的废渣时，想获得一些碲化物，因为这种废渣是通常用来提取硒的原料，他把硒从硫化物的废渣中分离出去之后，想用分光镜检查一下是否有碲，结果没有显现碲的谱线，但是却意外地在分光镜中发现了两条美丽的绿线，经过查对，过去从没有人提到过。克鲁克斯相信这是一种新的元素，他就给命名为"thallium"（铊），意思是"绿色的树枝"。1861 年 3 月 30 日出版的《化学新闻》上发表了克鲁克斯的这个发现。1862 年，他把贴有"金属铊"标签的一瓶标本送到国际博览会上去展览，获了奖。但实际上这个瓶子里装的是硫化铊。1862 年 4 月，法国利尔大学的物理学教授拉密（C. A. Lamy）从硫酸厂燃烧黄铁矿的烟尘中分离出黄色的三氯化铊，又用电解法从三氯化铊中提取了金属铊。

1863 年，德国化学家赖希（F. Reich）和李希特（H. T. Richter）又共同发现了新元素铟。这年，赖希开始研究闪锌矿，想从中寻找铊。他将这种矿石煅烧后，除去其中大部分硫和砷，然后用盐酸溶解。溶液按例行的方法进行系统分析，当加入硫化铵时便析出一种草黄色的硫化物沉淀。由于赖希色盲，他只好请李希特协助他用分光镜检验。李希特把那种闪锌矿的粉末放在铂丝的圈环上，再放到本生灯上灼烧，在分光镜中他看到了一条靛青色的明线，位置与铯的两条蓝线不重合。他又用赖希所得到的草黄色的沉淀物来做实验，发现一条明线在锶的蓝线附近，另一条明线在钙的蓝线附近。于是他们肯定了这两条靛青色的明线是一种还未发现的新元素的特征谱线，于是他们把这种元素定名为"indium"（铟），意思是"靛蓝"。不久，他们又从这种硫化物沉淀中制得微量的氯化铟和氢氧化铟，进而利用吹管在炭上将氯化铟还原，成功地得到了纯净的金属铟粉。

总之，新的实验手段和方法的发展，大大促进了化学元素的发现，到 1869 年已发现的元素有 63 种之多。关于各种元素的物理及化学性质的研究资料，这时也积累得相当丰富了。但是这些材料是繁杂而纷乱的，缺乏系统性。人们没有满足于这些经验材料，而是进一步提出：地球上究竟有多少种元素？怎样去寻找新元素？各种元素之间是否存在着一定的内在联系？对这一连串的问题，人们不懈地进行着努力探索。而 19 世纪整个自然科学的发展和新的辩证唯物主义自然观的建立，也促进了这种探索。

3.4.2　元素的早期分类

在 18 世纪后半叶就有人开始对元素进行分类的工作。拉瓦锡在他 1789 年出版的《化学纲要》中对 33 种化学元素进行了分类。他认为这 33 种化学元素可以分为四类。

① 气体元素：光、热、氧、氮、氢。

② 金属元素：银、锡、铜、砷、锑、铋、镍、金、钴、铁、钼、钨、锰、铂、铅、锌、汞。

③ 非金属元素：硫、磷、碳、盐酸基、氟酸基、硼酸基。

④ 能成盐的土质元素：石灰、镁土、钡土、铝土、硅土。

其中，钾碱、钠碱并没有列入。对此，拉瓦锡解释说："氧仿佛是把金属和酸结合起来的纽带，这就使我们设想，所有和酸有强亲和力的物质都含有氧。很可能四种显著可以成盐的土质含有氧……它们非常可能是金属氧化物。"拉瓦锡猜测钾碱和钠碱可能不是元素，而是化合物。所以在列出这张化学元素表时，拉瓦锡就明确地申明：这只是一张凭经验列出的表格，还有待于以后发现的新事实的修正。拉瓦锡的这种见解是科学的、正确的，在那个时代就具有这种唯物的、清醒的观念，实在难能可贵。但是，由于时代的局限，拉瓦锡把一些不是元素的东西当成元素，如光、热、石灰等，同时又把元素分为"土质元素"，这显然含有亚里士多德水、火、土、气四元素说的思想痕迹。

进入 19 世纪以后，对化学元素分类问题进行的研究日渐增多。

1829 年，德国化学家德贝莱纳（J. W. Doubereiner）通过系统研究当时已发现的 54 种化学元素的性质，发现了几个相似元素组，每组包括三个性质相似的元素。他确定的相似元素组有：①锂、钠、钾；②钙、锶、钡；③氯、溴、碘；④硫、硒、碲；⑤锰、铬、铁。同组内的元素，不仅性质相似，中间一个元素的化学性质介于它前后两个元素之间，而且原子量也近似地等于两端两个原子量的平均值。例如，他以当时的原子量（O＝100）计算：

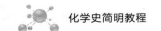

$$\text{Li}=95.310，\text{Na}=290.897，\text{K}=489.916，\frac{\text{Li}+\text{K}}{2}=\frac{95.310+489.916}{2}=292.613，$$

（接近钠的原子量），其他各组的情况也都差不多。通常称他的这种分类为"三元素组"。由于当时发现的元素只有 54 个，德贝莱纳的分类也仅限于局部元素的分组，没有能把所有元素作为一个有机整体进行系统的研究。但是他的工作对后人是很有启发的。

1850 年，德国药物学家培顿科弗（M. J. von Pettenkofer）对化学元素分类问题曾阐述自己的见解。他认为，性质相似的元素不一定只有三个。他还发现，性质相似的元素的原子量之差往往是 8 或者 8 的倍数，他的见解对后来元素的分类有一定的启发。

1854 年，美国化学家库克（J. P. Cooke）曾把化学元素分为 6 类。1857 年，英国化学家欧德林（W. Odling）曾把化学元素分为 13 类。这些分类都有一定的根据，但都比较粗浅，再加上当时原子量的测定有许多是不精确的或是错误的，因而使这些分类有些地方显得牵强附会。

19 世纪 60 年代，人们对元素的化合价和原子量的确定有了统一的认识，化学家们对原子量的测定逐步精确，这就为寻找元素间的内在联系，正确地进行分类创造了条件。1862 年，法国化学家尚古多（B. de Chancourtois）提出了关于元素性质的变化就是数的变化的论点，设计出一个《螺旋图》。他创造性地把当时的 62 种化学元素，按原子量的大小，标记在绕着圆柱体上升的螺旋线上，他发现，化学性质相似的元素，都出现在同一条母线上。如 Li—Na—K，Cl—Br—I 等，于是他提出元素的性质有周期性重复出现的规律。他把画出的图称为《螺旋图》，并在 1862 年和 1863 年先后把有关这方面的三篇论文、图表和模型送交巴黎科学院。遗憾的是，当时巴黎科学院并未接纳他的报告。他的报告被翻译出版时已经是 1889 年和 1891 年了。虽然他的螺旋图在周期律的发现史上没有起到应有的作用，但是从认识论的观点看，他是第一个从元素的整体上探索化学元素的性质和原子量之间的内在关系，并且初步地提出了化学元素性质的周期性。应该说，螺旋图向揭示周期律迈出了有力的第一步。这也是尚古多比前人的高明之处。

1864 年，英国化学家欧德林又把自己的元素分类的研究向前推进了一步，他修改了自己在 1857 年发表过的以当量为基础的元素表，发表了以《原子量和元素符号表》为标题的分类表。这一表列出了 49 个元素，基本上是按着原子量的大小来排列元素的次序，并且在表的适当地方留下了 9 个空位，说明当时他已意识到空位应该是留给那些尚未发现的化学元素的。通过这个表在一定程度上可以看到，欧德林部分地找到了元素的性质是随原子量的递增而呈现周期性的规律。但是他没有能把当时已知的化学元素都收进来，对碘和碲的排列未顾及它们的原子量而是按性质排列的，对 Li、Na、K、Rb、Cs 的排列完全是错误的。而且，他对该表和表中的空位没有做出实质性的说明。但是从表的形式上看，它比螺旋图又进了一步，更接近于化学元素周期表。

德国化学家**迈尔**是一位医学博士，但他从未给人看过病。他发现自己对化学的兴趣比开业当医生要强烈得多，就弃医拜海德堡大学的化学教授本生为师研究化学。本生关于气体化学的研究对迈尔很有吸引力。在本生的指导下，迈尔于 1856 年完成了《血液中的气体》的论文。1859 年 2 月，迈尔担任布雷斯劳大学物理学和化学的初级讲师，受到了严格的史学研究的训练，写成了《贝托雷和贝采里乌斯的化学理论》。他还负责领导了该校生理研究所的化学实验室，并讲授有机化学、无机化学、生理化学和生物化学。1864 年，他出版了《近代化学理论》一书，这本书再版了 5 次，并被译成英文、法文和俄文。1860 年，迈尔参加了著名的卡尔斯鲁厄国际化学家会议，康尼查罗等在会上的报告使他意识到分子论将成为化学理论发展的一个转折点，并促使他研究化学元素的分类问题。

迈尔早就注意到德国化学家德贝莱纳的工作。他认为德贝莱纳是研究元素的原子量与化学性质之间关系的先驱，而所有这些前人的工作对迈尔研究周期律都是有借鉴作用的。1864 年，他出版的《**近代化学理论**》一书中就列出了一个"六元素表"，这个表按原子量的顺序详细讨论了各元素的物理性质，表中对元素的分族做得已经很好，每 6 个性质相似的元素列为一竖列，故称为"六元素表"。迈尔的"六元素表"已具备了化学元素周期表的雏形，并且还给尚未发现的化学元素留出了空位。但是，迈尔的六元素表包括的元素只有 29 种，不及当时已知元素的一半，加上空格在内才 36 种，显然是很不完全的。

1865 年，英国化学家纽兰兹（J. A. R. Newlands）独立地从另一角度研究化学元素的分类。他把化学元素按原子量递增的顺序排列起来，发现每隔 8 个元素，元素的物理性质和化学性质就会重复出现。于是他就把各种化学元素按照原子量递增的顺序排列起来，形成若干族系和周期。他把化学元素的这一规律称为"八音律"，就好像音乐里的八度音阶一样。纽兰兹把自己的发现写成论文，在英国化学学会上做了介绍，但是遭到了一些人的嘲笑。一位物理学家还挖苦地对他说："如果把各种元素按着开头字母的顺序排列起来，是否也能得到什么规律。"年轻的纽兰兹感到十分失望和灰心，没有坚持研究下去，而是又去搞他的制糖化学的研究。在门捷列夫的工作受到肯定后，人们才又重新评价了他的贡献。纽兰兹的八音律比前人更接近于周期律，但是，由于他只是机械地按当时原子量的测定值大小将元素排列起来，既没有估计到当时原子量数值会有错误，又没有考虑尚未发现的元素，显然很难将事物的内在规律清楚地揭示出来。

总之，到 19 世纪 60 年代，由于化学元素的大量发现和原子量的精确测定，对元素系列的正确分类已经成为可能，许多化学家分别独立地从不同侧面探寻化学元素系列和化学元素分类的规律，都取得了一定的进展。这表明，人类在发现化学元素周期律的道路上是一个不断向真理逼近的过程。

3.4.3　元素周期律的发现

由于化学科学资料的积累和科学研究的发展，到 19 世纪后半叶已具备了发现化学元素周期律的条件。迈尔和门捷列夫各自的元素周期表分别同时出现。

门捷列夫是俄国化学家。1834 年 2 月 7 日出生在西伯利亚。他的父亲是个中学校长，家里共有 17 个孩子，门捷列夫是最小的一个。这样的大家庭只靠他父亲的工资很难维持生活，后来他父亲因病双目失明，不久就去世了，他家的生活就更加困难了。他没有条件像贵族出身的孩子那样受到充分的教育，他在中学里也不是高材生。但是他的母亲不管生活多么困难，仍然坚持让她的孩子们都能受到学校教育，她要把他们都培养成有文化的人。门捷列夫的母亲希望他能受到高等教育，极力主张他中学毕业后继续学习。由于学区的关系，不能进入莫斯科大学，只能进入彼得堡师范学院，他在这里扎扎实实地掌握了讲授的各门功课，研读了各种科学书籍，为他以后在化学上的发现打下了深厚的基础。确实，正如他自己所说，他生来并不是什么天才，"天才就是这样，终身努力，便成天才。"他勤奋、努力、有惊人的毅力，常常接连几夜不眠地工作，只休息很少的时间。他写《有机化学》一书时，两个月内几乎没有离开书桌。他说："对我来说，最好的休息就是工作，停止工作，我就会烦闷而死。"勤奋是门捷列夫成功必不可少的重要条件之一。

门捷列夫22岁获硕士学位，并被任命为彼得堡大学讲师。因讲课好，1859年派他去法国巴黎和德国海德堡大学的化学实验室进行研究工作。在国外两年，接触到许多著名化学家，并在1860年参加了化学史上具有重要意义的卡尔斯鲁厄国际化学会议，这是他留学时的最大收获。1865年，他被授予科学博士学位，后来任普通化学教授。作为教师，他富有教学的天才，他的教室里经常坐满了各系的学生。

门捷列夫兴趣广泛，他喜欢文学艺术，每天晚上都要阅读文艺作品。他爱好莎士比亚、歌德、拜伦的作品，尤其喜欢读普希金的诗篇。门捷列夫的夫人也喜欢艺术，并善于绘画，他的家里挂了许多著名科学家的画像，都出于他夫人的手笔。门捷列夫的家庭生活是美满和谐的。他们一共有6个儿女。

门捷列夫还喜欢自己动手种蔬菜，他所种的蔬菜长得非常好，产量往往超过附近的农民。门捷列夫无论做什么事，都十分投入，1887年发生日食，为了观察天象的变化，他不顾家人和朋友的劝阻，一个人乘着气球升空，这个气球被风刮到很远的地方才降落下来，使当时许多人替他担心。他这种为科学而冒险的精神鼓舞了许多俄罗斯青年。

门捷列夫生活俭朴，经常与青年学生和普通群众接近。他外出时，总是坐三等车厢，对于同行的旅客，不管是什么人，总是谈笑风生。郊外的农民对于这位长发长须的学者都很熟悉，相处得很亲热。学生们更是尊敬热爱门捷列夫。1890年3月，由于反动的沙皇政府压迫民主运动，学生运动高涨，门捷列夫总是站在学生这一边。有一次在大学生的集会上，门捷列夫收到一份学生们陈述要求的请愿书，他答应把请愿书转给教育部长。教育部拒绝接受，教育部长几次拒不接见。门捷列夫为了表示抗议，呈请辞职，只是在学术委员会的请求下，他才工作到学期结束。他在最后一堂课上的结束语是：希望同学们永远追求真理。学生们尊重这位科学家的意见，没有举行热情的欢送会，而是站在路旁，默默地送别他们所热爱的教授。

1854年，门捷列夫还是一个20岁的青年，就发表了第一篇论文，是关于芬兰褐帘石化学分析方面的成果。此后，他不断地把自己的研究成果写成论文、小册子和著作公开发表。据不完全统计，有262种之多，后来苏联把他所有的论文和著作编成全集出版。

每个人的生活道路不同，但都有转折点。这个转折使人的生活经历发生比较重大的变化。门捷列夫科学生涯的转折点发生在 1867 年 10 月。当时他担任彼得堡大学的化学系主任，他发现没有一本合适的教科书，决定自己编写一本概括化学基础知识的书，书名为《化学原理》。在编写过程中，他仔细研究了物质的化学性质、密度与元素的原子量、化合物的分子量之间的关系，使他开始接触到元素的分类的规律性。为了进一步把当时已经发现的化学元素进行分类，门捷列夫创造了一种"化学独人纸牌游戏"的工作方法，他用一些厚纸剪成像扑克牌一样的卡片，他在每一张卡片上都写上了元素的名称、原子量、化合物的化学式和主要性质，注明每种元素当时已知的材料。这样，一个元素占一张卡片，只要拿到某一元素的卡片，它的一切情况就一目了然，当时已发现的化学元素共有 63 种，因此门捷列夫就写了 63 张卡片。次日，门捷列夫把这些卡片又加以系统整理，像德贝莱纳那样把卡片分成三组，按着元素的原子量大小排列，但没有理想的结果，他又试着把金属元素摆在一起，把非金属元素摆在一起，还是毫无结果。后来，也就是在 1869 年 2 月 17 日晚上，门捷列夫试着按原子量递增的顺序，把当时已知的 63 种元素排成几列，再把各列中性质相似的元素排成行。门捷列夫十分激动，出现了完全没有料到的情况，所有化学元素的内在联系终于表现出来了：每一列元素的性质都是按照原子量的增大，从上到下逐渐变化着，即每一行化学元素的性质都相近，每一列化学元素的性质都从金属过渡为非金属，整个元素系列呈现周期性的变化。门捷列夫坚信，自己已经摸到了自然的脉搏，已经发现了自然界中最伟大的规律，并对此深信不疑。当时有些原子量和它们的性质不符，他就大胆地修订了原子量，有些元素之间性质跳跃太大，他就大胆地预言了当时尚未发现的元素，并为这些元素留下空位。

门捷列夫把他 2 月 17 日的发现首先写在一个旧信封上，第二天又进行了整理，最后制成了一个元素周期律试排表，这是人类历史上第一张化学元素周期表。在这个表中，周期是列，族是行。

门捷列夫发现周期律后，把他的周期表首先用俄文和法文印出，分寄给俄罗斯化学学会和其他一些科学家。1869 年 3 月 6 日，门捷列夫准备亲自在俄国化学学会上报告他的发现，遗憾的是在会议前夕，他突然病倒了，只好请他的朋友代他宣读论文《元素性质和原子量的关系》。这篇论文阐述了元素周期律并公布了他绘制的第一个元素周期表，他把已发现的 63 个元素都列入表中，初步完成了元素系统化的任务。由于当时测得的镍和钴的原子量都是 59，所以只好把这两种元素放在同一个位置上，所以 63 种元素，只占据 62 个位置。表中他还留下了 4 个空位，只有原子量而没有元素名称，这是他预示必有这种原子量的未知元素存在。在表中他还对铟、碲、金、铋四种元素的原子量值表示怀疑，同时在铟、铒、钇的元素符号的前面打上问号，表示他对于将这三个元素放在现在的位置上还没有把握，即它们现在的位置不一定合适。以上就是门捷列夫发现元素周期律的最初思想。

比门捷列夫发现化学元素周期律稍早几个月，德国化学家迈尔再次修改了他在 1864 年发表的"六元素表"，于 1868 年发表在《近代化学理论》第 2 版上，题名叫《原子体积周期性图解》。这张表已经十分精彩地体现出化学元素周期律，图解曲线呈现

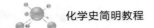

5 个波峰，5 个波谷，显现出化学元素的 5 个周期（包括第一个周期）。比门捷列夫的第一张表定量化程度要强，也比较精确，但迈尔没有能系统地说明他的曲线，而这个曲线又主要体现了化学元素的物理性质。

1869 年 10 月，迈尔又发表了第三张元素周期表。这个表采用了竖式周期表的形式，给未发现的化学元素也留下了空位，有了族和周期的划分。与门捷列夫的第一张表对比，迈尔对相似元素的族属划分做得更加完善，而且在其表中已形成了现在我们所称的"过渡元素"，他把 Hg 和 Cd，Pb 和 Sn，Tl 和 Al、B 列为同族；把 In 的原子量定为 113.4 等，都比门捷列夫发表的周期表更加正确些。然而，他的表中也有一些错误，主要原因是由于当时有些原子量的测定不够准确，有些元素还没有发现。从迈尔的研究可以说他也独立地发现了元素周期律。

元素周期律的揭示是一个漫长的历史过程，是很多化学家经过几十年努力探索的结果，它的诞生不是一帆风顺的。尚古多的螺旋图受到巴黎科学院的冷遇而在当时未能发表；迈尔的《六元素表》也没有能及时公之于世；纽兰兹的《八音律》在报告当时就遭到英国化学家们的嘲笑挖苦。在俄国，门捷列夫的发现也没有立即得到承认，一些有名的学者，甚至他的老师齐宁也不支持他的工作，说他是不务正业。在种种压力下，门捷列夫没有退却，而是深信自己的研究工作的重要意义，他不顾名家的指责、嘲笑，继续对周期律进行更深入细致的研究，经过两年的努力，于 1871 年 12 月又发表了《化学元素的周期性依赖关系》一文，并制成了第二张表。他首先把周期由竖列改成横行，使同族元素处于同一竖列中，这样就更突出了化学元素性质的周期性。此外，他还把元素的族划分为主族和副族。在这一表中他预言元素的空格由 4 个改成 6 个，并且预言了它们的性质，并根据一些元素在表中的合理的位置大胆地修订一些元素的原子量如 In、La、Y、Er、Ce、Th、U 等。他在制作周期表时，曾不顾当时公认的原子量，正确地改排了一些元素的位置，如元素 Os、Ir、Pt、Au、Te、I、Ni、Co 等。这些修订和预言经过后来的科学实践证明基本上是正确的。元素周期律理论提出后还经受了稀有气体元素发现的检验。周期律的揭示为人类寻找新元素提供了理论上的向导，化学研究从只限于对无数个别的零散事实做无规律的罗列中摆脱出来，实现了理论上的飞跃，并为现代化学的产生奠定了基础。

3.4.4　元素周期律的验证

门捷列夫与他同时代的化学家相比较，对化学元素的性质和它们的原子量之间的关系的认识，高明之处就在于他不仅从感性认识上升到理性认识，揭示出化学元素的性质和它们的原子量之间客观存在的规律性，而且还运用这种客观规律性的认识去能动地修正了一些元素的原子量。

当时人们公认铟的当量等于 37.8。由于铟往往与二价锌共存，因而人们误认为铟也是二价元素，具有原子量 $37.8 \times 2 = 75.6$，应排在砷和硒之间。但是从周期表上来看，砷和硒是紧挨着的，其间没有空位。于是，门捷列夫从氧化铟和氧化铝的性质类似，而认为铟是三价的，故原子量应当为 $37.8 \times 3 = 113.4$，而把它排在镉和锡之间的空位中，其性质也与该位置相符。后来根据金属铟的比热容等数据，也证明了铟的原子量不是 75.6，而约为 114.3。

铀的原子量当时公认为 116，并被误认为是三价元素。门捷列夫根据铀的氧化物与铬、钼、钨的氧化物性质相似，推知该四种元素的单质性质也应相近，它们应属同族，因而判断铀应为六价，于是便将铀的原子量修正为 240，并放在表中的正确位置上。门捷列夫当时修正的数值与现代所测得的数值 238.07 是非常接近的。

根据类似的判断，门捷列夫还修订了 La、Y、Er、Ce 及 Th 的原子量。

门捷列夫对当时公认的一些原子量提出重新进一步精确测定的建议。当时金的原子量公认为 196.2，而 Os、Ir、Pt 的原子量依次为 198.6、196.7 和 196.7。如果确实如此的话，金在周期表中应排在 Os、Ir、Pt 之前。门捷列夫根据金的性质认为它应排在三者之后，所以他建议重新测定金的原子量。后来经过重新测定后，得出 Os、Ir、Pt、Au 的原子量分别为 190.1、193.1、195.2、197.2，证明门捷列夫的见解是正确的。

门捷列夫发现了化学元素周期律，而且根据这一规律，科学地预言了一些新元素的存在及它们的性质。他在化学元素周期表中留下了一些未知元素的空位，其中有三个未知元素，根据它们的位置，门捷列夫把它们称之为"类铝"、"类硼"和"类硅"，并预言了它们的性质。

第一个发现的预言过的元素是镓（Ga）。1875 年 8 月，法国化学家布瓦博德朗（P. E. L. Boisbaudran）在用光谱分析闪锌矿时，从中发现了一个新元素，他给其命名为镓（Ga），并把他所测得的关于镓的一些重要性质简要地发表在《巴黎科学院院报》上，所制得的 4.3 毫克的镓也在 1875 年 11 月 6 日献给了法国科学院。不过，布瓦博德朗发现镓时，并不知道门捷列夫的预言。1875 年 11 月 22 日，门捷列夫在翻阅法国科学院院报时读到了布瓦博德朗的论文。门捷列夫迫不及待地读完了全篇文章，他确信，这位法国化学家所发现的新元素镓就是他所预言的"类铝"。不过，这位法国化学家指出镓的相对密度是 4.7，而根据门捷列夫的计算却是 5.9。门捷列夫决定写信给这位化学家，告诉布瓦博德朗，从他所发现的镓的性质来看，就是门捷列夫在 1869 年预言的"类铝"，但它的相对密度不应该是 4.7，而应该在 5.9～6.0 之间。

布瓦博德朗读了门捷列夫的信后，感到十分惊奇，他怎么也弄不明白，世界上只有他自己手中有少量的镓，别人连见都还没有见过，门捷列夫手中也根本没有这个元素，他怎么知道自己把镓的相对密度测错了呢？不过，他以科学家的负责精神，对镓的相对密度再次进行了测定，结果和门捷列夫的预言非常接近，相对密度为 5.94。不仅是相对密度，门捷列夫预言的镓的其他物理化学性质和实际测得的也都非常接近，布瓦博德朗赞叹不已，信服了，承认门捷列夫是对的。布瓦博德朗和他的助手读过门捷列夫关于周期律的论文之后，才完全理解自己发现的意义：他们用实验方法证明了俄国科学家的预言，从而证实了门捷列夫周期律的正确性。

镓的发现在科学界引起强烈反响，门捷列夫和布瓦博德朗立即闻名全世界。科学家们为最初的胜利欢欣鼓舞，开始探索门捷列夫预言的其他尚未发现的元素。欧洲的数十个实验室都在紧张地工作着，千百个科学家渴望着获得不寻常的发现。1879 年，瑞典化学家尼尔森（L. F. Nilson）教授又发现了空位上的第二个元素，它与门捷列夫所描述的“类硼”完全符合，他把这个新元素命名为钪，门捷列夫的预言再次得到了证实，这是一项重大的胜利。门捷列夫的朋友们为他欢呼，甚至连他的反对者也向他祝贺，因为这是真正的成功，俄国科学家的成就得到了世界的公认。1885 年，德国化学家温克尔（C. A. Winkler）又发现了门捷列夫预言的第三个元素类硅，温克尔在给这个新发现的元素命名时写信征求了门捷列夫的意见。他在信中写道：“……根据我的朋友（亚·贝斯巴赫）的建议，我仿照勒科克·德·布瓦博德朗和拉·弗·尼尔森先生的先例，以首次发现该元素的这个国家的国名来命名……我十分恳切地请求您用您的权威意见置于俄国科学界的天平之上。”门捷列夫立即复信，表示同意温克尔把这个新元素命名为锗。他在信中写道：“我之所以提出类铝、类硼和类硅这些名称，仅仅是作为发现它们时的初步名称。我感到自豪的是，取代它们的是高度文明的国家的名称，如高卢、斯堪的纳维亚和日耳曼……当我摆脱狭隘的民族主义的束缚时，我对原来的名称就有些怀疑了……就我个人来说，我爱自己的国家，把它看作是母亲；我爱科学，把它看作是神。它造福于人类，使生活充满光彩，并把一切民族团结起来，去增进和发展精神与物质财富……。”从这里我们既可以看到一个伟大的科学家的科学精神和爱国主义品德，又可以看到科学具有国际性。

当温克尔看到自己所发现的锗与门捷列夫所预言的“类硅”性质惊人地相似时，十分惊奇和欣喜。他说：再也没有比“类硅”的发现能这样好地证明元素周期律的正确性了，它不仅证明了这个有胆略的理论，它还扩大了人们在化学方面的眼界，而且在认识领域里也迈进了一步。周期律的三次胜利，在全世界科学家中引起了强烈的反响，世界上许多大学和科学院都授予门捷列夫以各种荣誉称号，寄来荣誉证书，邀请他去访问、讲学等，元素周期律就这样为科学界普遍接受了。

元素周期表不是从现象上简单地把研究对象分为若干种或若干类，而是反映了对象的固有联系和内在规律——周期律。由于元素作为化学研究的个体，是化学最基本的概念。所以周期律的发现是继原子价理论以后对庞杂的化学实验资料的又一次大规模的综合，把有关化学知识纳入到一个比较严整的自然体系，形成一门系统的科学，有力地推动了化学和其他学科的发展。

元素周期律的建立深刻地揭示了元素之间的内在联系，表明元素并不是孤立的，而是处于一个具有内在联系的统一体中，有着系统的分类体系。元素周期律的建立把看来是庞杂混乱的元素知识联系、综合起来，并加以系统化，使人们对元素概念的认识产生了新的飞跃和深化，有力地推动了化学的发展。

元素周期律有力地指导着化学实践，使人们摆脱了寻找元素的盲目性，促进了新元素的迅速发现。

根据这一规律，人们修改订正了铍、铟、镧、镝、钇、铕、铯、钍、铀等 9 种化学元素的原子量，先后预言的镓、钪、锗、钋、镭、锕、镤、铼、锝、钫、砹等 11 种化学元素都陆续得以发现。根据这一指导思想，1894 年英国化学家拉姆赛（W. Ramsay）等在发现氩和氦的前提下，又预言了整个稀有气体元素一族的存在。果然，在 1898 年以后就陆续地发现了氪、氙、氡等元素，并在周期表中增加为新的一族。1869～1930 年的不太长的时间内就发现元素 26 种，而到 1944 年时就发现了自然界的 92 种天然元素。1940 年，用人工方法合成了第一个超铀元素镎，随后又人工合成了许多元素，至今已发现元素 118 种。当前人们还在探索发现新元素，元素周期律有力地指导着化学实践。

化学元素周期律揭示了自然界的伟大规律，它指出了化学元素的发展具有周期性。而从化学的角度来看，化学元素又是构成物质世界的基础，如果它的变化具有周期性，那么，各种复杂的化学物质运动变化，也都会具有程度不同的周期性。这样，从广义上来说周期律又成了人类探寻自然界周期发展的钥匙。

元素周期律的发现，也具有着深刻的哲学意义。各种元素随着原子量（后来证明是核电荷）的变化而引起化学元素性质周期性变化的事实，证明了辩证唯物主义中的质量互变规律，表明化学元素发展的趋势是从肯定到否定，再到否定之否定的波浪式、螺旋式、周期性向前发展的。

恩格斯对门捷列夫周期律的发现给予很高的评价，他指出"门捷列夫不自觉地应用黑格尔的量转化为质的规律，完成了科学上的一个勋业，这个勋业恐怕可以和勒维列计算尚未知道的行星海王星的轨道的勋业居于同等地位。"总之，门捷列夫元素周期律的建立，是化学发展中的一个重要的里程碑，它不仅对化学的发展做出了巨大贡献，而且对自然科学和哲学的发展也具有重要意义。

由于形而上学自然观的束缚，门捷列夫在晚年思想变得保守了。他早年曾认为"飞跃和中断说明形成一个化合物时真正的化学作用。"而到了晚年他却说"自然界没有飞跃，一切都是循序渐进的、一个连续的函数。"并以此为根据反对人们研究原子结构，他否认原子的复杂性和电子的客观存在，认为承认电子的存在非但"没有多大用处"，"反而只会使事情复杂化"，"丝毫不能澄清事实"。他否认原子的复杂性和可分性，否认元素转化的可能性。他曾说："我们应当不再相信我们已知单质的复杂性。"并认为"元素不能转化的概念特别重要，……是整个世界观的基础……"但事实上正是以电子的发现、原子的可分性和元素转化的可能性为根据发展起来的原子结构学说，才是现代周期律的基础。

门捷列夫在 1903 年，他快 70 岁时说："当我在 1869 年设计元素周期表时，曾经设想存在着比氢还要轻的元素，但是当时没有来得及认真思考，现在要发展这一思想"。他预言，这个元素处在氢的上方，原子量约为 0.170，它应该是在日冕中找到的新元素，另一个的原子量约为 0.4。原子量比氢小的化学元素至今并没有发现，因此，门捷列夫的这个预言最终未得到证实。

然而，这并不影响门捷列夫元素周期律的正确性。他的贡献一方面指导了后来的科学实践，不断地取得成果；另一方面随着科学实践的不断发展，元素周期表也不断地被补充和修正。周期表的形式也逐渐地在变化，直到 20 世纪初的物理学革命，阐明了原子结构的秘密，化学家才逐渐认清了元素周期律的实质。

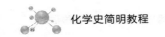

3.5 物理化学的形成

物理化学是自然科学中形成的第一门边缘学科，是物理和化学的交叉学科。在此之前，人们的观念是物理学家研究物理的问题，化学家研究化学的问题。

"物理化学"这个术语是 18 世纪中叶俄国化学家罗蒙诺索夫首先提出的。作为一门独立的学科，通常认为是在 1887 年德国化学家**奥斯特瓦尔德（W. Ostwald）**和荷兰化学家范霍夫共同创办《物理化学杂志》时才真正建立起来的（物理化学确立的标志）。

19 世纪下半叶是近代化学的全面发展时期，在此期间，无机化学、有机化学及分析化学等分支学科已经形成，近代化学在总体上完成了它的系统化。与此同时，由于以蒸汽机和电力为标志的技术革命对自然科学产生的强烈影响，特别是物理学中热力学理论建立以后，为物理化学这门具有边缘学科性质的化学分支的建立准备了条件。

3.5.1 电解定律的发现

电化学是研究电运动和化学运动相互转化的科学，它的形成取决于电学和化学的发展水平，反过来，电化学的形成和建立又促进了电学和化学的发展。

化学家和物理学家对电运动和化学运动之间转化规律性的研究始于 18 世纪末。当时，意大利的医生伽伐尼（L. Gaivani）在解剖青蛙时发现电堆起电现象。他认为这种现象相当于莱顿瓶放电，但误认为电来源于动物的肌肉。

1792～1796 年间，意大利学者**伏特（A. G. Volta）**重复了伽伐尼的实验，他发现只要两种不同的金属相互接触，中间隔有湿的硬纸、皮革或其他海绵状物，都有电现象发生，从而证明"起电"与动物无关。随后伏特又制成伏特电堆并发现金属起电序列：Zn—Pb—Sn—Fe—Cu—Ag—Au。后来，伏特又对电堆加以改进，进一步提高其"电力"，他将铜片与锌片放入盛有盐水的容器中，并将数个这样的东西连接起来。伏特电堆是原电池（即自发电池）的先声，它提供了恒稳的电流，为电学的进一步发展和电化学的创建开辟了道路。

1800 年，伏特写信给当时英国皇家学会的会长，宣布他制成了一种可以提供不会衰降的电荷以及无穷能力的仪器。于是伏特电堆就传到了英国。同年，尼科尔森（W. Nicholson）和卡里斯尔（A. Carlisle）首次用电堆电解水取得成功。1807 年，戴维成功地电解了熔融的苛性碱，在阴极得到钠、钾等一批新元素。同时还定性地研究了电和物质、电运动以及化学运动之间的关系。他们的这些工作为电化学打下了牢固的实验基础，为电化学的创建进一步开拓了道路。

1832～1834 年间，戴维的助手**法拉第**进一步定量研究电和物质、电运动以及化学运动的关系。法拉第通过各种实验证明，所谓"普通电"（即指摩擦产生的静电）与伏特电、生物电、温差电、磁电等都是本质相同的电现象。他的工作逐步澄清了过去人们对电现象的混乱认识。

法拉第在实践中还认识到电的量及其强度（即后来的电流和电压）是不同的概念。

他用改变极板的远近和形状来改变电场强度，结果发现电场强度对电解产物的数量并无影响，产物的数量是与通过的电量成正比的。他还发现，电解时，由相同电量产生的不同电解产物，有固定的"当量"关系。这就是著名的"法拉第电解定律"，是 1934 年法拉第在《关于电的实验研究》一文中公布的。在这篇论文中，法拉第还首次明确地定义了"电解质"、"电极"、"阳极"、"阴极"、"离子"、"阳离子"、"阴离子"等概念。法拉第的工作使化学家们的思想从定性研究转入到定量认识这些化学反应，特别是关于电量与化学反应量之间的定量规律的发现，将电化学这一学科置于科学的基础之上。

恒稳电源的出现，使电学从静力学步入了动电学的阶段，并迅速地在工业、交通、通讯等方面得到广泛应用，电成为人们改造自然的有力工具。1830 年开始出现电动机，1832 年有人开始研究电报，1876 年发明了电话。此外，电解现象也迅速在工业上得到应用。1836 年，英国有人研究银的电镀；1839 年，俄国有人研究成功电镀铜的印刷制版法；1840 年，研究成功氰化物镀液；1894 年，进一步发明镉的电镀法。电在生产上的大量应用，迫切需要稳定和容量大的电源，而原始的伏特电堆已远远不能满足要求，这就促进了人们对电源进一步改进的研究，同时也促使人们对电堆发电和电解过程的机理进行不断的探索。

19 世纪上半叶，在法拉第发现电解定律之前，就有两个基本的问题困扰着物理学家和化学家们。一个问题是伏特电堆产生电流的原因是什么；另一个问题是水和电解质是如何被电解的。对于第一个问题，物理学家们主张"接触说"，认为金属含有"电流体"，接触后就会从张力高处向低处流动，形成电流。他们虽然也承认金属之间有湿的东西存在是产生电流的一个必要条件，但是却认为那湿的东西只是如"半透膜"一样，只起导体作用。他们的主要论据是，不同金属的起电序列与金属接触生电的电压次序基本上是一致的（现在我们知道，两种不同金属接触时，确实存在着电压，但不能构成恒稳电源）。伏特本人坚持"接触说"，当时许多物理学家都支持伏特的观点。

德国化学家里特（J. W. Ritter）则主张"化学说"，法拉第、奥斯特瓦尔德等学者都支持他的见解。他们认为，金属-溶液界面发生化学反应，才能产生电流。法拉第的电解定律提供了电量与化学反应量之间的定量关系，成了化学说的无可辩驳的事实根据。法拉第对于电解电池和自发电池中发生的变化，曾明确地说："化学作用就是电，电就是化学作用。"戴维和贝采里乌斯起初都是主张"化学说"，但是，他们重复了伏特所做的金属接触产生电压的实验之后，又转而支持"接触说"。这两种学说的争论一直延续到 20 世纪 30～40 年代。

"接触说"与"化学说"的争论之所以一度相持不下，有客观上的原因。当时实验测量方法简陋。在 19 世纪上半叶，对于电的测量，虽然已使用了电流计，但是对电池"起电力"（即电动势）的对比，往往正是通过一定电阻对电流计直接放电，以电流计的最大偏转角来衡量，很不精确。而物理学家和化学家对伏特堆的电的测量实际上是不相同的。另一方面，也有主观上的原因，那就是人们在认识上还受形而上学观点的束缚。当时正是形而上学观点盛行的时期，"接触说"占统治地位已达数十年，在人们的头脑中已形成定势，而当时争论的根本问题又在于电堆提供的电能是从哪里来的，这涉及到能量守恒转化问题，而当时能量守恒及转化原理还没有确定无疑地建立起来，所以接触说的出现并不偶然，也是形而上学观点在自然科学领域中的一种反映。恩格斯在《自然辩证法》关于"电"的部分中，对"接触说"和"化学说"的争论，曾用较大的篇幅进行了极为细致、精辟的分析，在当时科学技术发展水平的条件下，用辩证唯物主义的观点对这场争论中的形而上学观点进行了批判。关于第二个问题的研究，即电解机理问题，导致了对电解质稀溶液的正确认识。

关于电池中金属-溶液界面的电化学性质问题，1889 年，德国化学家**能斯特**（**H. W. Nernst**）提出一种假说，认为在原电池中金属有一种"溶解压力"，这种力的作用可以使金属从晶格里跑到溶液中去，而溶液中的金属离子有渗透压，使金属离子回到金属表面上去，这两种力方向相反，当两种力达到平衡时，就产生电极电势。由于他的这一假说没有实验根据，后来被人们逐渐抛弃，而他本人却从这一概念出发导出了电极电势与溶液浓度的关系式，此后热力学函数值便可以通过电化学方法来测得了。

对金属-溶液界面电化学性质的研究，历史上是通过对电毛细管现象、极化现象（特别是氢超电压）和电动现象（如电渗、电泳）等问题的探讨，形成了"双电层"等重要概念。这些研究促进了电化学理论的发展。

3.5.2　电离理论的建立

对溶液性质及其规律性的研究，是从测定盐在水中的溶解度开始的。随着制盐工业的发展，人们对溶液的研究和认识不断深入，从而推动了溶液理论的发展。

人们在实践中发现稀溶液有如下特性：蒸气压下降、沸点升高及冰点降低。1886～1890 年，法国化学家**拉乌尔**（**F. M. Raoult**）对溶液的性质做了进一步研究。他首先用乙醚作为溶剂，测出 $(p_0-p)/p_0$ 在 0～20℃ 之间与温度无关。1887 年，他发现在不同的溶液中，$(p_0-p)/p_0$ 和溶质分子数 n 对溶剂分子数 N 的比成正比。即：

$$\frac{p_0-p}{p_0}=C\cdot\frac{n}{N}$$

式中，p 为溶液的蒸气压；p_0 为纯溶剂的蒸气压；n 为溶质分子数；N 为溶剂分子数；C 为常数，在 0.96～1.09 之间。

1888 年，拉乌尔又把这个公式修正为：

$$\frac{p_0-p}{p_0}=C\cdot\frac{n}{N+n}$$

对稀溶液来说，$C\approx1$。这就是所谓的拉乌尔定律。拉乌尔定律显然可以用来测定溶质的分子量。

1748 年，诺勒（A. Nollet）用膀胱做半透膜，发现渗透现象。1827 年，法国生理学家杜特罗夏（R. Dutrochet）首先定量测定了渗透压。1877 年，德国植物学家浦菲弗（W. Pfeffer）在实验中发现，溶液的渗透压（p）与溶液的体积（V）成反比，与热力学温度（T）成正比：

$$pV=kT \quad （k \text{ 为常数}）$$

　　由于浦菲弗是植物学家，化学家们不太了解他的工作。范霍夫在与同事、植物学家德夫利斯（Devries）教授交谈时，得知浦菲弗的工作。他注意到上式与理想气体状态方程式非常相似，便把二者进行了比较，他利用浦菲弗的数据进行计算，得出的结果令人十分意外，即 k 等于理想气体常数 R，说明阿佛加德罗定律同样适用于稀溶液。因此：

$$pV = RT$$

这就是说在稀溶液中，溶质所产生的渗透压 p 等于溶质在同一热力学温度 T 下化为理想气体并占有溶剂体积 V 时所产生的气压。范霍夫认为，气体产生气压和溶液产生渗透压具有相同机理，不只是相似而已。他还认为，气压是由于气体分子冲击器壁产生的，渗透压则是由于溶质分子冲击半透膜而产生的。而溶剂分子存在于半透膜两侧，可以自由通过，因此不产生压力作用。范霍夫还运用热力学方法，从渗透压公式推导出蒸气压降低和凝固点降低两个公式。证明了它们之间的联系，也进一步证明了他所建立的稀溶液理论的实际意义。

　　但是公式 $pV = RT$ 只适用于有机物的溶液，如蔗糖水溶液。人们发现，对于盐溶液和一些酸碱溶液都会出现一些反常现象，于是，范霍夫于 1887 年在酸、碱、盐的渗透压公式中引进一个校正系数，这时

$$pV = iRT \quad (i > 1)$$

当时范霍夫对 i 的物理意义并不能够解释清楚，但是他的工作把化学动力学、热力学和物理测定统一起来，为物理化学的形成建立了基础。1901 年，他成为全世界第一个获诺贝尔化学奖的科学家。他的工作也给**阿累尼乌斯（S. A. Arrhenius）**很大启发，成为后来电离理论建立的实验根据之一。

　　在研究溶液性质的同时，人们也在不断地探讨着说明这些性质的理论根据。特别是对电解质溶液的探讨，人们曾提出过许多不同的见解。早在 19 世纪 50 年代，英国物理学家威廉逊（A. W. Williamson）和克劳胥斯（R. J. E. Clausius）就认为，电解质在溶液中不断离解成"基"，这些基又不断化合成电解质分子，二者处于动态平衡之中，所以通电后才能发生电解。但克劳胥斯又认为，溶液中大量存在的是分子，只有少量的基。

　　1859 年，德国化学家希托夫（T. W. Hittorf）在完成离子迁移率的研究后指出，电流通过时，各种离子的迁移率是不同的。还认为，离子的产生不一定是电流作用的结果。电解质的离子不可能在分子中牢固地结合。

　　1872 年，法夫尔（Favre）和瓦尔生（Valson）进一步指出，盐类电解成它自身的组分，是水的溶解作用的结果。这个作用或者使它们（盐电解后的组分）达到完全游离的状态，或者至少达到彼此独立的状态，这种状态很难测定，但是与最初的状态还是大有区别的。

　　上述几位学者的研究已经表明，著名科学家戴维、贝采里乌斯和法拉第等在 19 世纪上半叶认为电解质的组分彼此间是紧密结合的，只有电流才能使它们在溶液中离解的观点并不正确。可是当时却没有被人们理解，甚至被认为是不可能的，然而他们研究的这些结论却成为阿累尼乌斯提出电离学说的科学前提。

阿累尼乌斯与范霍夫是同时代的人。他是瑞典人，1859 年 2 月 19 日出生在乌普萨拉附近的维克城堡，父亲是乌普萨拉大学的学监。阿累尼乌斯从小非常聪明好学，17 岁考入乌普萨拉大学，1878 年毕业。由于这所古老的大学在教学和研究中相当保守，这样就促使阿累尼乌斯在 1882 年来到斯德哥尔摩的科学院物理研究所，为电学家艾德伦德（Edlund）教授当助手。在业余时间里，他独立地研究极化问题，进而研究稀溶液的导电性。半年多的实验为他积累了大量的资料，当他为整理、分析数据而埋头研究理论方面的问题时，他又认真阅读了许多前人的论著，特别是克劳胥斯、希托夫的论文使他的思路大为开阔，1883 年 5 月 17 日他提出一个大胆的设想：电解质在溶液中会自动地离解成游离的带电离子。随后他又抓紧时间完成了表达这一思想的论文，并作为他 1884 年答辩的博士学位论文。

　　阿累尼乌斯的论文用法文写成，分两部分。第一部分为极稀溶液的电导，第二部分是电解质的化学理论。在第一部分里，他介绍了关于稀溶液中电解质电导率的测定。第二部分以提纲形式表达了由实验资料引出来的，包括电离理论在内的见解，共计 56 条。阿累尼乌斯正是在前人工作的基础上，通过研究电解质溶液的导电性，提出和发展了电离理论。他的观点与法拉第、希托夫、柯尔劳希（F. W. Kohlrausch）等学者的区别在于：后三位科学家认为离子是通电以后产生的。而阿累尼乌斯认为，在通电以前，电解质就在水中离解了。阿累尼乌斯的观点与威廉逊和克劳胥斯的观点也有不同，后者认为电解质在水溶液中的离解度极小，阿累尼乌斯则认为离解度很大，而且溶液越稀，离解度越大。

　　阿累尼乌斯的新观点在当时的化学界引起了很大的争论。他在完成论文后，曾经把论文的校样和基本观点请教他所尊敬的老师，在学校里最有名望的化学教授克列维（P. T. Cleve）看过论文后，讥讽地说："这真是妙极啦（指论文的观点）"，同时还故意让阿累尼乌斯感觉到他的这番挖苦嘲笑是在降低阿累尼乌斯的身价。尽管如此，克列维还算是尽了老师的职责，他把阿累尼乌斯论文的校样最后还是寄给了当时最著名的物理学家之一，英国的汤姆逊（W. Thomson）。而汤姆逊也认为，这篇论文没有什么新东西。但是阿累尼乌斯并没有因为这些权威们的压力而表示气馁，他对自己的论文仍然充满信心，希望通过论文答辩，不仅获得哲学博士学位，更希望能得到大学物理学副教授的职位。但在答辩前，他获知，教授们已经预先商定，不管学位答辩结果如何，都要给他一个断送当教授前途的鉴定。因此，阿累尼乌斯十分清楚这次答辩将会障碍重重，艰难异常，前景不妙。于是，他把论点、论据，和围绕这一题目所做的一系列实验积累起来的资料都做了进一步整理，进行了充分准备。答辩会上，教授们一个接一个地提出质疑，阿累尼乌斯沉着地一一做出回答，有理有据，答辩十分出色。虽然到会的多数化学家和物理学家都认为阿累尼乌斯的工作做得不错，但是他们对于阿累尼乌斯提出的离子不是在通电作用下产生的这种观点仍然不愿意接受，主持答辩的克利夫教授甚至认为这是一种荒唐的结论。

　　尽管阿累尼乌斯的论文被通过了，而且也获得了哲学博士学位，但是对他论文的评价却相当于及格或 3 分，所以阿累尼乌斯一直渴求获得的物理学副教授的愿望落空了，甚至连讲师的职务也未得到。

教授们认为，断言盐的分子在水溶液中分解成自己组分的离子是极其荒谬的，因为组成盐的各组分的结合由于库仑引力而非常牢固。他们在报刊和各种学术会议上发表文章和讲演，批判阿累尼乌斯这一离经叛道的观点，并要求他回答下列一系列问题：为什么带有相反电荷的离子不能成对结合？将电解质分成独立的离子，并使它们彼此游离时所需要的能量从哪里来？为什么液体蒸发时，蒸发出来的是液体分子，而不是离子？为什么非常活泼的离子不能像气体那样脱离液体的表面？为什么恰恰是原子亲和力较大的物质，如盐、强酸、强碱等比其他物质更容易离解成离子？钠、钾等原子能与水发生猛烈作用，又如何在水不分解下处于完全的游离状态？对于当时的化学家来说，无论如何也想象不出，食盐这样的物质怎么能够在水溶液中产生游离状态的氯和钠。事实上，他们在食盐的水溶液中，也没有观察到过一丝一点浅黄绿色、带有强烈刺激气味的氯气和能浮在水面与水剧烈反应的软金属钠。因此他们认为有充分的理由反对阿累尼乌斯的电离理论。在瑞典是这样，在国际上，也有一些著名的科学家反对阿累尼乌斯的电离理论，例如俄国的门捷列夫、英国的阿姆斯特朗（H. E. Armstrong）、皮克林（Pikering）、法国化学家特劳贝（M. Traube）等。

门捷列夫对电离学说持全盘否定的态度。1889 年，他在论文《溶质离解简论》中说，阿累尼乌斯的假说与克劳胥斯假说不同，要承认电解质在溶液中自动离解成单个的离子，在我内心里，大概也在其他许多化学家的内心里，都对这一假说抱着一系列的怀疑。他甚至断言，我觉得在我们的科学史中，电离假说随着时间的推移定将占有如燃素说所早已占有的那种地位。

为了捍卫电离理论，阿累尼乌斯不得不一方面继续以实验资料来充实自己的理论，另一方面还得在报刊上不断地发表文章，对反对者的攻击和质疑一个个地予以回答。关于他的实验部分，反对者是无从挑剔的，攻击的焦点集中在他的理论部分。为此，阿累尼乌斯一再申明，食盐溶液中所含的氯不是普通的氯，而是处于特殊状态的带负电荷的氯。钠的情况也一样，溶液中的钠是带正电荷的钠，阿累尼乌斯强调了离子与原子的不同。但反对者仍然不能接受这一解释，他们认为电荷不可能这样剧烈地改变钠或氯原子的性质。虽然当时电化学的实验事实迫使化学家们已承认，在电解过程中，存在着电解质的电离和离子，但是他们又坚信原子是不可分割的。因而他们就很难理解酸、碱、盐这些电中性的分子在离解中所产生的离子，其电荷究竟从何而来。在他们的观念中，离子与原子并没有太大差别，只是用于不同场合表示同一物质微粒的不同术语而已。

鉴于当时化学家们认识上的这种状况，阿累尼乌斯只能用大量的实验资料和对溶液的深入研究来回答。争论促使阿累尼乌斯对电离理论进行更加深入的研究。1887 年他发表了《关于溶质在水中的离解》的论文。这篇论文被认为是正式提出电离理论的标志。他在这篇论文中理直气壮地叙述了自己的观点。他不但重申了电解质溶于水就会自发地、大量地离解成正、负离子，而且还对电解质的电离进行了定量计算，这在他之前还没有人做过。他在论文中指出，把同量的电解质溶解在不同量的水中，则溶液越稀，电离度越大，即分子电导越大。当溶液无限稀释时，分子几乎全部变为离子，溶液电导就有最大值。阿累尼乌斯在这篇论文中还很好地解释了酸、碱、盐溶液的蒸气压降低、沸点升高、凝固点下降的数值所出现的"反常情况"。他指出，凡是不遵守范霍夫导出的凝固点降低公式和渗透压公式的溶液都是能导电的酸、碱、盐一类溶液。因为在这些溶液中，分子可以离解为离子，使溶液内溶质的粒子数增加了，所以才需要在公式的右边乘上范霍夫提出的校正系数 i（$i>1$），使实验结果与理论计算相符合。如果一个分子不只电离成两个离子，而是电离成 n 个离子，那么 $i=1+(n-1)\alpha$。阿累尼乌斯从电导实验得到的数据计算出 α，再从 α 计算出 i；他又从凝固点下降实验的结果计算了 i 值。他发现用这两种完全不同的实验方法所得到的 i 值竟然十分吻合，这十分有力地说明电离理论是正确的，使人们看到了电离理论的巨大成功。

阿累尼乌斯在他的论文中，以丰富的实验资料来论证自己的观点，许多反对者也不得不承认阿累尼乌斯的实验和方法都是成功的。门捷列夫在他生前最后一版《化学原理》一书中也改变了自己的认识。他不再反对电离理论，而是认为，关于电离作用的现代概念，对溶液理论的发展也是有益的，为实验材料的积累提供了依据。他还承认：19世纪以来增加了关于溶液化学的知识的一系列十分杰出的科学著作都是为了发展这个电离作用的假说而写的。

在这场学术争论中，阿累尼乌斯并不孤单，从一开始他就得到了范霍夫和奥斯特瓦尔德为代表的少数人但却强有力的支持。当阿累尼乌斯的学位论文遭到不公正的评价后，在欧洲科学界享有很高声望的范霍夫、奥斯特瓦尔德和克劳胥斯等同时收到阿累尼乌斯寄来的论文。他们并没有轻视这个年轻人，而是像对待一个亲密的同事一样，给他写去了充满热情的信，并对他的论文给予肯定，对他的研究给予鼓励。特别是奥斯特瓦尔德，在回信中对论文评价说：除了若干可以商榷的观点外，它包含的新观点是这样多，这样深刻，使我很快就确信了它们的巨大重要性。在此之后，奥斯特瓦尔德又亲自从里加来到乌普萨拉，专程访问年轻的阿累尼乌斯，并共同讨论了溶液理论和今后的研究方向。奥斯特瓦尔德的来访以实际行动给予阿累尼乌斯以极大的支持，同时也使乌普萨拉保守的教授们对他们自己有意打击阿累尼乌斯的做法感到不安。就在这一年的年底，为了表示对奥斯特瓦尔德的尊敬，才不得不授职阿累尼乌斯为物理化学副教授。

奥斯特瓦尔德和范霍夫还亲身投入这场宣传、捍卫电离理论的争论。范霍夫于1886年在《荷兰纪要》和瑞典科学院院报上相继发表关于稀溶液理论的论文。不久，范霍夫又与奥斯特瓦尔德合作创办《物理化学杂志》，使这本杂志成为宣传溶液理论新观点的重要工具，在杂志上大量地刊登了他们自己以及其他科学家论证电离理论的文章，这在当时影响很大。范霍夫还把电离理论誉为物理化学中的一次革命。致使奥斯特瓦尔德、范霍夫和阿累尼乌斯被称为当时物理化学上的"三剑客"。

1890年，英国的物理学家和化学家在利兹召开了英国学术协会的会议，专门讨论新理论。范霍夫和奥斯特瓦尔德应邀参加了这次会议。阿累尼乌斯的电离理论成为这次会议争论的一个重要问题。会议之初，英国的阿姆斯特朗和皮克林等人对电离学说的新观点发动了猛烈的攻击。范霍夫和奥斯特瓦尔德相继发言，进行反驳，经过热烈的辩论后，新的观点被越来越多的科学家所接受，电离理论所处的地位完全变了。利兹会议的辩论可以认为是一个重要的转折点。以后在英国的学术刊物上开始发表越来越多的论文，支持阿累尼乌斯的电离学说，引证他的理论，指出这个理论的重要意义。由于电离理论对物理化学的发展做出重大的贡献，阿累尼乌斯被授予 1903 年的诺贝尔化学奖。在庆祝会上，早年曾经反对过阿累尼乌斯电离理论的克列维教授坦白地承认，他当时对这个新理论是多么地缺乏认识。他说："这个新理论也曾遭到不幸，无人知道该把它们置于何地。化学家不认为这些是化学，物理学家也不认为它们是物理学。事实上，它是物理学和化学之间的一座桥梁。"实践证明电离理论是一种以崭新的观念概括出来的溶液理论，它为物理现象和化学现象找到了共同的原因，进一步沟通了物理学与化学的联系。围绕着电离理论的这场争论，暴露了 19 世纪最后 30 年形而上学的思想方法在物理学与化学之间所造成的深刻影响。对于电离理论中的一系列问题。物理学家和化学家站在不同的认识角度，明显地分成两个阵营，双方都竭力用事实证明自己的传统的旧观念，从而对新观点、新理论持怀疑的态度。在这些问题上真正做出贡献的是研究物理的化学家，即物理化学家。这说明现代科学发展的一个十分重要的特点，科学内部不同的分支所研究的运动形式具有同一性。许多边缘学科正是在研究这些同一性中产生的。许多重大的科学成果也是在研究这些同一性中创造的，那些人为地把物理学、化学、生物学等不同学科截然分开的思想方法已经落伍，已跟不上现代自然科学发展的步伐，在现代科学研究中很难取得重大成果。

电离理论根本改变了在此之前的关于电离性质的概念，打破了固有的传统和观念，不仅为物理化学这一新兴边缘学科的形成和完善做出了重要贡献，而且促进了整个化学科学的发展。

新兴的物理化学主要在化学热力学、化学动力学、溶液和电化学方面取得较大进展。特别是人们在化工生产实践中，常遇到有关化学反应进行的方向、反应程度及限度、反应速率和生成物产率等实际问题，极大地推动了化学热力学和化学动力学的发展。

3.5.3　早期的化学热力学和动力学的研究

在现代化学教材中，化学热力学和化学动力学是分开的，前者研究反应的方向性和限度，中心问题是化学平衡；后者则研究反应的速率和机理。但化学平衡是动态的平衡，因此无论是关于化学热力学的知识，还是关于化学动力学的知识都还是属于关于化学过程的知识。

人们对化学过程的研究是从分析化学亲和力概念开始的。18 世纪后半叶到 19 世纪前期，在化学科学中，当时盛行的是所谓的"化学亲和力"，早期的化学工作者接受了炼金术士的观点，认为化学反应之所以能够发生，是由于反应物间存在着"爱力"。许多化学家在这种特殊力的研究上付出了精力。近代有较大影响的亲和力理论不下 15 种，仅 18 世纪人们就列出过几种不同的亲和力表。我们这里所要讨论的是在亲和力的研究方面具有特殊意义的两个方向：一个方向是用反应速率来定量地测量亲和力的尝试，另一个方向是用反应热效应来量度亲和力的努力。前一个方向的研究导致质量作用定律的

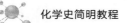

发现和动态平衡观念的确立，后一个方向的研究导致化学与热力学的结合。而这两个方向的研究恰恰是建立化学热力学这一物理化学分支的核心问题。

1775年，瑞典化学家贝格曼曾列出一个化学亲和力表，当时，他就已经认识到试剂的数量对反应结果的影响。1777年，瑞典医生文策尔（C. F. Wenzel）也曾列出一个化学亲和力表。他指出，化学反应的变化率与酸的"有效质量"成比例。1801年，法国化学家贝托雷发表《亲和力定律的研究》一文，认为，化学反应不但要看亲和力，而且更重要的是要看反应中各个物质的质量及其产物的性质，尤其是挥发性及溶解度。同时他还提出，化学反应可以达到平衡状态。1803年，他又在《化学静力学》一书中指出，在化学反应达到平衡状态下，当产物足够过量时，反应可以按相反的方向发生。实际上，贝托雷已经看出了化学平衡是一种动态平衡。但是人们并没有认识到它的重要意义。在他之后大约半个世纪内，不少杰出的化学家对亲和力与化学平衡问题进行了研究，但都没有重大进展。

1850年，法国化学家威廉米（L. F. Wilhelmy）用旋光仪研究蔗糖水解问题，发现酸量、糖量及温度对反应速率的影响，并以数学式表达出来。同年，在此基础上，英国化学家威廉逊指出，化学平衡是正反应速率与逆反应速率相等的状态，明确地提出了动态平衡概念。

1861～1863年，法国化学家贝特罗（M. Berthelot）和圣·吉尔（L. Péande Saint Gillex）研究醋酸和乙醇的酯化反应和逆反应——皂化（水解）反应，发现正、逆反应都不完全，得出了反应速率的数学式，表示这个反应是一个典型的可逆反应。遗憾的是他们却没有认识到这一发现的重要意义，而是置逆反应速率而不顾，只考虑了正反应速率。

贝特罗和圣·吉尔的工作受到挪威应用数学家**古德贝格（C. M. Guldberg）**和化学家**瓦格（P. Waage）**的重视，他们共同合作，认真总结了前人的工作，并做了大量的实验。1864年，他们用挪威文发表了研究结果，全面地阐述了质量作用定律。他们指出，对于一个化学过程，有两个相反方向的力同时在起作用，一个帮助生成新物质，另一个帮助从新物质再生成原物质，当这两个力相等时，体系便处于平衡状态。他们还阐述了两条规律性的认识：①质量的作用，也就是力的作用与它们本身的质量的乘积成正比；②如果相同质量的起作用的物质包含在不同的体积中，这些质量的作用是与体积成反比的，他们同时还列出了速率方程。1867年，他们又合作出版了《关于化学亲和力的研究》一书，主要讨论了他们自己的以及贝特罗的实验结果。他们运用质量作用定律计算，与实验结果十分符合。在前人工作的基础上，大量实验，提出质量作用定律。

古德贝格和瓦格的研究不仅有充分的实验论据和明确的数学表述，而且在他们的数学方程式中包含了两个相反方向的力，可以说他们发展了贝托雷、贝特罗和圣·吉尔等人的思想，真正确立了质量作用定律。但是，应该看到，在19世纪，用力学的原理解释复杂的自然现象仍然是个普遍的方法，古德贝格和瓦格在阐述质量作用定律的过程中也是如此。他们认为：像力学中一样，化学中最自然的方法是确定它们力的平衡。这意味着应该研究那些反应，它产生新化合物的力和另一些力平衡；这些反应不能完全进行，而只是部分地完成。古德贝格和瓦格的动态平衡观念是从力学意义上理解的，他们的规律所描述的仍然是亲和力。从这里可以看出物理学与化学早期结合的某些特征及其意义。

在古德贝格和瓦格的理论中，力不是用来描述静止状态的，而是被用来描述化学过程，是代表两种方向相反的化学运动的，这样两种运动仅仅在经过化学转化后才达到动态平衡。这些思想实际上已经不是化学传统观念了。但是当时由于形而上学自然观在化学领域中的影响，许多化学家并不理解他们这一科学成果的意义，他们的研究被冷落了十多年，直到 19 世纪 70 年代末才被人们重视起来。哈库特（A. G. V. Harcourt）、艾逊（W. Esson）和德国化学家霍斯特曼（A. F. Horstmann）等人也分别发现了质量作用定律。范霍夫还用速率方程计算了贝特罗和圣·吉尔的实验结果以及布查南（J. Y. Buchanan）所做的氯乙酸水解的实验结果，并和霍斯特曼分别从热力学导出了质量作用定律。

古德贝格和瓦格抓住有利时机，在 1879 年又一次合作，指出："关于物质之间或它们的组成部分之间的吸引力的简单概念是有缺陷的。必须考虑原子和分子的运动。"他们还根据普法德勒（L. Pfaundler）所阐明的分子碰撞理论导出了质量作用定律，并指出分子碰撞仅仅一部分导致反应。所以他们称平衡态为"可移动平衡态"，后来范霍夫称为"动态平衡"。他们还给"有效质量"赋予新的含义——单位体积中反应分子数（即浓度），并以"反应速率"代替以前的"力"。这些变化表明人们对于化学过程的研究正在摆脱形而上学机械论的影响，而逐步表现出化学研究的独特性。

前面曾经提到，用化学变化的热效应来量度化学亲和力的研究，促使化学与热力学的结合。实际上，早在 1780 年拉瓦锡等人就在论文中阐述了他们关于化学反应热的研究。但是，由于受"热质说"的影响，这方面的研究后来中断了 50 多年。19 世纪 60 年代以前热化学研究与蓬勃兴起的热力学研究几乎没有结合起来。直到 1869 年，由霍斯特曼的工作开始，化学家们才逐步把热力学的成果引入化学研究之中。

1873 年，霍斯特曼把熵的概念引入化学，并从蒸发现象和热离解现象的类比出发，研究了热分解反应中分解压力与温度的关系，研究了升华过程的热力学，建立了最大功与反应热之间的关系。

此后，越来越多的物理学家和化学家走进了热力学和化学结合的领域。

1882 年，德国科学家**赫尔姆霍兹**（H. L. F. von Helmholtz）发表论文《论化学反应的热力学》，他把化学能分为"能自由地转化为其他形式的功的亲和力部分和只能以热的形式释放出来的部分。"这里虽然他还沿用了"亲和力"一词，但它所表示的已经不再是什么特殊的神秘的力，而是赋予化学亲和力以新的宏观量度——自由能，并把它和热运动区分开来。另一方面他又纠正了最大功原理，证明对于恒温系统来说，化学平衡条件是自由能达到最小，而自由能的减少是可望获得最大功。

1884 年，范霍夫提出动态平衡原理："在物质（体系）的两种不同状态之间的任何平衡，因温度下降，向着产生热量的两个体系的平衡方向移动。"同年法国学者**勒夏特列**（H. I. Le Chatelier）在更普遍的意义上提出了这一原理。

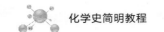

在化学热力学形成过程中，**吉布斯（J. W. Gibbs）** 做出了突出贡献。

吉布斯是物理化学的先驱，美国耶鲁大学数学物理学教授。1839 年 2 月 11 日生于康涅狄格州的纽黑文，父亲是耶鲁大学教授。1854～1858 年，他在耶鲁大学学习，因拉丁语和数学成绩优异曾数度获奖。1863 年获耶鲁大学哲学博士学位，并留校任教，年轻时曾游学欧洲。吉布斯在 1873 年发表了《流体的热力学图解法》和《物质的热力学性质的曲面表示法》两篇论文。1876 年和 1878 年，他分两部分在同一刊物上发表了题为《论多相物质之平衡》一文。他在熵函数的基础上，引出了平衡的判据；用内能、熵和体积作为描述体系状态的变量，在坐标图中给出了描述体系全部热力学性质的曲面，提出热力学势的重要概念，在此基础上建立了关于物相变化的相律，为化学热力学的发展做出了卓越的贡献。

但是美国科学传统的功利主义性质限制了一些美国人的眼界。他们认为吉布斯的理论似乎没有实际用处。在耶鲁大学甚至掀起了要撤换吉布斯的运动。在赞同吉布斯的人当中对其工作重要意义能够理解的也为数不多。吉布斯的论文以严密的数学形式和严谨的逻辑推理，导出了数百个公式，其中最重要的第三篇论文长达 323 页，包括了 700 个公式。当时绝大多数化学家不知所云。吉布斯的一位同事说，当时康涅狄格科学院没有一个人能读懂他有关于热力学的论文，他们了解他并承认他的贡献完全是盲目的。吉布斯发表论文的刊物不太知名，外国学者一时不容易注意到他的工作，而吉布斯已经表述得十分明确的一些结论，后来被比吉布斯出名得多的人如赫尔姆霍兹、范霍夫等重新发现。

吉布斯从不低估自己工作的重要性，但从不炫耀自己的工作。他的心灵宁静而恬淡，从不烦躁和恼怒，是笃志于事业而不乞求同时代人承认的罕见伟人。他毫无疑问可以获得诺贝尔奖，但他在世时却从未被提名，直到他逝世 47 年后，才被选入纽约大学的美国名人馆，立半身像以示纪念。

吉布斯发表论文十几年后，他的工作在国外受到了重视。德国物理化学家奥斯特瓦尔德认为，吉布斯从内容到形式赋予物理化学整整一百年。他把吉布斯的三篇论文都译成了德文出版。法国物理化学家勒夏特列认为，吉布斯工作的重要意义可以和拉瓦锡的成就媲美，他在 1899 年把吉布斯第三篇论文的第一部分译成法文发表。英国著名物理学家麦克斯韦（J. C. Maxwell）向荷兰物理学家范德华（J. D. van der Waals）又介绍了吉布斯的工作，范德华在工作中应用了吉布斯方法，而后又向自己的学生罗泽布姆（B. Roozeboom）做了介绍。罗泽布姆应用相律对盐水体系进行研究，取得了成果。1887 年，他在《多相化学平衡的各种形式》一书中详细解释了相律的物理化学意义，说明了相律的广泛用途。以后，越来越多的学者从事相律的应用研究，它逐渐成为冶金学和地质学研究的有力工具。

化学热力学从霍斯特曼开始，经过 20 多年的努力，终于在 1880～1890 年间作为一个专门理论出现了。化学热力学是化学中第一个严密演绎的理论，它为通常的化学平衡问题、各种凝聚态问题和物理化学的各个分支的宏观研究提供了共同的理论基础。在这个理论中，通常的化学变化、蒸发、结晶、凝固、溶解、吸附以及电化学现象都有共同遵循的运动规律，因而原先认为在它们之间存在的不可逾越的界限消失了。

　　在物质发生实际化学变化的过程中，既有热力学问题，又有动力学问题。早期的物理化学研究没有热力学与动力学之分，例如对质量作用定律的研究，既考虑了影响速率的因素，又考虑了速率与平衡的关系。人们为了获得对事物的深入认识，往往抽取出实际问题的不同侧面，分别加以研究。1884 年，范霍夫把化学动力学和化学热力学区别开来，这是物理化学这一新兴学科在不断发展完善的过程中的一个进步。19 世纪化学动力学的主要成就有质量作用定律的研究、"活化"概念的提出和反应速率指数定律的建立以及对催化现象的认识。

　　关于质量作用定律的确立，古德贝格和瓦格还曾在他们的数学表达式的各有效质量（浓度）项上带有相应指数，并用实验数据进行了检验。1884 年，范霍夫曾建议把这些指数称为反应分子数，以区分单分子、双分子和三分子反应。1895 年，诺伊斯（A. A. Noyes）提出反应级数概念，提出应该区分反应的分子数和反应级数这两个概念。使人们对质量作用定律有了更进一步的认识和理解。

　　实际上，反应的级数和分子数对基元反应来说是一致的，但对非基元反应而言，二者却不相同。它们的级数只能通过实验来测定。1897 年，奥斯特瓦尔德提出用孤立法测定反应的级数。此后，测定反应级数就成为这一时期化学动力学研究的一个重要课题。

　　人们很早以前就知道温度对化学反应速率的影响。19 世纪中期以来，许多人力图找出温度对反应速率影响的经验关系。范霍夫、胡德（J. J. Hood）和特劳兹（M. Trautz）等都做过这方面的工作。阿累尼乌斯于 1889 年，在莱比锡奥斯特瓦尔德的实验室里进行研究，发表了《在酸作用下蔗糖转化的反应速率》一文，引入了当今化学反应理论中不可少的活化热或活化能这一概念，并提出了表示温度对反应速率影响的阿累尼乌斯公式：

$$k = A e^{-\frac{q}{RT}}$$

　　式中，k 为反应速率常数；A 为与温度无关的常数，称为频率因子；q 为活化热（或活化能）。

　　阿累尼乌斯认为，在化学反应中，分子本身存在着活化分子和非活化分子的差别。活化分子与非活化分子虽然处于平衡状态，但是随着温度的上升，非活化分子在吸收活化热之后转化为活化分子，活化分子才是真正进入反应的物质。虽然后来的大量实验事实以及理论证明，阿累尼乌斯的指数定律并不总是非常准确的，即 A 不是完全与温度无关，但速率常数 k 与 $e^{-\frac{q}{RT}}$ 间的指数关系是正确的。更为重要的是，这个定律所揭示的物理意义，使化学动力学理论发展迈过了一道具有决定意义的门槛。

　　催化作用也和其他自然科学一样，主要是随生产的需要发展起来的。早在古代，人们就知道利用曲（酶）酿酒制醋；在中世纪，炼金术士曾用硝石做催化剂以硫黄为原料制造硫酸；13 世纪时，人们发现硫酸能使乙醇转变为乙醚；18 世纪时，曾利用在一氧化氮存在的条件下制取硫酸（即铅室法）；19 世纪，产业革命有力地推动了科学技术的发展，大量催化现象不断发现。1835年，贝采里乌斯总结了他几十年间观察到的催化反应，提出催化和催化剂的概念。他认为，催化剂在反应过程中施加一种特殊的力，这个力不同于亲和力，能够使潜睡的亲和力唤醒，所以叫"催化力"。1881年，奥斯特瓦尔德开始研究催化，1894年他对催化作用和催化剂提出了解释。他认为，催化现象的本质，在于某些物质具有特别强烈的加速那些没有它们参加时进行得很慢的反应过程的性能。他还指出，任何物质，它不参加到化学反应的最终产物中去，只是改变这个反应速率的，即为催化剂。他总结许多实验结果，根据热力学第二定律，又提出了催化剂的另一个特点：即在可逆反应中，催化剂仅能加速反应平衡的到达，而不能改变平衡常数。这种对催化剂的认识一直保留到今天。在对催化作用的深入研究中，奥斯特瓦尔德成功地使氨在铂上氧化转变成一氧化氮，为现代硝酸工业发展奠定了基础。由于他对催化作用研究成果卓著，于1909年荣获诺贝尔化学奖。奥斯特瓦尔德在新兴的物理化学各个方面造诣很深，在化学平衡、反应速率等方面都有重要的研究成果，人们尊称他为"物理化学"之父。奥斯特瓦尔德对化学史也很感兴趣，被化学界誉为"德意志的拉瓦锡"，他写过许多教科书和专著，其中就有化学史的著作。在他72岁高龄时，开始撰写自传，在3年中写了1200页之多，回顾他自己的一生。奥斯特瓦尔德既是一位思维敏捷的化学家，又是一位非常熟练的实验员、机械师和玻璃工，同时还是一位哲学家和诗人。

19世纪下半叶，物理化学的蓬勃发展不仅在内容上，更重要的是在研究方法上对化学的发展产生了深远的影响。我们看到作为近代化学支柱的无机化学和有机化学，它们在系统化方面取得的进步，主要依赖于实验分析、实验合成和系统观察所取得的经验证据，然后运用非定量的推理和经验归纳达到唯象的理论水平。从总体上来说，近代化学属于经验科学的范畴，它所运用的研究方法具有经验科学的一般特征。相对来说，它十分缺乏运用逻辑和数学一类的非经验方法。近代化学家比较强调有机化学的非定量推理方法，轻视数学方法的广泛运用，而物理学家则十分注重数学的应用，这恰恰是精密科学的显著特征。近代化学家比较注重具体物质的研究，而不注重理想条件下物质一般规律性的研究，而物理学家恰恰相反，他们千方百计把具体物质抽象为各种理想的模型（如理想气体、理想液体等），然后再加以研究，因为他们自觉地意识到理想状态下物质的特性及其规律具有普适性。近代化学家特别重视和推崇基于化学实验的经验归纳法，而不太重视和不善于运用演绎法。我们知道，化学热力学的理论体系是一个演绎性质的体系，不少物理学家为此做出了贡献。其中吉布斯把演绎法用于化学热力学研究所取得的成功就是其中一个有力的证明。物理化学的崛起，对传统化学研究方法是一次冲击，它暴露了近代化学家在研究方法和思维方式上的局限性。但是，由于物理化学这门新学科的建立，又为物理学的原理和方法引入化学研究建立了良好的开端，它对克服近代化学家在研究方法和思维方式上的局限性也起了积极的作用，具有深刻的意义。但是，从整体上来看，19世纪的物理化学对化学其他分支的影响在当时来说还是不大的。因为19世纪末，无机化学、有机化学、分析化学和物理化学基本上是各自发展，互不相关的。后来的实践也表明，物理化学和无机化学、有机化学的结合还要有一个历史的过程，化学家们对物理化学的研究方法要有个熟悉的过程。20 世纪初，由于原子结构理论的建立和物理实验手段的进一步发展，促使无机化学、有机化学和物理化学的关系变得日益密切，化学各分支学科开始趋向新的综合，从而迎来了现代化学的全面发展。

3.6　化学工业的兴起与繁荣

化学工业是化学研究与社会生产相结合的产物之一，它同国民经济和人类生活的各个方面有着极其密切的关系。对于酸和碱来说，在多品种的综合发展的化学工业中只是其中的一部分。但是酸和碱是中间产品，从整个技术过程来看，酸碱工业在化学产品的生产过程中是必不可少的重要组成部分，它是化学工业的基础部门。酸碱工业是近代化学时期产生最早的化学工业部门，是 18 世纪产业革命的结果。下面我们考察一下近代化学工业的发展。

3.6.1　近代化学工业的兴起

近代化学工业的发展可以分为两个阶段：初建时期和形成时期。

初建时期的化学工业主要与英国产业革命中的纺织工业所需要的漂白、染色技术相关。这一时期，无机化学工业是以三大重要技术发明为基础的。这三大发明是：1746 年英国**罗巴克**（J. Roebuck）的铅室硫酸法、1788 年法国**勒布兰**（N. Leblanc）的制碱法和 1798 年**泰昂特**（Tennant）的漂白粉法。1823 年，勒布兰制碱法工厂建成并广泛采用，促进了无机化学工业发展，在化工原理、化工设备等各方面都为后来的工业发展奠定了基础。

第二个阶段是近代化学工业形成时期。这个时期是 1870 年以后以德国为中心发展起来的合成化学工业，特别是以染料工业为主要内容。这个时期有代表性的技术是：英国人菲利浦斯（Philips）提出生产硫酸的方法；1862 年，比利时工业化学家**索尔维**（E. Solvay）发明氨碱法；1840 年以后李比希指导下的肥料工业技术。这些都成为近代无机化学工业形成时期的主要技术。

漂白技术。产业革命时期促进化工技术发展的因素有两个。一是冶金技术的影响。冶金技术在冶炼阶段本质上属于化工技术，这从化学工艺技术的早期发展可以看到。另一个重要因素就是纺织。纺织业的机械化，生产出大量的纱和布，怎样尽快地对它们进行深度加工，成为整个纺织生产的关键环节。漂白、染色是深度加工的主要工序。所以它成为化学工业最先发展的技术。17 世纪中叶，漂白技术起源于荷兰，当时英国的麻布也送到荷兰漂白。1685 年，一些荷兰漂白工人移居英国爱尔兰，把这项技术带到英国。但是这项技术有一个很大的缺点，就是要经过灰浸、日晒、酸处理等几道工序，而且需要反复多次，很费时间。棉布的处理需要 1~3 个月，麻布的时间还要长，有的需要半年。仅晾晒就要占去夏季的全部时间，这种方法已远远满足不了纺织工业的需要，束缚了生产的发展。1774 年，瑞典化学家舍勒发现氯气，1785 年德国皇家染色工场的贝尔特里发现氯气的漂白作用。据说，瓦特知道了这个消息，并转告在纺织厂工作的岳父，经过试用，在全国各地推广。但是，原样使用氯气漂白既不方便又有危险，贝尔特里就做了改进，使氯气和碱作用，生成次氯酸盐。1798 年，泰昂特使氯气和消石灰作用发明了漂白粉，1799 年英国建成世界上第一个漂白粉工厂。用化学方法代替了传统的日晒，使漂白工业由露天进入室内，纺织工厂也由农村进入了城市。漂白粉的应用大大刺激了英国纺织工业的发展，英国利用当时印度殖民地提供的大量棉花发展纺织工业，然后将纺织品倾销到世界各地的许多国家。

化学工业是在纺织工业的漂白粉技术和天然染料化学处理方法的基础上形成和发展的。在这个阶段，人们看到硫酸和碱是化学工业最基本的材料，因此酸碱技术得到了发展。

硫酸制造的历史是古老的，8~9 世纪就有发现。1666 年，法国药剂师勒梅里（N. Lemery）和炼金术士勒费伏尔（N. Le Fever）采用一种类似钟罩的装置，把硫黄放入里面燃烧，并混入硝石，制得硫酸。1740 年，英国医生瓦尔特（T. Ward）将硫黄和硝石的混合物放在铁容器内加热，将生成气体导入一个大玻璃瓶内，用水吸收制得硫酸。他用这种方法在伦敦附近建立了第一个硫酸厂。但玻璃器皿容易破碎，这种方法不能大规模应用于生产。1746 年，英国罗巴克成功地改造了这种装置，使生产硫酸的反应改在 6 英尺（1 英尺＝0.3048 米）见方的铅室内进行，这是世界上铅室法制硫酸的第一个雏形。用这种方法生产，数量和质量都有很大提高，价格也降低了很多，它在技术上已经为化学工业大规模生产硫酸做好了准备。1793 年，一些化学家主张将燃烧硫黄的炉子从铅室中移出，并连续通入空气，大大减少了硝石的消耗，同时他们又初步阐明了氧化氮在工艺过程中的机理，从而使硫酸生产变成了连续生产。

1875 年，德国化学家**麦塞尔（R. Messel）**首先利用铂为催化剂，使二氧化硫与氧气作用，将制得的三氧化硫用浓硫酸吸收，得到发烟硫酸，获得专利，奠定了接触法制硫酸的基础，从此，接触法制硫酸逐渐工业化。20 世纪 30 年代，具有优良催化性能的钒催化剂代替了铂，使接触法制硫酸又得到了进一步发展。

作为无机化学工业的另一基本原料是碱。18 世纪后半叶，由于纺织工业的发展，促使肥皂和碱的需要量大大增加，原来的天然碱和锅灰碱远远满足不了需要。1775 年，法国科学院为鼓励人们发明碳酸碱的新方法而招标悬赏，在这种情况下，人们想出种种制碱新方法。在应赏的人们中，能够在工业生产中应用的是勒布兰制碱法。勒布兰原来是欧勒昂公爵的医生，他的制碱法研究成功后，于 1791 年获得专利。但是在法国大革命开始后，欧勒昂公爵被捕，勒布兰制碱工厂被没收。由于从西班牙进口碱很困难，当时的革命委员会命令勒布兰把制碱法公布，并答应把工厂还给他，但是勒布兰拒绝开业。1806 年，勒布兰在走投无路的情况下自杀了。1814 年，洛希（Losh）把勒布兰制碱法介绍到英国。1823 年，英国政府宣布豁免盐税，盐价大降，硫酸的工业化生产也早已实现，这些都为英国推行勒布兰法创造了充分的条件，勒布兰制碱法在英国真正实现了工业化。随后，迅速在法国和欧洲各国普遍采用。19 世纪后半叶，钢铁工业发展很快，人们考虑到用炼焦过程中的副产品氨制碱，但在英国始终没有成功。与此同时，比利时工业化学家索尔维却实现了氨碱法的工业化。索尔维的氨碱法可以连续生产，产量大、质量高、废物易处理、反应不要求高温、原材料消耗少、成本低廉，因而发展迅速。1874 年，技术人员蒙德和企业家布朗德与索尔维合作，在英合建了最初的索尔维法制碱工厂。1880 年以后，将勒布兰制碱联合公司吸收合并，索尔维在这一时期组织了跨国公司，本部设在比利时的布鲁塞尔，技术上对其他企业绝对保密，以垄断世界制碱市场，他们这家公司后来成为 20 世纪世界上最大的化工联合企业。

3.6.2　有机合成工业的建立和发展

18 世纪末、19 世纪初，由于冶金工业的迅速发展，需要大量的焦炭。随着炼焦工业和煤气工业的发展，煤焦油的堆积也愈来愈严重，因此，煤焦油的利用就成为当时生产中迫切需要解决的一个重要问题。19 世纪初，人们从煤焦油中分离出多种重要芳香族化合物，进而合成了许多有机产品。到 19 世纪中叶，形成了以煤焦油为原料的有机合成工业。

德国著名有机化学家**霍夫曼（A. W. Hofmann）**原学法律，他也是因为听了李比希的报告后转学有机化学，拜李比希为老师的。1841 年，他因研究苯胺获得了学位。1845 年英国建立皇家化学专门学校，李比希把最好的学生、只有 27 岁的霍夫曼带到英国当教授。以后 20 年，霍夫曼一直在英国研究苯胺。当时正值产业革命的高潮，工业发展很快，用煤炼焦时分离出大量废物——焦油，逐渐受到人们的重视，也引起霍夫曼的兴趣。1850 年霍夫曼从煤焦油中提取出苯胺，成为向化学工业过渡的桥梁。

霍夫曼在英国，一次偶然的机会，遇见了**帕金（W. H. Perkin）**。当时帕金只有 18 岁，正在皇家理科学院学化学，霍夫曼独具慧眼，把帕金提升为助教。并且交给帕金一个研究课题让他做，即用苯胺衍生物合成治疗疟疾的特效药奎宁。当时的帕金还不能定向合成，只是通过实践摸索，他把从煤焦油中提取出的粗苯胺和重铬酸钾与硫酸化合，得到一种黑色黏稠物。他以为实验失败了，加酒精去洗时，得到了紫红色的溶液（苯胺紫），要合成奎宁没有成功却意外地得到苯胺紫染料。经过试验证明，苯胺紫染毛织品、棉织品效果都很好。当帕金得知他的发现具有重要的意义后，他当即登记了专利，并立即辞去了学校的工作，与他的家人共同筹办了世界上第一个人工染料工厂。开始，帕金生产的这种人工合成染料在英国没有市场，保守的英国印染行业宁可花费外汇进口天然染料。而法国的印染行业独具慧眼，非常欢迎帕金的廉价染料，使帕金开创的精细化工部门得以稳定发展，帕金因此致富。他 23 岁时，既是英国染料权威，又是大企业家，成为合成化学工业的先驱。帕金 35 岁时，退出实业界，又去搞他的科学研究。1875 年，他又发现合成香豆素的方法，这是香料工业的开始。

帕金的成功鼓舞了许多化学家，许多人转到合成染料上来，新成果不断出现。1858 年，霍夫曼研究成功叫"碱性品红"的红色染料。1860 年他又用苯胺与碱性品红盐酸共热得到蓝色染料——苯胺蓝。以后人们又研制成功了苯胺黄等类似的染料。然而，这时的合成都是采用经验方法，还没有化学结构的知识，因而有很大的盲目性。1865 年，凯库勒提出苯的环状结构学说，这不仅帮助人们认识了苯及一大批衍生物的结构和性质，同时为煤焦油的进一步利用，为染料的合成提供了科学的指导。又经过 10 年的努力，化学家们阐明了染料着色的机理以及苯胺染料和天然染料靛蓝的化学结构，使染料的合成有了理论根据。

由于有了这些科学研究的坚实基础，德国合成染料工业虽然起步比英国晚 10 年，但是其仅用了不到 5 年的时间就赶上并超过了英国。1885 年前后，德国先后建立了巴登苯胺和苏打公司、拜尔染料公司、赫希斯特染料公司等 6 家企业。这些企业具有一个共同的特点，他们把科学研究看作是企业发展的动力，因而不惜花费重金创办企业的研究所，大量聘请有才能的化学家来企业任职。大批合成染料的科研成果在这里产生，又在这里转化为工业生产。例如，1869 年，茜素合成的成功，就是拜尔的研究所吸引了具有科学与工业两方面研究素质的人才——德国化学家格雷贝（C. Graebe）和里伯曼（K. Liebermann），共同合作成功的。并在 1871 年实现了工业生产，此后人工合成茜素完全取代了天然的茜素。1882 年德国化学家拜尔又合成了靛蓝，并于 1897 年开始了工业生产。拜尔也因对有机染料和芳香族化合物的研究而获得 1905 年诺贝尔化学奖。据统计，在 1886～1900 年，上述 6 家德国化学公司共取得 946 项专利。1800 年，德国染料生产占世界的一半，1896 年占世界的 70%，1900 年达 80%～90%。在 19 世纪与 20 世纪之交，德国完全垄断了世界染料市场，为国家赚取了大量外汇。

由于德国化学工业在经济上做出了巨大贡献，使 19 世纪 70 年代的德国成为化学工业中心。到 1895 年，在经济上已超过英国而成为资本主义国家中的后起之秀。

是什么原因使英国落后于德国呢？这也是一个很有启发和借鉴意义的研究课题。英国在研制方面不能说落后很多，在德国试制成功很多染料和香料产品时，英国也很快研制成功。但是英国素有保守倾向，他们过分地抓住旧有的无机化学工业不放，对新兴的有机合成化学工业重视不足，他们没有看到化学工业有迅速集中累积资本的优势，而德国重视发挥这个优势，从而迅速发展了经济。同时英国还有一个致命的弱点，就是有机化学研究的队伍小，力量薄弱，后继无人，甚至使第一代有机化工专家帕金都找不到合适的助手而灰心丧气，以致放弃了有机化学合成的研究而退休了。据统计，在 1890 年，德国化学家有 101 人，而英国只有 51 人，仅是德国化学家的一半。到 1902 年德国有 4000 名化学家，大学毕业的占 84%；而英国只有 1500 人，大学毕业的只占 34%，其中一半还是在国外上的大学。可见，英国教育的落后给经济发展带来致命的打击。

此外，还有其他一些社会因素。1871 年德意志帝国得到统一，1890 年以后确立了德国金融资本的统治地位，使德意志帝国加强了扩军备战，这也促使化学工业研制的加强。

从科学发展本身来考察，可以看到德国是靠一批有机化学家在科学理论上的一系列突破，从而奠定了有机化学工业的技术基础。19 世纪 20 年代，分别师从于盖·吕萨克和贝采里乌斯的李比希、维勒，由于发现了有机物的同分异构现象和完成了一些富有启发性的有机分析、有机合成后，对有机化学产生了浓厚的兴趣。当他们返回德国，都成为赫赫有名的化学教授后，他们的研究方向明显地影响了年轻一代的德国化学家，形成了李比希-维勒、凯库勒-霍夫曼为代表的有机化学研究队伍，他们在基础理论研究上占领先地位，又与生产中急需解决的问题紧密结合，抢占了有机化学的领域，使其迅速转变为直接生产力。

在煤化学工业兴起的同时，瑞典化学家**诺贝尔（A. Nobel）**经过长期苦心研究发明了炸药，这对采矿和战争的影响极大。1888 年，他又发明了完全无烟火药，不久，就用在武器上。

诺贝尔 8 岁读书，他精通英文、法文、俄文和德文。1850 年曾去美国学习机械两年。1859 年回国后，因研究成功气量计而获得一项专利。后来专心研究炸药。1862 年研制成功了硝化甘油引爆方法。1864 年 9 月 3 日，诺贝尔实验室发生大爆炸，4 位助手和他的小弟弟当场身亡。但这并未动摇诺贝尔研究炸药的决心。市内不允许做实验，他就把实验室迁到郊外。不久，他就发明了雷管，并制成了稳定并且爆炸力又非常强的黄色炸药，诺贝尔还当着英国政府官员、产业界的要人和许多工人演示了他的黄色炸药，这使他在实业界赢得了极大的信誉，销售量极大，盈利很高。1875 年，诺贝尔把硝化纤维与硝化甘油混合制成了胶状炸药，1887 年又研制出无烟炸药。

诺贝尔一生发明很多，共获 255 种专利，他的炸药厂和炸药公司获利最多，累计达 30 亿瑞典币，所以他是亿万富翁。但是诺贝尔并不以此去享乐，他说："金钱这东西，只要能够解决本人的生活就行了，若是多了它会成为遏制人才能的祸害。""有儿女的人，父母只要留给他们教育费就行了，如果给予多余的财产，那是鼓励懒惰，就会使下一代人不能发展个人独立生活的能力和聪明才干。"诺贝尔终生未娶，他把自己的一切都献给了科学事业。1895 年 11 月 27 日，诺贝尔在逝世前拟定了遗嘱。他在遗嘱中郑重写道："我的整个遗产不动产部分，可以做以下的处理：由指定遗嘱执行人进行安全可靠的投资，并作为一笔基金，每年以其利息用奖金的形式分配给那些在前一年中对人类做出贡献的人。奖金分为 5 份，即一份给在物理学领域内有重要发现或发明的人；一份给在化学上有重要发现或改进的人；再一份给在生理学或医学上有重要发现或改进的人；另外一份给在文学领域内有理想倾向、有杰出著作的人；最后一份给在促进民族友爱、取消或减少军队、支持和平事业上做出杰出工作的人。"诺贝尔委托了 5 种奖金的评选单位：物理学奖和化学奖由瑞典皇家科学院颁发；生理学或医学奖由瑞典卡罗林外科医学院颁发；文学奖由斯德哥尔摩瑞典文学院颁发；和平奖由挪威国会选派 5 人组成的委员会颁发。奖金发给那些经严格审查确实符合条件的人。1969 年，诺贝尔基金会为了纪念诺贝尔，又增设了经济学奖。诺贝尔奖从 1901 年开始，每年 12 月 10 日颁发。在诺贝尔奖颁发的 100 多年来，有许多世界第一流的学者获奖，全世界都公认，诺贝尔奖是科学成就的象征，是人类科学发现的历史记录，对人类科学的发展起了巨大推动作用。

3.6.3 化学肥料工业的建立

化学工业发展的早期，没有化学肥料。19 世纪以前，农业上所需的肥料主要来自有机物的副产品，如粪便、河泥、废鱼、肉粉、骨粉及屠宰场的废料等。1840 年，李比希首次提出合成肥料理论。1842 年，在英国建立了最早的磷肥厂。1847 年，德国发生了农业危机，柏林市还发生了称之为"土豆革命"的抢夺粮食的大骚动，所以当时德国政府也开始重视增产粮食，并于 1855 年也建立了磷肥厂。在土壤的肥料来源问题上曾经有过李比希与劳斯的争论。劳斯认为，植物依赖土壤中的腐殖质为养料，而腐殖质只能来源于腐败的动植物体，因此肥源是有限的。这代表了当时流行的"腐殖质"理论。而李比希从对稻草和干草的分析中发现，植物中的含碳量是不因土壤条件的不同而有差异的，因此，他支持植物中的碳来源于大气的观点。他在分析各种植物的汁液时都发现了氨，而且发现雨水中也含有氨。由于大气中的氮是不能被植物吸收的，而氨却是容易被吸收的，因此，他认为植物是通过吸收氨来获得必需的养料氮的。同时他通过对植物灰分的研究，认为氮肥的施用必须与其他无机盐（例如钾草碱、石灰氧化镁、磷酸）结合起来使用，因而他反对当时流行的单独使用含氮的天然有机肥料的做法。在争论当中，建立了近代化肥理论。1860 年以后，氮、磷、钾三种肥料的生产技术有了很大的发展，成为 19 世纪无机化学工业的一个重要组成部分。

1669 年从尿素中发现磷，1766 年确定了磷酸钙是骨骼的主要成分。为了使骨粉中有肥效的磷元素更容易溶于水，1840 年李比希以硫酸处理骨粉，制成了易溶于水的过磷酸钙磷肥。1842 年，约翰·劳韦斯（J. Lawes）建立了第一个用骨粉和硫酸生产过磷酸钙的工厂，这是化学肥料工业的开端。1843 年，英国和法国先后都用含有磷酸三钙的粪化石代替骨粉生产过磷酸钙肥料。1856 年，李比希提出用硫酸处理主要成分为磷酸三钙的天然磷矿，使矿中的磷酸三钙转变为水溶性的磷酸一钙。磷酸一钙与石膏混合即得过磷酸钙。1884 年，德国人荷耶尔曼（Hoyermann）考察了托马斯炼钢法所得的炉渣，发现其中含有易为农作物吸收的磷成分而具有肥效。1889 年，全欧洲托马斯磷肥总产量达到了 70 万吨。随着磷肥生产的发展，各种高浓度磷肥，如富过磷酸钙、重过磷酸钙、磷酸二钙等也相继研制成功。

钾肥历来都是以草木灰的形式施用的。直到明确了氮、磷、钾在植物生长中的作用机理后，才转向使用无机钾盐，并出现了大规模生产钾盐的工业。1861 年，在德国的斯达斯非特（Stassfurd）发现了世界上著名的钾矿，矿床表层是含有氯化钾和氯化镁的光卤石。19 世纪 90 年代，开始建设从光卤石提取氯化钾的工厂。加工光卤石的方法，是根据氯化镁的溶解度比氯化钾大，把光卤石中的氯化钾、氯化镁溶解，然后冷却溶液，大部分氯化钾就结晶出来。第一次世界大战前，德国是钾盐工业的主要生产国。在此以后，各国根据自己的资源情况又建设了从钾石盐矿（KCl·NaCl）生产氯化钾，从盐湖、海水的卤水中提取氯化钾的工厂。

19 世纪以前，世界上农业所需氮肥的来源主要来自有机物的副产品。19 世纪初，由于炼焦工业的发展，在焦炉煤气回收煤焦油的过程中，发现其中有氨存在，于是出现了用硫酸直接吸收煤气中氨以生产硫酸铵的生产工艺。到 19 世纪后半期，很多国家进行了硫酸铵的生产和应用。到 20 世纪初，硫酸铵产量占了世界化肥生产的首位，取代了智利硝石在氮肥中的地位。但随着农业发展和军工生产的需要，迫切要求建立规模巨大的生产氮化合物的工业。于是，把空气中的氮固定下来，成为许多科学家的探索性研究课题。1898 年，德国人弗兰克（A. Frank）和他的助手发现，氮在 1000℃ 以上能被碳化钙固定而生成氰氨基钙。弗兰克又于 1900 年发现用过热的水蒸气水解氰氨基钙可得到氨，他建议把氰氨基钙用为肥料，这种方法称为氰氨法。1904 年，德国建立了第一个工业装置，1905 年后，意大利、美国等也相继建厂。到 1918 年，由于战时军需，年产量达到了 60 万吨。但这种方法设备笨重，电力消耗大，成本过高，第一次世界大战后，随着由氢和氮直接合成氨工业的兴起，便基本上被淘汰了。

氨是制造各种氮肥的原料，氨本身也是一种氮肥。从空气中的氮和水中的氢来合成氨一度是个难题。1795 年，希尔德布兰德（J. H. Hildebrand）曾试图在常压下合成氨。其他人也曾试过高达 50 个大气压的条件，但由于反应过慢，结果都失败了。1823 年，德贝莱纳尝试用加催化剂的方法，也长时期没有突破，以致有人得出由氮和氢合成氨是不可能的错误结论。直到 19 世纪下半叶，物理化学有了巨大的进展，一系列的新理论为解决合成氨研究中所遇到的困难指明了方向，使人们认识到，催化剂对获得有实际价值的化学反应速率是一个主要手段，在理论上解决了氮和氢合成氨的问题。20 世纪初，德国化学家哈伯（F. Haber）、能斯特和法国化学家勒夏特列对合成氨的工艺条件和理论进行了大量的实验研究。哈伯经过多次失败后，终于在 1909 年 7 月 2 日成功地建立了每小时能产生 80 克的实验室装置，用锇作为催化剂，氨浓度达到 6%，使合成氨取得重大突破。哈伯申请专利后，德国巴登苯胺纯碱制造公司（BASF）立即决定发展直接合成氨的工业装置，由博施（C. Bosch）担任领导实施这个计划，他立即开始解决两个问题。一是研制比锇价廉易得的催化剂。为了寻找有效稳定的催化剂，进行了惊人次数的试验，到 1911 年，两年间，大约进行了 6500 次试验，测试了 2500 种不同的配方，最后选定了含氧化铝的氧化铁作为催化剂。直到 1922 年，大约进行了 2 万次试验，终于得到了含有少量钾、镁、铝和钙作为促进剂的铁催化剂。二是开发适用的高压设备。工程技术人员想了许多办法，最后决定在低碳钢的反应管子里加一层熟铁的衬里，熟铁虽没有强度，却不怕氢气的腐蚀，后来更多地采用耐腐蚀的合金钢为内壁，形成双壁反应室，解决了高压设备难题。1913 年，第一个合成氨工厂在巴登苯胺纯碱制造公司建成投产，产量很快达到日产 30 吨。从此，合成氨成为化学工业中发展较快、最活跃的一部分。

氨的合成在化学工业发展史上具有重要意义。第一，理论对实践的指导。对合成氨反应的正确认识来自正确的理论指导，而合成氨生产方法的创立又推动了化学理论的发展。正是由于对氮、氢、氨体系化学平衡的研究，把热力学理论推进到了真实气体高压化学平衡的研究领域，在研究氨合成催化反应速率方面，推动了反应动力学的发展。这些理论的形成直接指导了氨的合成。第二，催化技术的应用。许多重要的概念，如催化剂的活性中心、毒物作用及催化机理等，都是在研究合成氨的反应过程中确立下来或开始研究的，铁系列催化剂的使用，使高压下合成氨工业化，显示了催化技术的巨大威力，为催化剂的利用奠定了基础。第三，开创了化工高压技术。合成氨生产方法的成

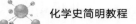

功，为开辟其他化学新工艺提供了范例，如甲醇的合成（100 个大气压～200 个大气压，1923 年）完全就是在这个基础上产生的。

　　总之，在 19 世纪后半叶，人们从煤焦油中提炼出大量的芳香族化合物，以这些化合物为原料，合成出了染料、药品、香料、炸药等许多有机产品，形成了以煤焦油为原料的有机化学合成工业。同时人们还用焦炭做原料制成了电石，电石可以制成乙炔，又成为有机化学工业的另一基础原料，也可以合成许多有机产品。煤焦油和焦炭都来源于煤，因此，可以说 19 世纪进入到了以焦炭、煤焦油或直接由煤为原料的煤化工时期，化学工业跨上了一个新台阶。

第4章

现代化学的建立

19世纪末、20世纪初发生的物理学革命，将自然科学推进到一个新的历史阶段——现代科学阶段。我们知道，由伽利略和牛顿奠定基础的近代物理学，经过几代人的奋斗，到19世纪后期，以经典力学和电磁理论作为支柱的整个经典物理学大厦已经基本建成。在这种情况下，当时不少物理学家认为，物理学理论已趋近完成，留给后人的只是在细节上做些零碎的补充。然而，就是在这个时候，经典物理学体系本身却开始出现了无法克服的危机。这就是在物理学晴朗的天空里，出现的两朵小小的令人不安的乌云。一朵是1887年美国实验物理学家迈克尔逊（A. A. Michelson）和美国科学家莫雷（E. W. Morley）合作的"以太漂移"实验，另一朵是黑体辐射问题。

19世纪末、物理学正处在一场大革命的前夜。在这场风暴到来之前，在物理学领域出现的新三大发现，揭开了现代物理学的序幕。这就是1895年德国物理学家**伦琴**（W. K. Rontgen）发现X射线；1897年英国物理学家**汤姆逊**（J. J. Thomson）发现电子；1898年法国物理学家**比埃尔·居里**（Pierre Curie）和法籍波兰物理学家、化学家**居里夫人**（M. S. Curie）原名玛丽·斯克罗多夫斯卡（Marie Sklodowska）发现了放射性元素。这些新的发现打破了以牛顿力学为基石的形而上学机械论——原子是绝对不可分和永远不可变的古老的自然观念。实验事实向经典物理理论发起了全面挑战，物理学在酝酿着一次伟大的革命，这场风暴席卷着各门自然科学领域，使科学家在观念上发生了根本性的变革。这场风暴的产物就是以相对论、量子论为主体的现代物理学。量子力学的建立推动了许多学科的发展。原子物理学、核物理学、半导体物理学、量子化学、量子生物学等，都是应用量子力学的成果之后建立的现代科学学科。以原子能、电子计算机和空间技术为主要标志的现代技术迅速成长，一系列新兴工业诞生了，带来了近代以来的第三次技术革命。人们把这个时代称为"电子时代"。在这种形势下，化学这门学科也进入

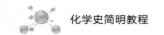

现代阶段，由原子时代进入到电子时代。

4.1　结构化学的建立

现代化学的理论基础通常认为主要有三个方面的内容：原子结构理论、分子结构理论和量子化学基础。原子结构理论在化学上是一个非常重要的理论，20 世纪的现代化学可以说是在原子结构理论的基础上发展起来的。人们通过对原子结构的深入了解，揭示了元素周期律的本质，进而通过对组成分子的原子外层电子运动规律的把握，建立起量子化学，从而有条件发展结构化学。

4.1.1　原子结构模型的演化

在化学的殿堂里，从道尔顿到门捷列夫，化学家们都相信"原子是不可再分的"，是最小的物质结构单元的传统而又古老的观点，把原子认为是化学殿堂的基石。19 世纪末的新三大发现，打破了这种形而上学的机械论的信念，为人们打开了微观世界的窗户，揭开了原子结构理论变革的帷幕。

德国物理学家伦琴，在 1895 年发现了 X 射线。他是在用克鲁克斯管研究阴极射线时，在实验过程中，因真空管发出的光亮妨碍工作，他就用黑纸把它包裹起来，可是他却发现放在附近的涂有铂氰化钡的荧光板在黑暗中发出荧光。当把手放在真空管与荧光板之间时，在荧光板上出现了手骨的黑影。经过实验发现，这种看不见的射线还能够穿透金属箔、硬纸片、玻璃、有机肌肉组织等，并能穿透黑纸，使照相底片感光。而且伦琴利用这种射线，拍摄下他夫人的手骨照片。由于他还没有详细研究这种不可见光线的其他物理性能，因此伦琴谦虚地用代数学上未知数代表它，称它为 X 射线。

后来，经过研究知道，X 射线是一种波长很短的电磁波。英国物理学家巴克拉（C. G. Barkla）通过更深入的研究发现，当 X 射线被金属散射时，不同的金属散射出的 X 射线是不同的，也就是说，不同的金属有其特征的 X 射线。这对化学元素周期律的发展起到了十分重要的推进作用。

在 X 射线发现以后，许多科学家都积极投入到研究这种新的、具有巨大穿透能力的辐射的热潮之中。法国物理学家贝克勒尔（A. H. Becquerel）就是其中之一。他想知道在硫酸双氧铀钾的荧光辐射中是否含有 X 射线，就把这种硫酸盐放在一块用黑纸包起来的照相底板上，让它们受太阳光照射（这样，太阳光的紫外线就可以激发出荧光）。太阳光不可能穿透黑纸，所以太阳光本身不会使底板发生作用。但是，若是太阳光所激发产生的荧光中含有 X 射线，则 X 射线就可以穿透黑纸而使底板感光。贝克勒尔在 1896 年做了这个实验，其结果底板感光了。因此，他认为在荧光中显然含有 X 射线。他非常之幸运。有一次，连绵几天的阴雨中断了他进行的实验。等待晴天来到之时，他把黑纸包放在抽屉里。几天之后，他等得有些不耐烦，决定先把底板冲洗出来，当贝克勒尔看到冲洗出来的底片时，他经受到了任何一位科学家都希求能遇上的又惊又喜的时刻，发现底片已经由于很强的辐射而变得很黑。又通过多次实验证明，底片感光是硫酸双氧铀钾中的铀所致，从而发现了铀的放射性。

这一发现，使为 X 射线的发现而激动的科学工作者们更加兴奋。不少科学工作者立即着手研究铀的奇异辐射作用。居里夫人就是其中之一。铀的射线是从哪里来的？这种放射性的性质是什么？她决定研究这些问题。

这个课题的研究需要一个特殊的实验室，经过居里的奔走，在巴黎理化学校借了一个又冷又潮的贮藏室作为实验室。居里夫人把节省下来的钱，购买了仪器，开始了工作。

居里夫人利用放射性射线的导电性，在居里的协助下，制作了验电器，以检验各种物质是否有放射性。居里夫人通过大量的实验后，发现沥青铀矿的放射性比纯铀的放射性强得多，便意识到这种矿物一定含有放射性更强的新元素，于是居里放弃了自己关于结晶的研究，同居里夫人一起研究这个新元素。他们用化学方法从沥青铀矿中提炼新元素，100～200 斤的原料只剩下 0.2～0.3 斤，最后通过检查确定这种放射性物质比纯铀的放射性强 400 倍。在 1896 年 7 月，首先发现一种新元素——放射性元素钋（Po）。居里夫人在自己研究出的第一个成果面前，无限思念祖国——波兰（当时已经在地图上消失的国家），便给这个新元素命名为钋（即"波兰"的意思）。

之后，他们又从铀矿中提炼出一种钡化合物，浓缩后，又得到一种新的放射性元素，它的放射性比纯铀强很多倍。1898 年 12 月 26 日，居里夫妇又宣布第二种新元素镭的发现。

有些科学家挑衅地说："没有原子量，就没有镭，镭在哪里？"面对这种挑战，居里夫人没有退缩，而是决定从矿物中把镭提炼出来。提炼镭需要几吨沥青铀矿，而且价格昂贵，她买不起，于是就用积蓄的钱，购买了价格便宜的提炼过铀的沥青铀矿的残渣来做分析。实验还需要较大的实验室，因为提炼镭是一项十分复杂的工作。他们最后在理化学校又借了一个破木棚。这个屋里没有地板，玻璃屋顶残缺得不挡风雨，只有两张旧桌子、一块黑板、一个旧铁炉。居里夫妇把这简陋的木棚作为提炼镭的工厂。居里夫人身兼三职——学者、技师和工人。在这样艰苦的条件下，夜以继日地辛勤工作 4 年，镭的化合物溶液终于提炼出来了。1902 年，居里夫人终于从 8 吨沥青铀矿中提炼出一克氯化镭，一种像精盐似的白色粉末，并初步测定它的原子量是 225，确定镭的放射性比铀强 200 万倍。

放射性元素镭的发现轰动了整个世界。1903 年居里夫人就她所进行的研究写了一个提要，作为她的博士论文。这也许是科学史上最出色、最优秀的博士论文，曾使她两次获得了诺贝尔奖。1903 年 12 月，居里夫妇和贝克勒尔由于他们在放射性方面的研究而获得 1903 年诺贝尔物理学奖。由于居里夫妇在国际上声誉越来越高，巴黎大学才任命居里为理学院教授，并任命居里夫人为理学院实验室主任，这是巴黎大学破天荒第一位女主任。1906 年，居里夫人蒙受了最大的痛苦和不幸，皮埃尔·居里不慎撞车身亡，她失去了心爱的丈夫和攻克科学难关的最亲密的朋友。居里夫人顽强地忍住这巨大的悲痛，完成他们还没有完成的共同的事业。在居里逝世后一个月，巴黎大学打破常规聘请

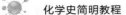

居里夫人为巴黎大学代理教授，1908 年聘她为正式教授，讲授世界上最新一门科学——放射学。居里夫人是巴黎大学第一个女教授。直到 1910 年，经过长达 12 年不屈不挠的研究工作，终于提炼出纯镭，这是她呕心沥血的结晶，最后确定镭的原子量为 225。她还测定了氡、镭、铀及镭系许多元素的半衰期，并且研究了锕的放射化学性质和锕系的放射性质，按照门捷列夫周期律，整理了新发现的放射性元素蜕变的系统关系。1911 年，居里夫人获得了诺贝尔化学奖。同时，居里夫人成为法国科学院第一位女院士。她在一生中接受了 7 个国家 24 次奖金和奖章，担任了 25 个国家的 100 多个荣誉职位。

居里夫人从事科学研究工作的目的，不是把它作为追求名利的阶梯，而是要使科学造福于人类。一个美国记者看到她生活和科学研究条件都非常艰苦，惊讶地问居里夫人为什么不申请专利？居里夫人微笑着回答："镭是一种元素，它属于所有人民所有，任何人不能拿它来发财致富。"

镭元素的发现在近代科学史上占有重要地位。不仅填补了门捷列夫元素周期律中的空白，而且在分离、提取、测量、研究这一新元素过程中，把理论化学在原子组成与化合等方面与原子物理融为整体，揭开了原子核物理的序幕，为原子构造和原子能的研究开辟了道路。电子的发现，使人们对原子的认识又深入一步。

在 19 世纪后半期，世界上许多物理实验室就已开始了对气体导电问题的研究。这一时期，固体导电主要是金属导电问题，人们已经认识了。然而，唯独对气体导电，人们很难搞得清楚。这是由于科学技术的发展直接影响到实验水平，那时还没有找到一种产生高真空的技术，要搞清稀薄气体中的放电问题，必须有一种抽空装置，以使气体压强足够低，而真空度足够高。在 1854 年，德国化学与物理仪器制造商盖斯勒（J. Geissler）发明了一种很好的真空泵，达到前所未有的真空度。1859 年，德国物理学家普鲁克尔（J. Plucker）利用盖斯勒发明的新技术，发现了一个引人注目的现象，即在气压降低到 10^{-6} 个大气压的玻璃管里，封入两个电极，如果把两个电极连在高压电源上，就会对着阴极的玻璃管壁出现绿辉光，亦即阴极射线。

1876 年，德国物理学家戈德斯坦（E. Goldstein）认为阴极射线是电磁波。但是英国物理学家克鲁克斯（W. Crookes）认为阴极射线是某种带电的粒子流。1879 年，他利用一种经过改进的盖斯勒真空管，做了一项实验：在真空管的阴极和同阴极相对的玻璃壁之间放一小块云母隔片，在真空管附近加一磁铁，实验证明阴极射线是带负电的，这为电子的发现奠定了基础。

最终解开阴极射线之谜的是英国物理学家**汤姆逊（J. J. Thomson）**。他感到，X 射线的出现，完全改变了他以前实验上的困境。他决定，集中精力从事 X 射线及其对气体所产生的效应的研究。这时他与新西兰青年物理学家**卢瑟福（E. Rutherford）**配合，研究为什么气体在 X 射线照射下会变为电的导体。汤姆逊推断：该导电性，可能是由于在 X 射线的作用下，产生了某种带正电的和带负电的微粒所引起的。他甚至认为：这些带电的微粒可能就是想象中原子的一部分。这种看法在当时，简直是危言耸听。

汤姆逊把注意力集中在带负电的粒子上。他从各方面情况分析感到，克鲁克斯管中的阴极射线，可能就是由这些连续发射的粒子所组成的。1897 年，汤姆逊根据实验指出，阴极射线是由速度很高（10^4 公里/秒）的带负电的粒子组成的。借用了以前人们对电荷最小单位的命名，称之为"电子"。实验的结果说明，阴极射线粒子的电荷与质量之比与阴极所用的物质无关。或者说，用任何物质做阴极射线管的阴极，都可以发出同样的粒子流，这表示任何元素的原子中都含有电子。汤姆逊测出，电子的质量只有氢原子质量的 $1/1840$，电子的电荷是 -4.8×10^{-10} 静电系单位（或 -1.602×10^{-19} 库仑）。

汤姆逊的思想摆脱了传统观念的束缚。他发现了电子，但遭到人们的嘲笑，认为他的说法是愚蠢的，甚至说他是骗子。可见，电子的发现在当时并没有得到广泛的重视。汤姆逊的儿子曾写道："反对这个比原子还小的粒子客观存在的论调，还是不停地出现，但那只不过是旧物理概念间歇的垂死痉挛。"

电子的发现，是原子科学历史上最重要的革命性发现。它直接揭示了原子不是不可分割的物质最小单位。原子自身有其内部结构，电子就是原子家族中的第一个成员，它的发现激发了许多关于原子结构的新设想。

X 射线、放射性元素、电子的发现同旧的物理学理论发生了尖锐的矛盾。被一些人封为"终极理论"的经典物理学，面临着新的科学实验的严峻挑战。一个有正确哲学观点的科学家，应该抓住这些新事实，剥去原子的"外衣"，揭开对原子内部结构进一步研究的帷幕，深入到原子世界的内部去，进入微观领域，突破旧理论的局限，创立新的理论。这些革命性的发现，点燃了物理学革命的火炬，迎来了微观世界的黎明，为开发微观世界奠定了基础。

对微观世界领域的认识，也是通过大量的科学实验和长期的生产实践逐步深化的一个过程。关于原子的内部情况，历史上曾有许多优秀的物理学家提出过许多不同的"模型"。所谓"模型"，就是一种概念性的假设。但是它必须经过实验和实践的长期检验，通过反复在实践基础上的认识，才能逐步逼近原子内部的真实构造。

"西瓜"模型　1898 年电子发现以后，汤姆逊曾设想原子是球形的，经过多次思考，于 1904 年提出一个原子结构模型。在这个球形的内部均匀地分布着带正电的主体，在主体中间夹杂着带负电的电子。它很像一个西瓜，在西瓜里夹杂着西瓜籽，西瓜籽就像带负电的电子，西瓜的其余部分像是带正电的主体部分。

这个原子结构模型解释了一些化学元素的性质。然而，这一静态的模型，连最起码的元素的光谱实验事实都无法解释，显然是不符合原子内部结构的客观实在的。

"行星"模型　在研究放射性元素嬗变的过程中，卢瑟福敏锐地觉察到他的老师汤姆逊的西瓜模型的缺陷。卢瑟福根据自己做的 α 粒子散射实验的结果，认为既然 α 粒子在穿过金属薄片后，出现少数粒子偏转了方向，有些甚至被撞了回来的情况，表明原子质量和正电荷几乎是均匀地分布在整个原子中的看法是错误的。唯一能够解释的是原子的质量和正电荷都集中在一个很小的区域内，即原子的中心。只有与 α 粒子相排斥的东西才能使 α 粒子拐弯或被弹了回来，这又说明这个东西是带正电的。所以，卢瑟福推知：α 粒子碰到了一个比原子小得多的、很重的、带正电的硬东西。这个硬东西就好像是原子的"核"。

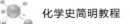

英国物理学家延德尔（J. Tyndall）曾说过这样一句话："有了精确的实验和观测作为研究的依据，想象力便成为自然科学理论的设计师。"

卢瑟福尊重实验的结果，大胆地否定了他的老师汤姆逊原有的原子模型，提出了另一种完全不同的原子模型的设想。

卢瑟福于 1911 年 2 月发表了一篇有关原子模型方面的论文《α 和 β 粒子对物质的散射效应与原子的结构》。这篇论文，被后人认为是科学史上最伟大的成就之一。可是在当时的科学界，却没有泛起一丝涟漪。卢瑟福设想原子可以和一个小行星系统相比拟，原子模型的中心是一个带正电的核，这个核几乎把整个原子的质量集中于一身，而一些带负电荷的电子则在原子核四周绕着原子核运动，电子绕原子核运动，就像行星绕着太阳运动一样。所以后人就称其为原子的行星模型。原子核和电子层的这种区分是原子模型的重要发展。卢瑟福的原子模型建立之后，又经过他的学生盖革（H. Geiger）和马斯敦（E. Marsden）二人的工作，再加上这一模型解释了许多科学事实，后来就得到了科学界的承认。

由于卢瑟福的原子模型仍然是服从牛顿力学体系的，随着科学的发展，逐步显露出它的弱点，因此在解释原子稳定性和光谱规律性上，同样遇到难以逾越的困难。因为根据经典电磁理论，电子在原子核外运动必然会发射电磁波。由于不断地发射电磁波，电子的能量将逐渐减小，最终电子会落入原子核中，但这与事实不符，事实上原子是稳定的。另外，由于电子能量逐渐变化，发射出电磁波的频率也应该是连续的，也就是说原子光谱应该是连续的。但这又与事实不符，实验结果早已表明原子发射出的光谱是一条一条很细的光谱线，即不是频率连续的光谱。以上两点，都与经典电动力学相违背。为了解决这些矛盾，科学家们又进一步对原子结构进行了探索。

玻尔模型　丹麦物理学家**玻尔**（N. H. D. Bohr）是卢瑟福的学生，对他的老师这个小太阳系的原子模型产生了很大的兴趣。他系统地研究了光谱学，并认真分析了他的老师的原子结构模型与事实存在的矛盾。玻尔认为普朗克的量子假设或许有可能作为描写原子结构的基础，有可能充当原子物理学、光谱学和化学在逻辑上贯彻一致的理论图景的统一基础。因此，在 1913 年，玻尔根据一系列的实验事实，大胆地把普朗克的量子化概念引入卢瑟福的原子模型，提出了大胆的假设。解决了卢瑟福所遇到的困难。玻尔假设的中心思想有两点：一是核外电子运动取一定的稳定轨道。在此轨道上运动的电子不能放出能量也不吸收能量。二是在一定轨道上运动的电子有一定的能量。这些能量只能取某些量子化条件决定的分立数值。第一条假设回答了原子可以稳定存在的问题。第二条假设则可以得到核外电子运动的能量是量子化的结论。玻尔根据量子化的理论假设，并用经典力学与电磁理论，推算出电子跃迁时发出单色光的频率公式，根据这一公式计算所得的结果可以看出，计算值与实验测定值惊人地符合。玻尔假设由于成功地解释了氢光谱而被称为玻尔理论或玻尔原子结构模型。

玻尔理论冲破了经典物理学中能量连续变化的束缚，用量子化解释了经典物理学无法解释的原子结构和氢光谱的关系。指出原子结构量子化的特性，这正是玻尔理论正确的、合理的内容。而它的缺陷恰恰又在于未能完全冲破经典物理学的束缚，勉强地加进了一些假定。电子在原子核外的运动本是微观粒子的运动，但玻尔却用宏观物体的固定轨道来描述，因而还不是完整统一的理论。后来这个理论在解释多电子原子的光谱和光谱线在磁场中的分裂、谱线的强度等实验结果时，遇到了难以解决的困难。要建立更符合微观粒子运动规律的理论，唯一的出路是建立全新的理论体系。

量子力学基础上的原子结构模型——电子学的深入研究，使人们明确一切微观现象都具有粒子和波的二象性。同一对象，既是粒子又是波这一事实意味着两者都不是本质的东西，在各自表现出不同性质的现象背后一定存在着更为本质的关系。

法国物理学家**德布罗意（L. V. de Broglie）**在 1924 年提出，微观实物粒子的运动，也有波粒二象性。$\lambda = h/P$ 也适用于实物粒子。

1929 年，德布罗意因提出物质波理论获得了诺贝尔奖。他的物质波理论，直接促进了量子力学的产生，从而揭示出微观粒子运动的内在规律。科学家们纷纷深入研究微观粒子的运动规律。1925～1926 年，经过奥地利物理学家**薛定谔（E. Schrodinger）**和德国物理学家**海森堡（W. Heisenberg）**等人突破性的工作建立了量子力学。薛定谔用波函数来描述微观粒子运动，建立了波函数所服从的波动方程，即著名的薛定谔方程。

量子力学建立之后，科学家们用它作为工具来研究原子结构。对原子核外电子的运动又给予波函数的解释，扬弃了旧的轨道概念，代之以电子云概念，从而使原子结构理论更加完善和符合实际。为现代化学搭起了新的理论框架及对化学概念系统带来了革命性的影响。

19 世纪末期，化学发展所提出的一系列问题：元素周期律的本质，光谱的秘密等问题的解决，必须依赖揭开原子内部结构的秘密，才能得到解决。从这个意义上看，化学发展的关节点与物理学是一致的。令人信服的大量实验事实，从各种不同角度都证明了原子是可分的，并有其复杂的内部结构，元素是可变的，还有一定的规律。化学家们对原子、元素的传统观念发生了根本性变革。原子结构理论使人们从更深一个结构层次来认识化学物质和化学变化，元素原子的化学性质主要取决于它的微观结构和电子的运动，在这新的科学观念形成中化学的概念必须面对着：或是彻底被扬弃，或是修正赋予更新的内涵，或是获得更重要的发展，因此形成一个新概念体系。然而，在新概念体系的框架下，又形成了新的诸多理论。新理论不仅要包容旧理论体系的全部知识，还要包容新的实验事实、新发现所提供的知识。因此化学基本概念的根本变革，一方面导致化学理论体系的重构，另一方面导致科学方法的革新。即从现象的归纳法逐渐转向更具有探索性的演绎法。化学伴随着物理学的革命也经受了一次伟大的洗礼，开辟了化学发展的新时代。

4.1.2 元素周期律的新探索

在 19 世纪，随着元素数目的增多，化学家们开始感到他们仿佛迷失在一座茂密的丛林之中。俄国化学家门捷列夫终于从杂乱无章的元素迷宫中理出了一个头绪，即元素周期律的发现。他的发现深刻地揭示了元素之间的内在联系，说明元素本身不是孤立的，而是具有内在联系的统一体。元素存在于一个严整的自然序列中，有着系统的分类体系。把庞杂混乱的元素知识联系起来，通过综合整理，达到了系统化。这是自道尔顿以来人们对元素概念的认识又一次深化与飞跃。随着化学的不断发展，元素周期表得到了不断的增补和修正。

随着新元素的发现和人们对元素更深入的认识，门捷列夫所建立的化学元素周期表存在着四处显著的矛盾：第一，稀有气体（零族元素）的位置问题；第二，元素周期表中三个"倒置"问题（钾—氩、镍—钴、碘—碲）；第三，镧系元素和锕系元素的排列问题；第四，原子量的小数问题。这四个问题的解决，将使化学元素周期律的理论和元素周期表得到丰富和充实。

1894 年，英国化学家**拉姆塞（W. Ramsay）**和物理学家瑞利（L. Rayleigh）在空气中发现了一种新元素，这种元素异常稳定，它不易和其他元素化合，被命名为氩（argon），即懒惰的意思。这个消息震惊了科学界，在人们已经研究很深入的空气中，却还含有微量的新成分。更令人震惊的是向门捷列夫元素周期律提出了严峻的挑战。1895 年，拉姆塞等人又在放射性矿物中发现了氦元素。此后他又发现了氖、氪、氙三种稀有气体。除氡之外，零族元素都被发现了。零族元素的发现，使门捷列夫化学元素周期表面临着考验，当年门捷列夫建立周期表时，虽然留下许多空位，但是并没有给稀有气体元素留出空位。他的周期表中的一个显著特点是，典型的非金属和典型的金属元素之间，完全是一种自然过渡，并没有什么中间的环节。

稀有气体元素族在周期表中将如何排列，有远见的拉姆塞做出了出色的工作，圆满地解决了这个问题。拉姆塞认为，化学元素周期律是自然界中的一个伟大规律，这是确定无疑的，稀有气体元素应当作为一族，完整地插入周期表中典型金属元素和典型非金属元素之间。稀有气体元素在周期表中的位置问题就解决了。

在元素周期表中存在着的第二个问题是有 3 处元素的排列"倒置"问题，即 3 处不按原子量递增的顺序排列元素的情况，氩（40）与钾（39）；钴（59）与镍（58.7）；碲（127.6）与碘（126.9），都是把原子量小的元素排在原子量大的元素的后边。门捷列夫一直坚信这是把原子量测错了，然而后来事实证明，原子量并不存在错误。这样门捷列夫排列周期表的原则和周期表中的实际排列出现了明显的悖论。

1913 年，卢瑟福的学生英国青年物理学家**莫斯莱（H. Moseley）**从研究 X 射线入手，发现用不同的元素作为 X 射线的靶子，所产生的 X 射线的波长不同。他系统地测定了各种元素特征 X 射线的波长，发现，把各种元素按所产生的特征 X 射线的波长排列起来，其排列次序和元素在周期表中的排列顺序完全一致。莫斯莱这个排列顺序数叫元素的原子序数（Z）。他还确定了莫斯莱定律：元素特征 X 射线的波长的倒数平方根与原子序数呈线性关系。各种元素的波长非常有规律地随着它们在周期表中的排列顺序而递减，而且原子序数在数量上正好等于相应元素核电荷数。原子序数的提出及其意义阐述后，元素周期表中的"倒置"问题也就烟消云散了。说明了化学元素周期表不是按原子量由小到大排列的结果，而是按原子序数的递增排列的结果。

这使得各种元素在周期表中应处的位置完全固定下来了。如果周期表中有两个挨在一起的元素，它们所产生的 X 射线的波长差比原来预期的差值大一倍的话，那么，它们之间肯定有一个属于一个未知元素的空位。如果两个元素的标识 X 射线的波长差同预期值并没有出入，那么，就可以肯定它们之间并不存在着待填补进去的元素。这样，人们就有可能确切地知道元素的确定数目了。在此之前，常常会有某一新发现的元素突然闯进元素的序列中，把原先采用的序数系统打乱。但是，现在就不会再有任何未预计到的空位了。

莫斯莱的新体系几乎立即就被证明是很有价值的。当莫斯莱的方法的准确性得到了证实的时候，他已经不在人世了。1914 年，第一次世界大战爆发，莫斯莱不得不离开英国开往前线，并于 1915 年 8 月因头部中弹而不幸牺牲。这位卓越的青年人之死是一个很大的损失。因为据人们估计他很可能成为下一代的卢瑟福，他牺牲时只有 27 岁。卢瑟福称他为"天才的实验家"。

1910 年，根据 1906 年美国化学家**玻特伍德**（B. B. Boltwood）发现的钍中的"射钍"，以及 1907 年发现的"新钍"，英国化学家**索迪**（F. Soddy）首先提出：存在着有不同原子量和放射性、但物理化学性质完全一样的化学元素的变种。这种变种应处在周期表的同一位置上，因而命名为同位素。

同位素的假说提出之后，索迪和**法扬斯**（K. Fajans）通过研究放射性发现了"位移定律"。位移定律指出：放射性元素进行 α 蜕变后，该元素向周期表的前边（即左边）移两位，原子序数减 2，原子量减 4；发生负 β 蜕变，向后（即右边）移一位，原子序数增加 1，原子量不变；发生正 β 蜕变，向前（即向左）移一位，原子序数减少 1，原子量不变。索迪提出的同位素假说，逐步被完全证明。各种元素的同位素也被陆续发现。

同位素的发现表明：通常测得的化学元素的原子量，是该元素各种同位素不同比例并存的平均值，每一种化学元素都有比例各不相同的两种以上的同位素，因此，尽管每一种单纯同位素的原子量是整数，但把它们的不同比例加以平均时，原子量就出现了小数。

同位素的发现，顺理成章地解释了化学元素原子量的小数问题。索迪获得 1921 年的诺贝尔化学奖。

1869 年，门捷列夫在排列他的第一张元素周期表时，根本不懂得也不可能懂得镧系元素的实质，因此在表中把铈、铒等元素的位置都排布错了，幸而那时镧元素之后的元素发现得不多，超铀元素还根本没有，所以他的错误并没有影响他的周期表的整体布局。

1905 年，瑞士化学家**维尔纳**（A. Werner）提出了一个拉长的周期表。在维尔纳的长表中，把当时已经发现的 12 个镧系元素排列在一起，让它们在周期表的下面单排一行，表示在周期表中共占一个位置。同时他还在这 12 个镧系元素后面留下了 3 个空位，表示镧系元素包括镧在内共有 15 个元素。至此，镧系元素的位置就初步确定了。

镧系元素发现之后，通过人工方法合成了许多锕系元素。在锕系中，前 6 个元素是天然元素，后 9 个元素是人造元素。1946 年，美国物理学家**西伯格**（G. T. Seaberg）根据几个已知的铀后元素的性质，提出了一个锕系理论。他认为过去把钍列在ⅣB 族，把铀列在ⅥB 族是不正确的。钍、镤、铀和铀后元素应当和 89 号元素锕一起，组成一个锕

系元素，这是继镧系以后的第二个过渡系。镧系元素依次充填 4f 轨道，锕系元素依次充填 5f 轨道。对铀元素的研究证明，西伯格的锕系理论是正确的。特别是通过对合成的 104～109 号元素的深入研究证明，104 号以后它们分属 ⅤB、ⅥB、ⅦB 和 ⅧB 族元素，这就更有力地说明，西伯格锕系元素的排布是完全正确的。至此，镧系与锕系元素的位置就完全解决了，化学元素周期表也得到了完善和发展。

莫斯莱的发现，赋予元素周期律以新的含义：元素性质是原子序数的周期函数。就是说，决定元素基本化学性质的是原子序数而不是原子量。1920 年，英国物理学家查德威克证实，元素的原子序数在数值上恰好等于它的核电荷数。原子核电荷数的研究，科学地解释了元素在周期表中的排列顺序，而核外电子的分布和运动规律的研究则进一步阐明元素的性质为什么是原子序数的周期函数，即阐明了周期律的本质。

化学元素周期性的规律是原子结构周期性规律的表现，从而把化学元素的性质、元素在周期表中的位置、原子结构三者联系起来了，形成了三角形的研究方式。只要知道这三个方面之一，就可以推出其他两个方面。这三个方面，原子结构是本体和基础，性质是表现，位置则是在周期律理论体系中的逻辑形式。

现代原子结构的理论深刻地揭示了化学元素周期律的本质。主量子数 $n=1$，2，3，4，……（现在通常用 K，L，M，N，……表示）表示核外运动电子的主要层次，这与周期表中的周期相对应。轨道角量子数 $l=0$，1，2，3，……，$(n-1)$（通常用 s，p，d，f，g 等表示）规定着核外运动电子的各个分层，和泡利（W. Pauli）不相容原理相结合，又规定了各分层的电子数目。电子在核外排布时，还遵循能量最低原理。原子最外层的电子，数目不得超过 8 个，外层满 8 个电子时结构最稳定。化学元素发生变化主要取决于外层电子（价电子）的情况。

现代原子结构理论揭示了化学元素的本质，准确地说明了各种化学元素在周期表中的位置。同时按元素的电子层结构把元素分为 5 个区：s 区，p 区，d 区，ds 区，f 区。现代原子结构理论也改变了对"周期"、"族"等概念的认识，在门捷列夫的时代，元素的周期是元素性质重复相似的过程，族的概念是和元素的原子价联系在一起的，而在新的理论中，周期则是原子的外层电子建层的过程，族的概念则以核外电子排布的共同特征为根据。此外，由于对原子属性认识的深化，元素周期所包含的内容也更丰富了，它不仅包含了门捷列夫所考虑的原子价，还包含了元素的原子半径、离子半径、电离能、电负性等的周期性变化。

通过化学元素周期表的发展和元素周期律本质的揭示，使我们清楚地看到，都是由于发现了已有理论中的悖论、矛盾和问题而开始，一旦揭示出这些悖论、矛盾和问题的本质之后，经过分析研究，最后加以解决，理论就得到了完善、丰富和发展。

4.1.3　元素学说的新发展

在化学元素学说的发展中，除了周期律的理论以外，还有元素的演化和元素概念的发展。现代元素周期律的理论基础的发展有两条重要的线索。一条是由于 19 世纪末和 20 世纪初的一系列伟大发现和伟大实践，揭示了元素周期律的本质，扬弃了门捷列夫时代关于原子不可分、元素永远不变的观念。在扬弃其不准确的部分的同时，充分肯定了它的合理内核和历史地位。在此基础上诞生的元素周期律的新理论，比门捷列夫的理论更具有真理性，它揭示了元素在周期表中的排列顺序是按原子中的质子数排列的（也就是按原子核外的电子数排列的）。

另一条就是莫斯莱定律的确定和同位素的发现，解决了门捷列夫周期表中存在的矛盾。从而使化学元素周期律的理论和元素周期表得到了丰富和充实。而元素周期表的丰富和充实又极好地指导人们对化学元素的认识，逐步建立了锕系理论、超铀元素化学，提出了化学元素演化与发展的种种假说，从而进一步丰富和发展了化学元素的概念和理论，并深入到一个新的层次——核素中进行研究，使元素概念发展到核素概念。

元素学说必须要回答的问题——化学元素的起源和演化。

近现代的化学家们不断地探索化学元素起源和演化的问题，提出了各种假说。

1815 年，英国化学家普劳特（W. Prout）提出了所有元素都由氢构成的假说，他认为氢是母质，其他元素都是由不同数量的氢构成的。

1886 年，克鲁克斯明确提出了化学元素演化的思想。1896 年发现了放射性以后，证明了元素并不是固定不变的。1919 年卢瑟福完成了人工核反应，第一次实现了元素的人工转化，从而证明了地球上现有的化学元素都是历史的产物，一些元素（如铀、镭、钍）在不断消亡，而另一些元素（如铅、氦）在不断产生，某些人工合成的元素（如锝、砹、钫等）在现在的地球上始终没有发现踪影。

1956 年，居斯（H. Suess）和尤里（H. C. Urey）系统地分析了半个多世纪以来人类所积累的关于陨石、太阳、其他恒星、星云等天体中元素及其同位素丰度的资料，确定了宇宙中元素分布的相对丰度。

元素起源和演化的假说应能解释元素在宇宙中分布的相对丰度。20 世纪 40 年代以后，科学家们曾提出了许多元素起源和演化的假说。这些假说与天体演化学说、核物理学有着密切的联系。

1948 年，美国物理学家阿尔法（Alpher）、贝特（Bethe）、伽莫夫（Gamov）等人提出了中子俘获的假设，这种假设是和宇宙起源的"大爆炸"假说联系在一起的。

1959 年，英国天文学家伯比奇（Burbidge）夫妇和霍意尔（Hoyle）、美国物理学家佛勒（Fowler）等四人共同提出一个元素起源和演化的假说，以四人名字的字头命名为 B^2FH 假说。

人们对宇宙的起源和演化，元素的起源和演化，在不断地探索中。随着科学的进步和认识的发展，人类终将解开元素起源和演化之谜。

在元素学说发展的漫长过程中，还一直贯穿着元素概念的演化和发展。元素概念经几千年由简单到复杂，由抽象上升为具体的发展，现在已成了整个化学科学的最基本的概念。这一概念成了化学理论大厦的基石，所以，这一概念的发展，反映了整个化学思想的发展。

元素概念的演化和发展可分为三个阶段：古代、近代和现代。按着概念的内容，体现了从宏观进入微观的发展过程；按着概念的形式，则从元素发展为核素。

古代的元素概念是朴素、直观的，往往把某些实物当作元素。波义耳把化学确定为科学以后，把元素规定为"化学分析所达到的终点"。波义耳、拉瓦锡的元素概念，是把化学元素看成某种不变的化学微粒，认为这种微粒在化学变化中永远保持其自身。1803年道尔顿提出了科学的原子论，实现了化学上的一次大综合。元素的概念建立在科学的原子论的基础上了。经过迈尔、门捷列夫等人的努力工作，发现了化学元素周期律，把各种化学元素构造成了一个互相联系的整体。然而，从道尔顿到门捷列夫，元素概念有一个共同的缺陷，这就是建立在元素不变、原子不可分的信念之上的。认为化学元素是无历史性的，永远保持其自身的一切属性。这种观念是带有形而上学的深刻烙印的。

19世纪末，X射线、天然放射性和电子的发现，打破了元素永恒不变的传统观念。人工核反应实现了元素的转变。实现了有千年之久的古代炼金史的炼金家的梦想，因而丰富了化学元素的概念。原子结构的确定，把元素的性质与原子结构的内在联系揭示出来。元素的概念建立在现代原子结构的基础之上。同位素的发现，使人们对元素学说有了更进一步的认识。原子的现代核模型确定之后，人们又深入到原子核的层次来考察元素。由元素概念发展为核素概念，核素是比元素概念更深层次的概念。亦即：元素的运动变化对应于化学反应，核素的运动变化则对应于核反应。

元素概念演化的历史，经历了一个从简单到复杂、从单一到丰富的历程。

人们深入思考着化学元素的未来，也就是化学元素向何处去？周期表有没有终点？……

到1984年止，人工合成的元素已经到了109号。人类能否进一步合成新的化学元素呢？这是现代科学家十分关注的问题。化学元素周期表能否延长，有一种观点认为，只要条件适合，周期表是可以延长的，例如，"幻数理论"学派认为：具有2、8、14、28、50、82、126个质子或中子的核特别稳定。据此推断，原子序数为114和164处存在着超重元素的"稳定岛"，在"稳定岛"附近，会有稳定元素存在。一些国家的科学工作者寻求或设法合成稳定岛元素，直到20世纪末的1998年年底，俄美联合研究小组在美国加州劳伦斯·利弗莫尔国家实验室发现114号新元素，新元素的原子量为289，它存在了30.4秒，是迄今为止最长寿的超重元素。它填补了化学元素周期表上的一个空白，也使科学家们看到了希望：他们可以找到人们长期追寻的"稳定岛"——一系列超重新元素。进入21世纪后，科学家们已把第七周期的元素补齐。俄罗斯联合原子核研究所负责人谢尔盖·德米特里耶夫说"我们确信，118号元素不是（周期表中）最后一种元素。"合成第八周期的第一个元素、119号元素的研究已经开始，并取得一定进展。

科学发展的规律昭示，任何理论的预见都必须经受实践的检验，化学元素周期表必将在人类的不断探索中日臻完善。

4.2 核化学的产生和发展

在揭开物理学革命的序幕中，人们对原子内部的结构逐步有了深入认识，并且发现原子核中还有更深层次的微观客体存在，原子核也可以发生质变。从而形成了一个与传统化学大不相同的新领域，即研究原子核质变的化学——核化学。

4.2.1　核化学的产生

自从 1896 年贝克勒尔等发现天然放射性以后，人们透过放射现象越来越深入地认识了原子核的内部，从而打开了物质世界的又一重要关节点，即原子核和电子的物质层次。

1898 年，居里夫人通过长期不懈的努力，分离出两种重要的放射性元素——钋和镭。1899 年，**法国人德比尔纳（A. L. Debierne）**分离出元素锕。对这些天然放射性元素的研究揭示了天然放射性物质的自发裂变规律。但是，天然放射性物质的自发裂变类似于不稳定的化学物质自动分解的反应，因此，只掌握天然放射性物质自发裂变的过程，还仅仅是刚刚走进核化学的大门，还没有全面地掌握核化学。

真正首先完成原子核间反应的科学家是卢瑟福。他发现了核反应，并把化学反应引入原子核，这是化学向物质更深层次发展的里程碑。他为核化学的确立和发展做了开创性的工作。因此，核化学的真正始祖不是贝克勒尔，而是卢瑟福。

卢瑟福，英籍新西兰物理学家，1918 年接替汤姆逊任卡文迪什实验室主任。1925～1930 年任英国皇家学会会长，1931 年受封为勋爵。他虽然是物理学家，但在化学上的贡献卓著，终生从事原子结构和放射性的研究，被称为"核子科学之父"，1908 年获诺贝尔化学奖。他是一位善于培养和使用人才的学术带头人，在他的助手和学生中，获诺贝尔奖的多达 12 人，真可谓名师出高徒。

卢瑟福出生在新西兰，幼年时期是个普普通通的孩子。他有 6 个兄弟和 5 个姐妹，家境十分贫寒，他从小就和哥哥姐姐们一起经常帮助父亲去农场干活，或到牛棚帮母亲挤牛奶。卢瑟福的传记作家曾经说过，也许除了卢瑟福那惊人的自制力以外，在其他任何方面，卢瑟福都谈不上还有什么特别出众之处。

1889 年，卢瑟福 18 岁。这一年他在人生的道路上走出了关键的一步。他所在的中学校长鼓励他参加大学奖学金的考试。如果考上了，卢瑟福就可以进入新西兰大学的坎特伯雷学院继续深造；如果考不上，他就留在农村帮父母干活儿。卢瑟福对自己的考试没有半点把握，但他最后还是决定试一试，结果考取了。这次奖学金的获得是他登上未来科学高峰的起点。他后来常说：若不是那次获得奖学金，使我进入了大学，我可能就会成为农民，而我那特殊的才能也就将永无用武之地了。

卢瑟福在学术上非常民主，从来不以权威自居，几乎每天下午，他都要安排时间，到实验室和学生们一起亲切交谈。每当发现谁在搞什么新的发明，他就从早到晚地和他们在一起进行实验、研究，甚至在深夜还往实验室打电话，给学生们有力的指导和亲切的鼓励。每周五卢瑟福还在家里举行聚会，与他的学生和助手共同总结一周的工作进展情况，讨论实验和研究中遇到的问题，因为聚会非常轻松愉快，学生和助手们都乐于参加。著名科学家玻尔回忆说，每当学生向卢瑟福陈述自己在科学研究中的见解时，他总是像在倾听一位科学权威的意见似的。卢瑟福提出原子模型以后，玻尔提出改进意见，卢瑟福闻讯后，与玻尔做了多次长谈，并给予热情指导。玻尔一举成名的论文，就是由卢瑟福亲自审阅并推荐发表的，后来他又全力以赴支持玻尔创建丹麦理论物理研究所，使它成为驰名世界的哥本哈根学派的中心。玻尔曾多次地重复：对我来说，卢瑟福教授几乎是我的第二个父亲。

俄国科学家卡皮查（P. L. Kapitza）也是卢瑟福一手培养起来的优秀科学家之一。卢瑟福为这个俄国人专门建造了一个高压实验室，并亲自帮助和指导他。当卡皮查由于长期劳累而患病后，卢瑟福解囊相助，让他到外地去疗养。后来又发给他麦克斯韦奖金，以帮助他完成学业。卡皮查对老师给他的关怀和悉心指导十分感动。他在给母亲的信中说：卢瑟福就像慈父一样地关心他。卡皮查没有辜负老师的期望，不仅成为卢瑟福的得力助手，而且还获得了诺贝尔物理学奖。在卢瑟福的精心培育和扶植下，一大批才华出众的年轻人迅速成长为科学家，其中有 12 人先后获得诺贝尔奖。这在人类科学史上是罕见的。

1937 年 10 月 19 日，卢瑟福逝世。这位能够超越同时代其他科学家，对物质的本性有着非凡见解的 20 世纪初最伟大的实验物理学家、化学家的骨灰被安葬在伦敦维斯敏斯特大教堂内，在牛顿、达尔文的墓边。在牛顿去世 210 年之后，在他身旁葬下这位出生在新西兰的科学家这个事实本身就充分说明了英国政府和科学界确认了卢瑟福在科学上的贡献与在科学史上的地位，堪与牛顿和达尔文并列而无愧。

卢瑟福在 1911 年用 α 粒子散射实验打开了原子的大门，提出有核模型。1919 年又用这个炮弹轰开了原子核的大门。他用 α 粒子（氦核）轰击氮核，打出了质量与带电量都同氢核相同的粒子，指出它就是氢核。原来，用氦核轰击氮核，变成了氧核与氢核，人类历史上第一次人工核反应成功了。其反应式如下：

$$^{4}_{2}He + ^{14}_{7}N \longrightarrow ^{17}_{8}O + ^{1}_{1}H$$

这是人类历史上第一次人工核反应，化学向更深层次发展的里程碑，标志核化学的真正诞生。在这个反应里，原子的核发生了质的变化，一种化学元素变成了另一种元素，古代炼金术士元素转化的梦想一直被人们称为无稽之谈，现在却变成了现实。因此卢瑟福被人们称为"现代炼金术士"。有人还把核化学称为 20 世纪的炼金术。卢瑟福写了《现代炼金术》。卢瑟福认为：氢是原子核的组成单位，称为"质子"，是"第一个"、"最重要"的意思。

起初，人们认为原子核仅由质子组成，可是用这种观点来说明 α 粒子的结构时就遇到了困难。α 粒子质量为 4，即是质子质量的 4 倍，带电量为 +2，是质子带电量的 2 倍。如果 α 粒子由 4 个质子组成的话，带电量应该为 +4，如果 α 粒子由 2 个质子组成的话，质量又应当为 2。居里夫人在 1919 年曾提出原子核的质子-电子模型。她认为，原子核是由质子和电子组成的，电子中和了一部分质子的电荷，而原子序数则是原子核内未被中和的质子数目。于是有人假设，α 粒子由 4 个质子组成，其中有 2 个质子又分别粘有一个电子，质子带有一个电子，实际上就成了中性粒子，所以 α 粒子的质量为 4（电子的质量很小，可忽略不计），带电量为 +2。

1920 年，卢瑟福在英国皇家学会的一次讲演中提出了可能存在一种中性粒子的假说。他说：在一定条件下，原子核中的质子和电子互相结合起来，形成一种牢固的不带电的中性粒子是有可能的。他把这种不带电的粒子称为中子。并推测，它将具有一些新奇的性质。由于它不带电，它的外电场将为零，所以当它通过气体时应不产生离子。在穿透物质时，因本身不带电，也就受不到静电的排斥作用，所以它必然穿透力极强。但是，他又指出，中子的存在也许很难被检验出来。卢瑟福在法国的一次讲学中又重复了他的这个假设。物理学家们虽然了解卢瑟福的才华，但仍然持怀疑态度，以致在 1932 年之前就在实验中发现了这种粒子，却误认为是一种高能的 γ 射线，而失去了发现中子的机会。其中，有德国物理学家波特（Bothe）和法国物理学家**约里奥-居里（Joliot-Curie）**夫妇。后来卢瑟福的学生查德威克（J. Chadwick）证实了中子的假设。他曾经在曼彻斯特大学攻读物理学，后来在卢瑟福的指导下研究放射性问题。他听过老师的讲演，所以他做完了用 α 粒子轰击原子核的实验后，就向卢瑟福表示：我认为，我们应该对不带电荷的中性粒子做一番认真的探索。1932 年，他重复了波特的实验，用 α 粒子轰击铍。分析结果证明，波特和约里奥-居里夫妇所讲的这种射线就是卢瑟福所预言的中性粒子（n），其反应如下：

$$\ce{^{9}_{4}Be + ^{4}_{2}He \longrightarrow ^{12}_{6}C + ^{1}_{0}n}$$

根据美国化学家哈金斯（Huggins）的建议，就把这种不带电的中性粒子命名为中子。中子发现之后，苏联的物理学家伊凡年柯和德国物理学家海森堡先后提出了原子核的中子-质子模型，从而克服了居里夫人提出的原子核质子-电子模型的困难。

卢瑟福关于中子的预言得到了证实。卢瑟福发现了原子核、质子，预言了中子，第一个实现了人工核反应，被人们称为"核化学之父"。

前面我们曾经提到在查德威克之前，一些科学家就已经在实验中观察到这种粒子，但是却未想到这会是一种新粒子，致使与重大的发现失之交臂。其中最懊恼的就是约里奥-居里夫妇。他们在实验中观察到这种中性粒子后认为是 γ 射线，而查德威克读了他们的论文，几乎立即就想到：这也许就是他的老师卢瑟福预言的新粒子，于是马上就进行重复实验。一个多月后，当约里奥-居里听到查德威克的发现后，就懊悔地用拳头打自己的脑袋，不停地说："我真笨呀！"当然，他并不笨。他同他的夫人因发现人工放射性而获诺贝尔奖。但是他本来有机会再获一次诺贝尔奖的，有可能像他的岳母居里夫人一样获两次诺贝尔奖。但是，却出于他一时的错误决定使他失去了一次获奖的机会。据说，卢瑟福那次来法国讲学，谈到可能存在着新的中性粒子，卢瑟福就像当年的普利斯特里一样，亲自把重要的科学情报送到了巴黎。可是约里奥-居里却不像拉瓦锡，他没有去听讲演。他认为与其听一次学术讲演，还不如自己在实验室里做实验，所以他就没有去听讲。假如他去听了，也许卢瑟福的预言就可能给他留下深刻的印象，那么，他也许就不会犯类似普利斯特里制得了氧，但却不认识氧的错误了。后来，约里奥-居里说："大多数物理学家，包括我自己在内，没有注意到这个假设。但是它一直存在于查德威克工作所在的卡文迪什实验室的空气里，因此最后在那儿发现了中子，这是合情合理，同时也是公道的。"还说：如果他们听过卢瑟福 1920 年的讲演，相信他会对他们的发现做出正确的解释的。从这里我们可以看到，理性思维对于科学发现是多么重要。

1934 年，约里奥-居里夫妇，用钋的 α 粒子轰击硼、铝、镁等靶核，发现除产生中子以外，还会发射正 β 射线，反应如下：

$$^{27}_{13}\text{Al} + ^{4}_{2}\text{He} \longrightarrow ^{30}_{15}\text{P} + ^{1}_{0}\text{n}$$

$$^{30}_{15}\text{P} \longrightarrow ^{30}_{14}\text{Si} + \text{e}^+（正 β 射线）$$

$^{30}_{15}\text{P}$ 的半衰期只有 3 分 15 秒，在自然界不存在。它是第一次利用外部的影响引起某些原子核的放射性——人工放射性，从而，开拓了人工获得放射性元素的新途径。一门崭新的化学学科——核化学由此问世。

4.2.2 核化学的发展

20 世纪 30 年代初研制成功的粒子加速器与镭-铍中子源一起为同位素的制造和新核反应的研究创造了极其有利的条件，极大地促进了核化学的发展。利用这些有利条件，在 1934～1937 年间，科学家陆续制出了 200 多种放射性同位素，到 1939 年底，人类已研究了 200 多种核反应。人类不仅认识了轻核结合成重核的聚变反应，而且也认识了重核分裂为轻核的裂变反应。这是人类认识原子能的标志。

年轻的意大利物理学家**费米（E. Fermi）**在人工放射性发现以后，很快就投入了对这个新领域的研究工作。他用中子系统轰击各种化学元素，试图找出规律性的东西。他发现，化学元素周期表中前 8 个元素没有反应，从第 9 号元素氟以后的元素几乎都能发生核反应，在反应中产生的新元素大多数具有负 β 蜕变，根据 β 衰变的位移定律，新核质量数不变，但其电荷多了一个单位，而变为更重的元素。于是费米就设想，利用中子轰击当时周期表中原子序数最大的元素铀，试图制得比铀的原子序数更大的元素——超铀元素，从而使元素周期表加以延长。从 1934 年开始，费米进行用中子轰击铀的实验（同时还做了轰击钍的实验），结果在反应产物中确实发现有半衰期分别为 10 秒、40 秒、13 分和 90 分的四种放射性物质。费米和他的助手们开始认为是生成了超铀元素，并设法将它们分离，但始终未能够做到。许多科学家对此也感到怀疑，但是奥地利女物理学家**迈特纳（L. Meitner）**和德国化学家**哈恩（O. Hahn）**却相信他们能够证实费米的结论。

迈特纳对寻找超铀元素十分感兴趣，他说服哈恩在他们两人已经取得的分离放射性元素的经验基础上，来寻找和研究超铀元素。不幸的是在 1938 年奥地利并入德国以后，具有犹太血统的迈特纳被迫流亡到瑞典。哈恩只得在国内和德国化学家斯特拉斯曼（F. Strassmann）合作，继续寻找超铀元素，这一工作一直持续了三四年，虽然并没有找到超铀元素，但却戏剧性地发现了一种意外的现象。他们发现，如果把钡加到被中子轰击过的铀产物中去，能够带出一些放射性，这说明得到的放射性产物与钡近似，但当时认为在这一过程中不可能产生钡，所以猜想它可能是与钡相近的镭（在周期表中，镭恰在钡的下面），于是他们继续进行对这种产物的认证。哈恩后来谈到这段历史时说："假使我们的人工同位素是镭，那么它在释放出 β 粒子后应产生锕。假使它是钡，那么就应产生镧。……我们利用纯粹的锕系同位素和草酸镧，按居里夫人的方法进行结晶……结果证明这种放射性元素的崩解物实际上是镧。因此我们就确定了一个事实：我们以前认为是镭的同位素的，实际上是一种人工放射性钡。因为镧只能由钡产生而不能由镭产生出来。"（哈恩：《新原子》）而钡是一种中等重量的原子，用中子轰击原子序数为 92 的铀得到了原子序数为 56 的钡，这说明铀原子核发生了裂变。这种意外的现象当时使哈恩和斯特拉斯曼十分震惊，因为这种现象几乎和他们过去积累起来的经验互相矛盾到了惊人的地步，如果他们的放射化学分析是准确无误的话，那么当时那些被认为是无可反驳的核物理方面的理论和概念就将成为不正确的东西了。要推翻和否定这些权威学者们提出的理论和概念，这是可能的事情吗？就在他们迷惑不解，处在动摇和怀疑之中时，哈恩想起了与他共同合作过的迈特纳，于是马上写信给她，把他和斯特拉斯曼的奇迹般的发现告诉了她："我们从铀里得到了钡，经过多次重复，确证无疑。问题是铀的原子量几乎是钡的二倍，一个原子核能分裂，这件事可能出现吗？"哈恩发出信后便焦虑不安地等待着迈特纳的回答。迈特纳收到信后经过思索，很快给哈恩回信，她指出："这个实验结果是无可怀疑的，也许从能量的角度看来，一个这样重的核有可能分裂。"1939 年，哈恩和斯特拉斯曼报道了他们关于核裂变的惊人发现，哈恩还大胆地提出假设：当重元素的原子核吸收中子后，就会分裂为两个差不多相等的部分。由于发现重核裂变反应，哈恩获得了 1944 年诺贝尔物理学奖。

当哈恩的发现公布以后，迈特纳就和她的外甥弗里什（O. R. Frich）继续进行对核裂变的理论研究。他们认为，原子核好像一滴水，被中子轰击以后，可以分裂成两个小水滴。迈特纳和弗里什还想到了生物学家把细胞的分裂称为裂变。她就借用这一名词来描写哈恩所发现的现象，称为原子核的裂变（fission）。同时他们还指出，在核裂变中将有一部分质量按爱因斯坦的质能关系式转变为能量。她还推算出，一个铀核裂变，就可以放出 200 兆电子伏特的能量。由于迈特纳在放射现象的研究方面做出了开创性的成绩，从 1924 年起她就不止一次地被提名为诺贝尔奖，但是这种提名从来不曾获得通过。由于阐明了重核裂变的实质，她在许多国家曾名噪一时，但是某些鼎鼎大名的德国科学家却绝口不谈她的贡献，甚至在论述核科学的发展时故意不提她的名字。近年来，国外有人开始撰写她的详细传记，以重新评价这位核科学中的杰出女先驱，109 号元素用她的名字命名。

对铀核裂变的研究引起了科学家们广泛的注意。不久，约里奥-居里等人又在实验中证明，在铀核分裂的同时还放出 1～3 个中子，这些中子又能引起其他铀核的裂变，使铀核裂变反应具有链式反应的特点，可以释放出巨大的能量。

费米虽然在铀核裂变反应的研究中提出了不正确的看法，但是他对核化学的发展是有重大贡献的。1934 年 10 月，费米曾观察到，当中子束通过某种含氢物质时，中子引起人工放射性的效能就会增大。他认为这是由于中子与氢原子发生弹性碰撞之后，使中子的速度变慢，而减速后的中子反而比快中子引起铀核裂变反应的概率还高。这是人们看到接近于利用原子核能这个目标的第一个希望的信号，因为它意味着为获取核能所需付出的"代价"显著地减少。费米的工作对核化学的发展具有十分重大的意义。

核裂变现象的发现和进一步的研究，逐渐打开应用的渠道，直接引向了核能的大量

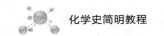

释放，标志着核时代的正式到来。

4.2.3　核能的开发和应用

核化学打开了原子能的大门，为人类利用原子能铺平了道路。但是，也有不少科学家对核能利用的可能性持否定或悲观的态度。著名的物理学家卢瑟福和玻尔就是其中的代表。他们没有充分估计到 20 世纪科学技术发展的巨大潜力，却过分地看重了对原子能实际利用上，当时无论在理论上或者是在实践上都还面临的许多难题。1933 年秋，卢瑟福在英国皇家学会上的讲演中曾经说过："凡是谈论大规模地获得原子能的人都属于胡说八道。"直到他 1937 年 10 月 19 日逝世，还一直认为要从原子核反应中得到能源是"纸上谈兵"。遗憾的是他未能看到一年后裂变的发现，当然更不知道后来核能的大规模利用了。玻尔则在 1936 年宣布："我们关于核反应的知识越广，离原子能可用于人类需要的时间也越远。"大科学家玻尔也没有预料到现代科学技术发展得如此迅猛。1939 年初，玻尔亲自把核裂变的消息从欧洲带到美国，当时由于逃避德国法西斯迫害而到美国的费米、西拉德（Leo Szilard）等欧洲物理学家，立即就认识到了这一新发现的重大意义。西拉德敏锐地看到，铀核裂变的链式反应可能被应用于制造新式武器，而核裂变的发现又是在德国完成的，如果让希特勒掌握了这种武器将会成为对全世界的可怕威胁。所以他和另外两位移居美国的匈牙利物理学家威格纳（E. P. Wigner）和特勒（E. Teller）向美国海军部建议抢在希特勒之前研制这种新式武器。随后，他们又共同去找爱因斯坦，希望爱因斯坦运用他的影响直接写信给美国总统罗斯福，就此事陈述利害关系。1938 年 8 月 2 日，爱因斯坦签署了以他的名义致罗斯福总统的信件。信中向美国总统罗斯福说明了研制核武器的重要意义和迫切性。罗斯福十分重视爱因斯坦信中提出的问题，于 1939 年 10 月 11 日下令组织"铀矿顾问委员会"，就这一问题进行研究和咨询。并于 1941 年 12 月 6 日，在珍珠港事件发生的前一天，罗斯福又批准了全力以赴研制原子弹的"曼哈顿计划"。任命布什博士担任新成立的科学研究及发展总署的署长，协调原子弹的研究工作。**奥本海默（J. R. Oppenheimer）**担任曼哈顿计划的军事负责人和洛瑟拉谟斯研究中心技术负责人，费米担任曼哈顿工程原子反应堆的技术负责人。1942 年 12 月，在费米的领导下，在芝加哥大学体育场的看台下秘密地建造了一座以铀为燃料的世界上第一座核反应堆。12 月 2 日下午，首次实现了受控的核反应。这是人类真正进入原子能时代的标志。

在费米的第一座原子核反应堆成功投入运行后，曼哈顿工程的总负责人**格罗夫斯（R. Groves）**少将于 1943 年 1 月初与美国杜邦化学公司签定合同，决定在田纳西州橡树岗（Oak Ridge）建造一座功率为 1800 千瓦的空冷慢中子反应堆。该反应堆于当年 4 月开建，7 个月后就开始运行。而后杜邦公司又承担了三座石墨水冷慢中子反应堆的建造工程。为了争取时间，美国在橡树岗还同时修建三座浓缩铀的工厂，用三种不同方法进行分离铀的试验，为此花费了巨额的资金、材料和电力。一座浓缩铀的工厂耗电量几乎与全纽约市的用电量相等。当时正值第二次世界大战，铜线奇缺，美国竟从财政部拨出库存白银 15000 吨制作试验所用的磁铁线圈，可见美国政府的决心是极大的。当时，德国的有关研究也达到了相当水平，但是却未能做到这一点。

在浓缩铀的同时，美国还开始以 ^{238}U 为原料生产 ^{239}Pu。为此需要几万公斤的纯铀和更多的纯石墨（作为减速剂），还要建立一座专门从铀中分离钚产物的工厂。而要实现这种分离又必须首先弄清楚钚的各种化学性质。在时间紧迫，实验原料十分缺乏，只有总共不足万分之一克钚以供实验的条件下，美国和英国的化学家和物理学家密切合作，不但在很短的时间内完成了对钚的化学性能的测定，而且 1943 年 11 月生产钚的工厂也在田纳西州建成并投入运转。到这时，美国不仅已经能够大量生产浓缩铀，而且也可以生产以公斤计量的钚燃料了。有了足够数量的 ^{235}U 和 ^{239}Pu，要用它制造原子武器，从技术上、原理上说并没有太大的困难。

1943 年"曼哈顿计划"进入实际研制原子武器的阶段。费米、尤里、劳伦斯（E. O. Lawrence）等人都秘密地化名来到新墨西哥州的洛瑟拉谟斯研制中心，进行研制工作。1945 年 7 月 16 日凌晨，在距离该中心 100 英里（1 英里＝1.609 公里）的阿拉摩哥多沙漠的一座 30 米高的金属塔上成功地试爆了第一颗原子弹。

1945 年 8 月 6 日和 9 日，美国先后把一枚铀弹和一枚钚弹投在日本的广岛和长崎。

第二次世界大战以后，苏联与美国争霸，不仅加强了核化学的理论研究和实验研究，而且更侧重核化学的实际应用。1952 年 11 月 1 日，美国进行了第一次氢弹试验。1953 年，苏联爆炸了以锂为主要原料的氢弹。1954 年 1 月，美国第一艘核潜艇"鹦鹉螺"号建成下水，这是核动力进入实用阶段的标志。

20 世纪 50 年代以来，各先进国家纷纷把核化学能用来转变为电能，建立了许多核电站。1954 年 6 月，苏联采用石墨水冷反应堆建成了第一个小型的原子能发电站。1956 年，英国建成第一座天然铀石墨气冷发电和产钚两用堆。1957 年 12 月，美国建成了实验压水堆核电站。20 世纪 50 年代后期，核电站转入实用阶段。

核化学的利用不仅表现在核电站的建立上，而且还表现在它推动了与它有关的其他科技部门的高速发展，并形成一些新学科，如放射化学、辐射化学等。原子堆提供了大量各种放射性同位素，为其在各部门的广泛应用打下了基础，如示踪原子法对化学本身的发展起了重要的作用。围绕放射性同位素的生产和在工业、农业、医学及各科研领域的广泛应用，形成了一些新的研究方向，如标记化合物合成化学、示踪原子化学等。

核化学及其应用的发展史给我们以重要的启示：核化学的产生是人类对物质层次认识史上的一次伟大革命，它彻底摧毁了原子不可分的传统观念。它告诉我们：科学的权威也只是人类认识历史长河中的一个"关节点"，它并不结束认识，而总是通向更高权威的阶梯。它的真正含义在于它刚刚总结其领域的精华，就做好了被发展、被完善、甚至是被推翻的准备。核化学标志着人类认识客观世界的新层次，因此丰富了辩证唯物主义关于物质无限可分的思想，更进一步解放了人们的思想观念。另外，核武器的发明与使用又说明，科学的进步推动了人类的进步，但是在一定历史条件下，它也对人类构成了威胁；而战争威胁着人类的生存，在一定的社会条件下，它又促进了科学技术的发展。我们应该历史地、辩证地看待科学发展中的一切。

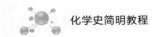

4.3　量子化学新篇章

随着现代物理学的迅猛发展和实验手段的不断提高，化学的发展也从经典定性的科学向精确定量的科学过渡。20 世纪初，人们把对原子内部结构深入研究的成果应用到化学领域，从而导致了现代化学理论的重大突破——量子化学的建立。当时，思想观念的变革冲击着经验科学，人类对各种事物的认识更加全面和具体，并且进入到更深的层次。量子化学的研究，为人们认识事物的本质开辟了新道路。

量子化学是量子力学应用到化学研究上而形成的一门新学科，它是现代化学发展的必不可少的重要理论工具。量子化学通过对分子中电子和原子核运动的研究及揭示这种转变规律，探讨化学现象的本质并指导化学研究实践，把人类从盲目的经验摸索中解脱出来，从而迈向理论科学的研究。目前，量子化学的研究随着计算机的应用正在日益深入，它必将为人们探索微观粒子世界的奥秘揭开新的一页。

4.3.1　化学键电子理论的演化

回顾人们对原子结合成分子的认识过程，可见，由于对原子结构没有充分认识的历史局限，所以它经历了缓慢的发展。

早在电子发现以前，人们在研究原子结合成分子的机理中，就逐步形成了化学键的概念，并且用它来解释分子结构。瑞典化学家贝采里乌斯在 1812 年就提出了电化二元论，他认为原子间通过静电吸引结合成分子。1852 年，英国化学家弗兰克兰提出“化合价”的概念，而后有机化学家凯库勒、布特列洛夫、范霍夫等人又把化合价的概念推广到有机化学中，研究了有机结构与有机化合物的性质及它们之间的关系。化学家库柏还建议在元素符号之间放一短线来表示价键。1874 年，范霍夫和勒贝尔分别提出关于碳原子的四个价键指向正四面体顶点的假设，发展了结构理论。

但是，这些价键理论用来解释一些配合物时发生了困难，例如用化合价概念已无法解释 $CoCl_3 \cdot 4NH_3$ 一类化合物。无法说明化合价已经饱和的 $CoCl_3$ 怎么又能与 4 个 NH_3 分子结合在一起，并且 $CoCl_3 \cdot 4NH_3$ 又比 $CoCl_3$ 稳定。1869 年，瑞典化学家勃朗斯特兰（C. W. Blomstrad）根据有机化学中碳可以形成碳链结构的事实，提出了氨也可以形成氨链结构：

$$-NH_3-NH_3-NH_3-$$

那么 $CoCl_3 \cdot 4NH_3$ 的结构则可表示为：

$$\begin{array}{c} \quad\quad Cl \\ \quad\quad / \\ Co-NH_3-NH_3-NH_3-NH_3-Cl \\ \quad\quad \backslash \\ \quad\quad Cl \end{array}$$

这种结构虽然能够解释直接与钴结合的 Cl^- 比较稳定，不能被 $AgNO_3$ 沉淀，但是它却表明 $CoCl_3 \cdot 4NH_3$ 分子只有一种排列方式，不可能存在着异构体。而事实上

$CoCl_3 \cdot 4NH_3$ 却存在着两种异构体，一种是紫色的，另一种是绿色的。

维尔纳在 1893 年发表了他的重要论文《无机化合物的组成》，文中阐述了他的划时代的、但有争议的配位理论。

维尔纳认为，在配合物的结构中，存在着两种类型的原子价：一种叫主价，一种叫副价。例如在 $CoCl_3 \cdot 6NH_3$ 中，钴的主价是 3，副价是 6；在 $CoCl_3 \cdot 5NH_3$ 中，钴的主价是 3，副价是 5。主价使 Co^{3+} 和 3 个 Cl^- 结合在一起，副价则使 $CoCl_3$ 与 NH_3 结合在一起。副价为 6 的，则形成 $CoCl_3 \cdot 6NH_3$，副价为 5 的，则形成 $CoCl_3 \cdot 5NH_3$。每一个处于特定价态的金属都可以用副价与阴离子或中性分子（如氨、有机胺、氯离子、亚硝酸根离子）结合。

为了利用配位理论解释配合物的性质，维尔纳又把配合物的结构分为"内界"与"外界"两部分，例如：

$$[Co(NH_3)_4Cl_2]^+ Cl^-$$

方括号内是内界，由中心原子和配位体组成，在内界中，配位体与中心原子结合得比较紧密，不易离解，而外界的离子与中心原子结合得比较松弛。利用这一理论，成功地解释了 $CoCl_3 \cdot 6NH_3$ 和 $CoCl_3 \cdot 5NH_3$ 与 $AgNO_3$ 反应时产生的差别，比勃朗斯特兰的解释更有说服力。但是，由于维尔纳当时年仅 26 岁，尚且不是知名的青年，所以他的配位理论也与他这个人一样，并没有及时受到化学界的重视。

后来，维尔纳又测定了钴系配合物和铂系配合物的电导率，再一次证明配合物结构中存在着内界和外界这一观点是正确的。

维尔纳认为立体化学不应仅仅局限于碳的化合物的范围，而应该是化学中的一种普遍现象。例如配位异构（几何异构）、水合异构、电离异构、光学异构等。维尔纳对配合物的几何异构研究后指出，配合物内界的几何构型可以是正方形，也可以是四面体结构。造成 $CoCl_3 \cdot 4NH_3$ 异构现象的是因为存在着几何异构。

这样，就很好地解释了 $CoCl_3 \cdot 4NH_3$ 的一些同分异构现象，从而配位理论得到了化学家的普遍承认。今天，配位化学在实际上和理论上的价值已经无可怀疑。由于维尔纳在研究配位理论上的贡献，为无机化学开辟了新的研究领域，对现代科学技术的发展做出了重要贡献，从而使他于 1913 年获诺贝尔化学奖。人们称他是"近代无机化学结构理论的奠基人"，"无机化学中的凯库勒"。

上述对分子结构的认识，已能够解释许多实验事实。但是对原子间究竟是怎样发生作用的，对化合价的本质，无论是"主价"，还是"副价"形成的原因是什么？化学键的本质究竟是什么？上述理论并没有弄清楚。直到电子发现以后才有新的进展。

最初，德国化学家阿培格（R. Abegg）于 1904 年提出"八数规则"，他认为任何一个元素一般都可以既有正价又有负价，每种元素最高正、负价的绝对值之和等于 8。后来，化学家特鲁德（Trude）从电子论的角度说明了正、负价的形成，但没能说明为什么是 8。

1913 年，英国青年科学家莫斯莱提出原子序数。根据莫斯莱的工作，人们已经知道了原子序数决定核外电子数。同年，玻尔提出原子的电子层结构，并把其与元素周期律逐步结合起来加以研究，逐步发现了多电子原子核外电子分层排布的规律，特别是发现了任何中性原子最外层电子数总是由 1 到 8，无一例外。这就为建立化学键的电子理论准备了条件。

在这种电子分层排布的理论基础上，德国化学家**柯塞尔**（W. Kossel）和美国化学家**路易斯**（G. N. Lewis）于 1916 年分别提出离子键和共价键的电子理论。他们都注意到稀有气体的结构，即最外层电子为 8 的结构（氦为唯一例外，只有一层电子为 2），应该是最稳定的结构。如氖的核电荷数是 10，核外有 2 个电子层，电子数分别是 2、8，电子排布式为 $1s^2 2s^2 2p^6$；氩的核电荷数是 18，核外有 3 个电子层，电子数分别是 2、8、8；氪、氙等稀有气体也同样最外层恰好是 8 个电子（氦除外，因为它核外只有 2 个电子），它们的化学性质稳定，不轻易得到或失去电子。既然如此，那么如果原子的最外层不是 8 个电子，它是否会通过参加化学反应，达到八电子稳定结构呢？

基于这种思考，1916 年德国化学家柯塞尔提出了他的化合价的电子理论。他认为，凡最外层不是 8 个电子的原子，都有得到或者失去电子，使其达到稀有气体原子的电子构型的趋势，以形成稳定的离子。金属元素容易失去电子成为带正电的阳离子；非金属元素则容易获得电子成为带负电的阴离子。带正电的阳离子与带负电的阴离子以库仑引力结合成化合物，正负离子间的静电吸引力（库仑引力）使离子间形成离子键。柯塞尔的理论当时成功地解释了许多实验事实。例如食盐，即氯化钠，分子式为 NaCl，分析钠和氯的外层电子排布，钠的核电荷数为 11，最外层有一个电子，氯的最外层有 7 个电子。钠和氯元素都有形成八电子稳定结构的倾向，如果它们在一定的条件下相遇，钠就会失去一个电子变成带正电荷的钠离子 Na^+，氯得到一个电子成为带负电荷的氯离子 Cl^-，这时它们的最外层电子数都变为 8。Na^+ 和 Cl^- 电性相反，互相吸引而结合成氯化钠分子。

柯塞尔的理论非常成功地解释了诸如 KCl、$CaCl_2$、CaO 等典型的离子化合物的形成过程及其稳定性。由于第一次世界大战的干扰，柯塞尔的理论并未受到化学界的重视，一直到 1919 年，由于**朗缪尔**（I. Langmuir）的努力，这个理论才得以传播。

柯塞尔是德国人，1888 年 1 月 4 日出生在柏林。他的父亲是海德堡大学生物学的终身教授，由于对蛋白质和核酸的研究而获得 1910 年诺贝尔生理学或医学奖。在父亲的影响下，柯塞尔从小就对科学产生了很大的兴趣，并立志做一名物理学家，为探索物理学的本质做出贡献。他追随诺贝尔物理学奖获得者伦纳德（P. E. A. Lenard）教授，研究次级阴极射线，于 1911 年获哲学博士学位。而后他又来到慕尼黑大学，著名的物理学家伦琴和索末菲（A. Sommerfeld）都在该校任教。柯塞尔还在工业大学的 X 射线专家**劳埃**（M. Laue）指导下进行学习和研究。当时索末菲正在研究原子结构理论；劳埃则在研究晶体结构的测定，这使柯塞尔受到很大影响，研究方向发生了转变，他研究了短周期化学元素的电子排布和玻尔模型，同时还对 X 射线晶体结构分析资料进行了考察，在理论和事实相结合的基础上提出了他的离子键理论，这是他对化学的重要贡献。在柯塞尔之前，古老的化合价理论对离子化合物（如 NaCl）和非离子化合物（如 H_2）是不加区别的。柯塞尔的功绩在于他把离子化合物从大量的化合物中提升出来，并加以区别，而且还把这种化合物的形成与玻尔的原子结构模型相联系，这在化合价的电子理论的发展中确是一大进步。然而，柯塞尔的理论也有局限性，它只能解释离子化合物，而对于非离子型化合物（如 H_2、N_2、CO_2 等）的解释却无能为力。而这个问题的解决是由美国化学家路易斯完成的。

路易斯从小聪明过人，在他三岁时，就开始在家里接受教育。他 18 岁时进入著名的哈佛大学，21 岁获理学学士学位，而后学习化学，24 岁获哲学博士学位。毕业以后，他到德国进修，师从著名的化学家能斯特和奥斯特瓦尔德，在他们的指导下研究热力学。1901 年，路易斯回到哈佛大学，任热力学和电化学方面的讲师。除了本职工作之外，他在这段时间的主要兴趣是研究价键理论。在 1902 年，路易斯就形成了共价键的初步思想。他在给学生讲课时，曾经讲述过他的设想，把原子设想成一个正方体，电子位于各个顶角之上。但这只不过是一个初步设想，因为他感到缺乏实际根据，过于空洞，因此没有公开发表。

路易斯全面地提出共价键的电子理论也是在 1916 年，当时他已经到加州大学伯克利分校，担任物理化学教授。经过长期的研究，路易斯发表了《原子和分子》的论文，共价键的电子理论的主要内容就是在这篇论文中阐述的。他认为，两个或多个原子可以共有一对或多对电子，以便达到稀有气体原子的电子层结构，从而形成稳定的分子。例如，两个外层有一个电子的氢原子，结合成氢分子时：

$$H \cdot + \cdot H \longrightarrow H : H$$

氢分子中的每个氢原子同时享有两个电子，它们的外层电子结构都达到了稳定的氦原子的电子构型。又如外层有 7 个电子的两个氯原子，结合成氯分子时，在氯分子中，两个氯原子共用一对电子，使它们的最外电子层都满足了有 8 个电子的要求，达到了稳定的氩原子的电子构型。

碳和氧生成二氧化碳分子时，碳在中间，和氧共享电子，从而使每个原子都由一个填满电子的正立方体所包围。当时，路易斯称这正立方体为八隅体，而把他的共价键理论称为"八隅律"。

由于路易斯的理论简明直观，因而为许多化学工作者所赞同。但是却不能解释化合物的三键，也不能从根本上解释单键的自由转动。这就使路易斯在 1923 年修改了自己的理论。他出版了《价键及原子和分子的结构》一书，正式地提出"电子对"的概念。他认为，不同元素的原子或相同元素的原子生成化合物或单质时，彼此之间可以共享一对、两对或三对电子对而达到"八隅状态"。他还写出了一些有机化合物的电子结构式。

路易斯的共价键电子理论不仅解释了柯塞尔解释不了的事实，说明了共价键的饱和性，而且路易斯提出的电子对表示方式，一直沿用至今，这又充分地说明，路易斯的理论有很强的生命力，在化学史上起了重要作用。

经过上面的考察，我们可以看到，柯塞尔的理论说明了离子键，路易斯的理论说明了共价键，这两个理论互相补充，较好地说明了自 19 世纪中叶开始的，在化合物各原子之间划一短线来表示二者结合的实际意义。这两种理论虽然各有侧重，但又有一个共同之点，即都是用电子的行为来解释物质的化学变化，所以从根本上讲，又是相同的。

值得一提的是，路易斯除了他的共价键理论，还研究过许多化学基础理论。他将离子强度的概念引入热力学，发现了稀溶液中盐的活度系数由离子强度决定的经验定律。他还深入探讨了化学平衡，对自由能、活度等概念做出了新的解释。他提出了新的广义酸碱概念，使之在有机反应和催化反应中得到广泛应用。这些成就不仅展示了路易斯很强的开拓化学研究新领域的能力，而且还展示了这位伟大科学家的科学思维和研究方法。路易斯的研究带着自己的独创精神，并且他还为培养化学家做出了卓越的贡献。1912 年之后，他一直在加利福尼亚大学伯克利分校工作。他曾担任该校化学系主任，在他工作期间，这个系的科研和教学都十分出色。他要求所有的教师都要参加普通化学课程的教学工作。有一段时间，化学系有 8 名正教授担任了一年级新生的课程。该校还有好几位教授领导编辑著名的《美国化学教育》杂志。在路易斯的领导下，该校化学系在美国享有很高的声誉。路易斯本人虽然没有获得过诺贝尔化学奖，但是他所培养的研究生中先后共有 5 人获得诺贝尔化学奖。即尤里由于发现氘而于 1934 年获诺贝尔化学奖；乔克（W. F. Giauqus）由于对低温物性的研究，在化学热力学方面的贡献而获 1949 年诺贝尔化学奖；西博格（G. T. Seaborg）由于发现超铀元素镅、锔、锫、锎等与麦克米兰（E. M. Macmillan）同获 1951 年诺贝尔化学奖；利比（W. F. Libby）由于 1947 年创立了用 ^{14}C 测定年代的方法而获 1960 年诺贝尔化学奖；开尔文（M. Calvin）由于在 1948～1957 年间对植物中二氧化碳进行光合作用的研究而获 1961 年诺贝尔化学奖。路易斯的工作，无论是在化学领域，还是在化学教育领域都取得了令人瞩目的成就，连同他的名字一同载入史册。

路易斯共价键理论提出以后，又经过朗缪尔等人一系列的发展和补充，后来成了一种很重要的化学键理论。

朗缪尔是美国物理化学家，1881 年 1 月 31 日出生于纽约，父亲是位保险商。朗缪尔从小就对自然科学极感兴趣。1903 年毕业于哥伦比亚大学冶金工程系。不久去德国留学，师从 1920 年诺贝尔化学奖得主能斯特，1906 年获哥丁根大学博士学位。1909 年，朗缪尔离开任教两年的史蒂文斯工学院，受聘于通用电气公司电气工程实验室，担任专职研究员，1932 年后任实验室主任，在这里工作了 41 年。1932 年因表面化学和热离子发射方面的研究成果获得诺贝尔化学奖。

朗缪尔爱好广泛，他不仅是一位卓越的科学家，还是出色的登山运动员和飞机驾驶员。他常常利用工作之余登山远眺，饱览大自然的迷人景色，探索自然现象的奥秘。1932 年 8 月，他兴致勃勃地驾驶飞机飞上 9000 米高空观测日食。他还喜爱文学和哲学，曾获文学硕士和哲学博士学位。1941 年任美国科学促进协会主席，也是美国文学与科学院院士。

朗缪尔在学术上的贡献很多。他首先发现氢气受热离解为原子的现象，并发明了原子氢焊接法；从分子运动论推导出单分子吸附层理论和著名的等温式；设计了一种"表面天平"，可以计量液面上散布的一层不溶物的表面积，并建立了表面分子定向说；首次实现了人工降雨；研制出高真空的水银扩散泵；研究过潜水艇探测器，改进烟雾防护屏等。1919 年朗缪尔发展了共价键理论，这是他一生中较重要的一项成果。他用玻尔的动态原子模型来修正和发展路易斯的共价理论。他十分明确地指出，"共享电子对"并不是静止不动地位于两个原子中间，而实际上它们是绕着两个原子核急速地运动着的。后来，他和西奇威克（N. V. Sidgwick）又提出，共用电子对也可以由一个原子单方面提供的观点，用以阐明很多含氧酸的离子结构。后来，有人把这种键称为"授受键"，即指一个原子拿出一对电子，另一个原子接受这对电子，一方授予，另一方接受，从而共用。这就是后来说的"给予键"或"配位键"。这也可以用来说明一些配合物的结构。例如在 $[Co(NH_3)_6]^{3+}$ 中，Co^{3+} 与 NH_3 的结合就主要依靠每个 NH_3 分子各以一对孤对电子与 Co^{3+} 共享形成配位键而得以实现。

柯塞尔、路易斯、朗缪尔等创立的化学键电子理论是当时化学经验性理论与原子结构学说紧密结合而取得的重大成果，在化学发展史和化学科学中有重大意义。这种理论以离子键、共价键和配位键为基本键型，从物质运动的电子层次上，对无机化合物和有机化合物的化学结构给予了协调一致的说明。此后，有机化学和无机化学就得到了统一的理论基础，获得更迅速的发展。

但是，化学键的电子理论本质上是把电子当作经典的质点来处理的，自然要遇到许多难以解释的问题。那就是它还不能够阐明，究竟是什么"力"使得一对共用电子能够把两个原子牢牢地结合在一起。

于是，人们开始寻找能够揭示这种结合力实质的化学键理论。而这个问题的真正解决是在量子化学建立以后。

4.3.2　量子化学的产生与发展

量子化学的产生与发展大致可以分为两个阶段。第一个阶段是 20 世纪 50 年代以前，这是量子化学的创建时期，主要成就是从研究简单分子入手，建立各种化学键理论。第二个阶段是 50 年代以后，这是量子化学的发展时期。由于电子计算机的广泛应用，量子化学的基础研究和应用研究都得到了很快发展，各种化学键理论也逐渐趋向完善。

自 1925 年量子力学理论创立以后，人们发现，根据量子力学的基本方程——薛定谔方程，可以计算和描述分子中电子运动的规律。1927 年，德国哥丁根大学物理学教授**海特勒**（W. H. Heitler）和**伦敦**（F. W. London）两人在德国物理学会上发表了关于《电中性原子相互作用和非极性化学键的量子力学研究》一文，把量子力学处理原子结构的方法应用于解决氢分子的结构问题，定量地阐释了两个中性原子形成化学键的原因，成功地开始了量子力学和化学的结合，标志着量子化学的诞生。量子化学的创立是现代物理学实验方法和理论（量子力学原理）不断渗入化学领域的结果，也是经典化学向现代化学发展的历史必然。量子化学的诞生是现代化学发展中的一个重要阶段。它把化学从经验和半经验的境地中逐步摆脱出来，使其向理论科学的方向迈进，因此，它的诞生揭开了化学史上新的篇章。

海特勒和伦敦用量子力学方法处理氢分子时，引进了一系列的近似。当初，他们设

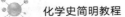

想，把两个氢原子放在一起，这个体系就包含两个带正电的核，两个带负电的电子。当两个原子相距很远时，彼此之间的相互作用可以忽略，作为体系能量的相对零点。当两个原子逐渐接近时，他们利用近似的方法计算体系的能量和波函数，得到了表示氢分子的两个能量状态 Ψ_S 和 Ψ_A，他们的计算是成功的，得到了实验的支持。量子化学的初步尝试取得了成功。

通过用量子力学方法研究氢分子，建立起崭新的化学键概念。两个氢原子结合成一个稳定的氢分子，是由于电子密度的分布集中在两个原子核之间，使体系能量降低，形成了化学键。

量子化学在处理氢分子取得初步成功以后，人们又用薛定谔方程来处理更复杂的分子。但由于相应的薛定谔方程比较复杂，直接求解很难，因此，人们只好提出一些假设，用近似的方法来简化计算。这样就导致了两种现代化学键理论的出现：现代价键理论和分子轨道理论。

现代价键理论（简称价键理论）是以自旋相反的电子成对为成键基础，以电子云要最大限度重叠、能量要处于最低状态才能成键为前提的化学键理论，它最初由海特勒和伦敦提出，后经鲍林（L. C. Pauling）等人发展和充实。

价键理论认为，非稀有气体的原子，在未化合前有未成对的电子，这些未成对的电子在自旋相反的情况下，就可以互相配对，形成所谓电子对，这样一来原子轨道就可以重叠交盖形成一个共价键。原子轨道重叠越多，共价键越稳定。一个电子与另一个电子配对以后，就不能再与第三个电子配对了。这个理论基本上解决了某些基态分子成键的饱和性和方向性。由于这一理论与经典的价键概念一致，所以容易被人们所接受，并得到发展。

价键理论很好地揭示了共价键的本质，同时也解释了路易斯理论对共价键的方向性无法解决的问题。然而，在处理 O_2、CO、NO 及苯等常见的分子时遇到了困难。如甲烷中碳原子的基态电子结构只有两个未成对的电子，按价键理论，它只能形成两个价键。事实上，碳原子在甲烷中呈四价。为了解决这个悖论，1931 年鲍林和斯莱特（J. C. Slater）提出"杂化轨道理论"。他们从电子波动性出发，认为波可以叠加，在碳原子成键时，电子所用的轨道不完全是原来纯粹的单一轨道，而是两个轨道经过叠加而成的"杂化轨道"。在甲烷分子中，碳原子最外层是由四个杂化轨道所组成。这四个杂化轨道形状相同，方向不同，其角度分布的极大值恰好指向四面体的四个顶点。鲍林等人的杂化轨道理论很好地解释了甲烷的四面体结构，也满意地解答了乙烯分子及其他许多分子的构型。

按照价键理论，无法说明臭氧和苯的结构，为了解决这一难题，鲍林等人提出了"共振"概念。共振论用化学共振的概念能够使某些分子的化学反应或物理性质得到说明，但能否用化学共振作为分子结构的理论基础，当时的科学界有所争议。

鲍林是美国化学家，1901 年生于俄勒冈州波特兰市，父亲是药剂师。1917 年，鲍林进入俄勒冈农学院学习化学工程，1922 年毕业，获学士学位，并申请到加州理工学院读研究生，1925 年毕业，获哲学博士学位。毕业后，曾去欧洲留学。1927 年，鲍林回到母校加州理工学院任教，在加州理工学院一直工作到 1963 年。1948 年起还担任牛津、哈佛、麻省理工学院等著名大学的特邀访问教授，1973 年起一直在以鲍林命名的科学和医学研究所工作。1994 年，93 岁高龄的鲍林去世。

鲍林对化学最大的贡献是关于化学键本质的研究及其在物质结构方面的应用。鲍林把量子力学应用于分子研究，把原子价理论扩展到金属和金属间化合物，并发展了原子核结构和核裂变过程的本质理论。把化学向生物学方面渗透，应用于生物学和医学。研究了蛋白质的结构，麻醉作用的分子基础等，并第一个提出蛋白质分子具有螺旋状结构。鲍林的研究工作范围十分广泛，并且在许多方面都处于领先地位。例如：①首先提出化学键可能有一种混合特性，即既含有共价性，又含有离子性；②第一个提出电负性概念，并确定了元素的电负性值；③把"共振"这个术语用于化学键理论；④首先提出氢键在本质上和程度上与共价键以及范德华力不同；⑤第一个提出蛋白质分子具有螺旋结构。鲍林是少有的获得过两次诺贝尔奖的科学家之一。第一次是由于他对化学键本质的研究以及用化学键理论来阐明复杂物质的结构而获得了 1954 年诺贝尔化学奖；第二次是由于他尽力反对战争。1955 年他与爱因斯坦等人呼吁科学家反对毁灭性武器。1957 年他起草了"科学家反对核试验宣言"，有 49 个国家 11000 余名科学家签了名。同年他又发表《不要再有战争》一文。为此他于 1962 年获诺贝尔和平奖。鲍林是伟大的科学家，也是人类和平的使者。

鲍林与我国学术界有密切的联系，我国化学家唐有祺先生曾在他的指导下学习五年，获哲学博士学位。著名化学家卢嘉锡也曾在鲍林的指导下进行博士后研究。鲍林曾于 1973 年 9 月和 1981 年 6 月两次访问我国，与我国化学界进行广泛交流。

鲍林为什么能够在如此广泛的领域取得众多的成就，而且在 50 余年的科学生涯中竟源源不断？除了他孜孜不倦地工作和富于进取的精神之外，还跟他所具有的研究方法特点密切相关。鲍林从 1918 年开始就一直思索着物质的性质和它们的分子结构的关系问题。1922 年，他作为研究生，开始用 X 射线测定辉钼矿的晶体结构，实验的成功使他认识到"关于世界的本质在通过精心计划和做过的实验之后会得到解答。"1925～1927 年间，他游学欧洲，从索末菲、波尔、薛定谔等物理学家那里直接了解到物理学理论和实验的最新进展，这些都对鲍林的研究方法产生了一定的影响，形成他特有的研究风格，他重视实验，强调经验知识，但他又深信理论的作用，他坚信化学结构问题可以通过应用现代物理学的最新成果——量子力学理论来解决，因而他在这两者的结合上投入了很大的精力。鲍林从事大量的实验工作，在实验中提炼新的理论，而且用这种理论指导化学家的实践。"重视理论思维，又从实践的方面对待科学"。这正是鲍林研究方法中极其宝贵的思想财富，值得我们借鉴。

鲍林在从事科学研究的过程中还有一个重要的特点，就是努力以自己的专长来选择课题，开展研究。这样，他就可能形成一种优势，迅速地取得一般人难以取得的成功。他和柯里（R. B. Cori）等人提出蛋白质分子的螺旋构型，一方面是依据了酰氨基的平面性，特别是氢键理论的结构化学知识；另一方面是根据对蛋白质晶体的 X 射线测定的长期研究。而这些都是他的擅长方面。从 20 世纪 30 年代中期以后，他一直是这样，

按照自己的专长不断地把新的理论和新的实验方法移植到其他领域。如移植到生物学、医学及核物理等领域的研究中去，以解决新的研究课题，努力开拓新的学科边缘地带。这也是他 50 多年研究成果源源不断的一个重要原因。

共价键的价键理论是在经典化学键理论基础上发展起来的，这种理论比较简明、直观，又经过了杂化轨道理论的补充，得到了丰富和发展，解释了不少分子结构的实验结果，取得了很大成就。但是一个理论很难尽善尽美，价键理论在解释氧分子的顺磁性问题上就遇到了困难。另外，在解释某些多原子分子及许多有机共轭分子结构时，也碰到了困难，于是分子轨道理论就被人们重视起来。

分子轨道理论首先是由德国化学家**洪特（F. Hund）**和美国化学家**密立根（R. S. Mulliken）**，在 1928 年试图用量子力学整理、解释分子光谱实验资料而发展起来的。到 1929 年，由于亥兹伯尔格（G. Herzberg）、伦纳德-琼斯（J. E. Lennard-Johes）的研究，开始用分子轨道法来解释化学键和原子价问题。特别是 1931 年，休克尔（E. Huckel）开始用分子轨道法研究一些有机分子的化学性质。1947～1949 年间，柯尔逊（C. A. Coulson）和朗格特-希金斯（H. C. Longuet-Higgns）用休克尔方法（HMO）广泛讨论有机分子获得成功。正因为分子轨道方法在最初处理的实验材料与价键方法不同，在研究方法上也出现了差别。默雷尔（J. N. Murrell）等人在《原子价理论》一书中曾认为："价键理论是路易斯理论直接译成量子力学的语言"，"分子电子结构的分子轨道理论是原子结构的原子轨道理论对分子的自然推广。"

分子轨道理论与价键理论有所不同。价键理论描述的是电子的集体行为，即统计平均值。分子轨道理论认为原子合成分子之后就失去了原子的个性，而将分子看作一个整体，着重研究分子中某个电子运动的规律，即用单电子波函数来描述化学键的本质。这一理论认为，能量相近的原子轨道可以组合成分子轨道，由原子轨道组合成分子轨道，虽然轨道数目不变，但必须伴随着轨道能量的变化，能量高于原子轨道的分子轨道不可能成键，所以称反键轨道；能量等于原子轨道的分子轨道一般也不会成键，称为非键轨道；能量低于原子轨道的分子轨道才能成键，故称为成键轨道。分子中的电子，都在一定的轨道上运动。在不违背每一个分子轨道只能容纳两个自旋反平行的电子的原则下，分子中的电子将优先占据能量最低的分子轨道，并按照洪特规则尽可能分占不同的轨道且自旋平行。在成键时，原子轨道重叠越多，生成的共价键就越稳定。

分子轨道论在解决价键理论所难以解决的一系列问题中，取得了非常显著的效果。并且分子轨道理论中的数学计算可以程序化，适用于用电子计算机来处理。更加重要的是分子轨道理论能和化学经验进一步结合，用其处理分子结构的结果与分子光谱实验数据相吻合，因而这一理论开始引人注目，并随着计算技术和计算方法的不断突破迅速发展。

20 世纪 50 年代后，量子化学有了较快的发展，特别是分子轨道理论的近似计算方法不断得到改进，已经发展到半定量的水平。到了 20 世纪 60 年代，由于电子计算机的发展，使许多难以计算的问题得到了解决，1965 年，分子轨道对称守恒原理诞生，使量子化学的发展有了一个重大突破。量子化学开始从研究分子静态跨进到研究分子的动态，从研究分子的结构跨进到研究分子的化学反应，这是一个新阶段的标志。

量子化学从分子静态到分子动态的研究起源于 20 世纪 50 年代。1954 年，日本化学家福井谦一等人在研究芳香烃的亲电取代和亲核取代反应中，提出了最高占据轨道（HOMO）和最低空轨道（LUMO）的概念，并称这两种特殊分子轨道为前线轨道。在丁二烯、苯、萘等分子中，各原子的净电荷密度都相同，不能根据电荷密度的大小来判断亲电试剂或亲核试剂的进攻位置，从分子图往往看不出反应活性的位置。福井谦一等人认为，前线轨道可类比于原子中的价电子，从化学反应中价电子起关键作用可以联想到分子中所有填充电子的分子轨道中，能量最高的占据轨道上的电子最活泼，最易失去；所有空分子轨道中能量最低的空轨道最易接受电子。他证实，在分子发生化学变化时，并不是所有的分子轨道都发生变动，而仅仅是前线轨道发生变动，其他轨道一般不变动，这一理论称为前线轨道理论。它圆满地解释了以前化学理论无法解释的许多化学反应问题。这一理论标志着人类从认识原子轨道的化学行为，进而认识到分子轨道的行为。

福井谦一是日本京都大学教授，早年就读于京都大学工学院工业化学系，并获得了工学博士学位。1941 年毕业后，一直在京都大学工学院石油化学系工作。作为应用化学出身的福井谦一能够在理论化学、量子化学领域里取得如此丰硕的研究成果是非常难得的。他 40 年如一日为探索化学基本规律而献身，在具体研究活动中，深入分析大量化学实验材料与已有理论之间的矛盾，到事物内部寻找出带有决定性的主要因素，并抽象成为科学的理论。福井不仅善于分析化学反应中的主要矛盾，而且鲜明地贯穿着一条从实践到理论，再到实践的路线。福井谦一教授正是从这条路线走出了通向科学高峰的道路。

1965 年，美国化学家**伍德沃德**（R. B. Woodward）和德国化学家**霍夫曼**（R. Hoffmann）把化学反应方向和微观粒子的运动联系起来，提出了著名的"分子轨道对称守恒原理"。应用这一原理，他们合成了维生素 B_{12}，对分子轨道理论的发展做出了重大的贡献。在此过程中，伍德沃德和霍夫曼以福井谦一的"前线轨道理论"为工具，对一系列"无历程"反应（既不是离子反应，又不是自由基反应）进行解释。不仅再现了这类反应通过轨道对称性控制的历程，而且使人们不用太复杂的计算，只要考察反应物和生成物的对称性质，就能预言和说明多种化学反应的特性和所需要的条件，指导复杂的有机合成。这一成果使人们对于化学反应历程的认识大大深化了一步。霍夫曼亦因此与福井谦一共同获得了 1981 年的诺贝尔化学奖。授奖时还宣布他们的理论"是我们认识化学反应过程的发展道路上的里程碑"，由此可见，把它们称为是量子化学发展的重大突破一点也不为过。

伍德沃德是 20 世纪的有机化学大师之一。1917 年 4 月 10 日出生于马萨诸塞州的波士顿。16 岁入麻省理工学院。学校为他一人安排了特别课堂。19 岁大学毕业获学士学位，20 岁获博士学位，而后一直在哈佛大学任教终身。伍德沃德是 20 世纪在合成化学和理论化学两方面都取得划时代成果的极为罕见的化学家。他合成了胆甾醇、皮质酮、马钱子碱、利血平、叶绿素等许多天然有机化合物，确定了金霉素、土霉素、河豚毒素等化合物的结构；发现了以他的名字命名的伍德沃德反应和伍德沃德试剂，他独立于威尔金森（G. Wilkinson）和菲舍尔（E. O. Fischer）提出二茂铁的夹心结构。由于他对有机合成的贡献，荣获 1965 年诺贝尔化学奖。获奖后，他并未满足已取得的成果，继续向新的高峰攀登，先后又取得两项更重大的成就。一是与瑞士学者埃申莫塞（A. Eschenmoser）合作，领导 19 个国家的 100 多位化学家，终于在 1973 年完成维生素 B_{12} 全合成的艰巨工作；二就是他与霍夫曼共同提出分子轨道对称守恒原理。他是有机化学家，很善于做实验，在合成化学方面积累了相当丰富的实验材料和经验，而霍夫曼则是一位量子化学家，对量子化学这一理论学科有很深的造诣。他们两人共同合作，创造性地提出了分子轨道对称守恒原理，促使量子化学进入一个新阶段。这充分地说明了理论和实践是密切不可分割的，实验要以理论作为基础和指导，实验的成果又丰富和发展了理论。如果离开实验，理论就缺乏生命力；如果离开理论指导，实验就会陷入盲目的摸索。只有理论和实验密切配合，才能促进科学的发展。量子化学的发展也正是唯物认识论这一原理的具体应用和生动体现。

价键理论与分子轨道理论各有所长，前者抓住了事物的主要矛盾，而后者则是更全面地考虑问题，但是当人们研究配合物的性质时，发现不论是这两种理论中的哪一种，都不能得到较准确的结果。1954 年后，又一个新的价键理论——配位场理论发展起来，它在解释配合物的性能方面取得了极大的成功。

20 世纪初，原子价的电子理论提出来后，人们发现无论是离子键或共价键理论，都不能圆满地解释配合物的结构。为此，英国化学家西奇维克于 1923 年，根据电子理论引入配位键的概念，认为有些化合物中的共享电子是由同一原子贡献的，形成了既不同于离子键，又不同于共价键的配位键。这类分子往往产生极性：给予电子的原子呈弱阳性，接受电子的原子呈弱阴性。西奇维克用符号"→"表示这种配键，箭头指向接受电子的原子。20 世纪 30 年代，鲍林又进一步指出，存在两种配键：共价配键和电价配键，并提出配键的价键理论。这个理论较好地解释了配合物的磁性等性质。但它对配合物的一些构型及稳定性等问题没能给出合理的解释。而贝特（H. Bethe）和范弗雷克（J. H. van Vlack）在 1929 年提出的，用来解释中心金属原子 d 轨道能级分裂的晶体场理论，是从静电场理论离子晶体中正负离子作用出发的，忽视了共价的性质。1952 年，英国化学家欧格耳（L. E. Orgel）把静电场理论和分子轨道理论结合起来，把 d 轨道能级分裂的原因看成是静电力作用和生成共价键分子轨道的综合结果，这一理论就是配位场理论。

配位场理论很好地解释了配离子形成的原因，对于配离子的空间构型、配离子的可见光谱的特性等也做出了比较满意的、合理的解释，它是目前配合物化学最成功的一个理论，也是现代化学键理论取得的一次重大成果。化学键理论的发展，经历了经典价键理论、化合价电子理论和现代化学键理论。现代化学键理论是量子化学的核心，现代化学键理论主要的内容就是我们考察的三种：现代价键理论、分子轨道理论和配位场理论。随着量子化学的发展和人们的认识不断深入，三种化学键理论逐步完善起来。

量子化学的研究工作大体分为两类：一类是基础研究，另一类是应用研究。基础研究又包括多体理论和计算方法两个方面。多体理论的研究中包括：化学键理论、密度矩阵理论、传播子理论（Green 函数方法）、多级微扰理论、群论及图论在量子化学中的应用等。最基本的是我们前面讲过的三种化学键理论。量子化学另一方面的基础研究是结合电子计算机研究计算方法。一类是半经验方法，采用较多的近似和忽略掉一些积分。另一类是从头计算法，比较精确严格，目前都有广泛应用。关于量子化学的应用研究，近几十年来发展很快。目前在下述五个方面表现比较突出：①研究分子结构及性能，目前已发展到对分子的激发态和不稳定分子进行量子化学计算；②研究化学反应的分子动力学，主要是计算位能面，探索反应途径，研究微观反应概率，计算反应速率等；③研究表面化学和催化机理；④研究各种新型化合物的结构；⑤研究药物与生物分子的结构与性能。

　　量子化学从 20 世纪 30 年代到 50 年代主要运用半经验方法研究化学键问题。在 60 年代初又取得飞跃性发展，开始预示某些化学反应的方向。到了 70 年代，量子化学家又着手研究化学反应机理问题，为实现分子设计提供科学依据。随着电子计算机的迅速发展和运用，量子化学和计算机的结合使化学家们从大量烦琐的计算中解放出来，从而窥见化学键的面貌和洞察物质的种种性质。人们越来越相信，正是量子化学和各门学科的结合，使化学领域能像今天这样硕果累累、日新月异。

第5章

现代化学的全面发展

现代化学是在近代化学基础上发展起来的，又在各个方面大大超过了近代化学。现代化学发展日新月异、内容繁多、用途广泛。无论在实验方面、理论方面，还是在应用方面都获得了令人振奋的新成果，使人应接不暇。核化学的产生、量子化学的发展、现代化学工业的繁荣，无疑地从化学内部推动了现代化学的进步。随着现代科学技术的进步，许多精密仪器应运而生，分析化学日益充实完善，实现了现代化，从而加快了现代化学发展的速度。有机化学自20世纪以来，一方面和生物学联系，另一方面与物理学联系，取得极大的进步。高分子化学突飞猛进，高分子材料品种繁多，性能优异，用途极其广泛，给材料的发展带来了划时代的变革，对现代工农业生产以及日常生活等都产生了极为深远的影响。20世纪40年代以来，由于空间技术、原子能技术、电子技术和激光技术的发展，迫切需要各种特殊性能的固体材料，这又使传统的无机化学焕发了青春；20世纪60年代以来生物化学发展尤为迅速，在现代精密仪器和设备的帮助下，正在向生命的奥秘进军，展现出一幅美好的前景。总之，今日之化学获得了全面的发展。它促使人们从各个方面对化学进行反思，去把握化学思潮的演变、化学对社会发展的影响、化学对哲学和科学的意义等。这一章我们就从无机化学、有机化学、分析化学、物理化学传统化学的推陈出新和生物化学、高分子化学、环境化学、材料化学等新兴学科的出现把现代化学的全面发展的图景一一展现。

5.1 无机化学的新领域

无机化学的主要学科分支：元素无机化学（稀有元素化学、稀土元素化学、多酸化学）、固体无机化学、配位化学、生物无机化学、物理无机化学（物理理论指导无机合成）。

5.1.1　稀有元素化学

稀有元素，占 100 多种元素的 2/3。一般指 20 世纪 40 年代以前人们较少熟悉的元素，相对区别于普通元素。比如，铜和钛，铜在地壳中含量较钛少，但早在古代已为人们所认识和利用，因而称为普通元素，而钛到现代工艺中才显示出它的优良性能，因此就被称为稀有元素。

（1）稀有气体化学

稀有气体是指周期表中六种零族元素：氦、氖、氩、氪、氙、氡。在被发现后的相当长一段时间里，它们被称为"惰性元素"或"惰性气体"，原因是它们非常稳定，在常态下几乎不与其他元素发生化学反应。

1962 年 3 月 23 日，对于无机化学工作者来说是一个值得纪念的日子。加拿大化学家**巴特利特（N. Bartlett）**第一个观察到了稀有气体氙与气体化合物 PtF_6 发生了反应：

$$Xe + PtF_6 \longrightarrow Xe[PtF_6]$$
$$Xe[PtF_6] + PtF_6 \longrightarrow [XeF][PtF_6] + PtF_5$$

同年 8 月，美国**阿贡（Argonne）**实验室的化学家们成功制得 XeF_4，很快，德国和南斯拉夫的化学家也相继成功地合成了 XeF_2 和 XeF_4。1963 年后，又陆续合成了二元化合物（XeF_2、XeO_3、XeO_4、KrF_2 等）、三元化合物（$XeOF_4$、$XeOF_2$）、复合物（$XeF_2 \cdot SbF_5$、$XeF_2 \cdot 2SbF_5$、$XeF_3 \cdot 3SbF_5$、$Xe_2F_{11} \cdot SbF_6$ 等）。

迄今制得的稀有气体的化合物都是体积较大的元素（Kr 以后），而较小体积元素（Kr 以前）的化合物尚未制得。

（2）稀有高熔点金属

大部分稀有金属发现并不晚，但是纯金属的制取和在生产上广泛应用较晚。

钼、钨是舍勒在 1778 年和 1781 年发现的，但应用都是它们被发现 100 年后。爱迪生 1879 年发明了钨丝灯泡后，钨才有应用。钼也被用来制作电子管的灯丝和电阻丝。20 世纪 40 年代以后，发现钼可做核反应堆的结构材料。钨和钼的化合物做化学反应的催化剂。现在，全世界生产的钨和钼大约有 90% 是用来炼制合金钢。

钒、铌、钽是耐高温金属中的一个分族，铌和钽极相似。在很长一个时期内，化学家竟把它们当作是同一种元素。早在 17 世纪，美国康涅狄格州的第一任州长文斯洛普（J. Winthrop）曾在该州新英格兰地方的一个泉边花岗岩中，找到过一块黝黑的矿石。后来，他的孙子把这块矿石送给了英国的斯隆爵士（H. Sir Sloane），他是英国博物馆的创办人。斯隆爵士把这块矿石存到英国博物馆，遗憾的是，这块矿石在那里陈列了几十年却无人过问。

1801 年，年轻的英国化学家**哈契特（C. Hatchett）**正着迷于分析研究各种矿物，英国博物馆就把那块黑矿石送给了他，这块矿石的成分非常复杂。把各种成分分开并鉴定，非常困难，但是他成功了，并发现了一种新元素，发表了《分析北美洲矿物得到的新元素》的论文，为纪念哥伦布，他把这种元素称为"Columbium"（钶），实际上只是钶酸，而且矿石中的钽酸也混在其中。

瑞典化学家兼矿物学家**爱克柏格（A. G. Ekeberg）**对瑞典各处的奇异矿石具有浓厚的兴趣，收集并研究。实验中，由于手里的烧瓶爆炸，使他的一只眼睛失明，但他仍坚持。1802 年，他分析矿石时，分离出一种前人没有提到过的金属氧化物，因为分离复杂，就给金属命名为"Tantalum"（钽），意思是"使人烦恼"，其实他分离出来的是以钽酸为主又含有钶的混合物。

1844 年，德国分析化学家**亨·罗塞（H. Rose）**宣称他分离出了由两种性质相似的新元素所形成的酸，他认为其中之一是钽，对另一种元素，他命名为"Niobium"（铌），铌其实就是钶，这两个名字一直并用了一百年，直到 1949 年，国际纯粹与应用化学联合会才正式决定采用"Niobium"的名称和符号。

1903 年，铌和钽的纯金属才被制得。它们可作为原子反应堆的结构材料，耐酸设备，冶炼、火箭喷气技术用的超耐热钢等。

其他的稀有高熔点金属，如钛，极细的钛粉，因为是火箭的固体燃料，所以被誉为"空间金属"。

1958 年，美国科研人员发现了一种具有特殊冷热记忆性能的镍钛合金丝（英语缩写为 NOL，故称为镍钛诺 nitinol）。它在室温下硬如钢铁，但放在冷水中可以任意弯曲成各种形状，热水中恢复。1973 年，美国科研人员成功地研制了一台镍钛诺热机模型，利用冷热水的温差和镍钛诺的冷热记忆功能推动轮子运转，转了几十万转也不见转速减慢，镍钛诺丝弯曲了几十万次也没产生一般金属疲劳断裂的征兆。后来，美国科研人员又在此基础上制成了功率达 20 瓦的热机模型，并且在小型农用水泵、控制温室窗户方面得到了实际应用。由于只需很小温差就产生很大的动力，故镍钛诺被人们称为"能源金属"，这无论是在实践应用上还是在理论上都有重大意义。由于这种金属丝工作时输入能量小于输出能量，所以有人认为它是永动机。但也有科学家认为，热力学定律并不错，但它似乎不能说明镍钛诺的奇妙特性，这就给人们提出了新的课题。曾经对镍钛诺的研究在欧美和日本形成一股热潮。由于镍钛诺成本较高，人们后来又找到了一种具有类似功能的铜、锌和铝制成的合金，成本大大降低。近几十年，世界各国都集中力量试图攻克钛的提炼难关，一旦这道关口像当年发现电解铝那样被攻破，钛就会像铁、铝一样成为人们普遍使用的金属，在生产和生活中发挥更大的作用。

（3）稀有分散金属

稀有分散金属的特点是在地球上太分散了，没有专属它们的矿物。所以，后来化学家们就称它们为稀有分散元素。它们被发现得较晚。铼是 1925 年宣布发现的。以后发现它在工业上的应用，在石油裂解催化重整中可以代铂做催化剂。铼合金可以应用到航空和火箭等技术上。铊是 1861 年发现的，20 世纪 40 年代之后将其用于合成半导体化合物和硒整流器的生产。铊的硫化物和溴化物及碘化物分别用于制作红外光照相元件和光学仪器的镜片。铟是 1863 年发现的，随后便制得了纯净的金属铟。铟及其化合物，主要用于半导体电子工业，还可用作激光器、太阳能电池和核反应堆的调节棒等材料。

（4）稀土元素

稀土元素包括钪、钇和全部镧系元素，总共 17 个元素。这 17 个元素的三价离子半径接近，极难分离，因此成为无机化学制备中最大的难题之一，即"三大分离"问题中的一项。稀土元素在地壳中的分布很分散，现已查明的有提取稀土价值的矿物就有 200 多种，但由于提取它们困难，再加上把它们一一分辨清楚就更加不容易了，从发现第一个稀土金属钇（1794 年）算起，到 1947 在铀裂变产物中找到钷时，共经历了 153 年，经历了一个半世纪，留下了几十位化学家不畏曲折、艰辛的足迹，才完成了稀土元素的发现。我国稀土资源占世界首位，20 世纪 50 年代完成了稀土的全部分离，达到了光谱纯度，70 年代又开创了以稀土为定向聚合催化剂的技术路线。稀土元素在工业部门有着广泛的应用。稀土元素作为添加剂可以提高各种钢材的质量，改善其力学性能。稀土元素加在玻璃中，可以使其具有吸收紫外线和红外线的能力，用于制造防护眼镜。钆、钐、铕等金属氧化物可用作核反应堆的控制棒及陶瓷保护层的组分，金属钇可用作核反应堆的结构材料。在激光技术中，用稀土元素做基础材料或活化物质。在真空技术中，稀土元素做非分散状气体吸收剂。在放射技术中，放射性同位素 ^{170}Tm（铥）可用来制造医疗和探伤用 X 射线轻便发射器，钷的同位素 ^{147}Pm 用于制造原子能微型电池。在化学工业中，稀土化合物可用于制造油漆、染料和荧光粉，用作合成氨、石油裂解和有机反应过程的催化剂。此外，稀土元素还应用于电气照明、电视、轻工业和农业等各个部门。

5.1.2　原子簇化学

原子簇化学主要研究含有三个或更多原子相互成键，构成簇骼的多核化合物的制备、性质及应用。20 世纪 70 年代以来，化学模拟生物固氮、簇合物催化、超导特性以及材料科学等方面的相关研究，促使这一领域的研究发展起来，逐渐形成了无机化学的一个分支学科。

金属原子簇化合物是以金属-金属键构成簇骼的化合物。1906 年，最早报道了组成为 $Ta_6Cl_4 \cdot 4H_2O$ 的金属原子簇化合物。1946 年，科学家们用 X 射线衍射法第一次测定了金属原子簇化合物 $K_3W_2Cl_9$ 的结构。目前已合成了 1000 多种金属原子簇化合物。1964 年，美国化学家**科顿**（**F. A. Cotton**）提出在金属原子簇化合物，金属与金属之间存在四重键，并给出了 $Re_2Cl_8^{2-}$ 的结构。他还进一步发现金属原子间存在双键和三键。

碳原子簇化合物是指以 C_{60} 为标志性物质的有封闭笼状结构的碳原子簇物质。1985 年 9 月，英国化学家**克罗托**（**H. Kroto**）和美国化学家**斯莫利**（**R. Smalley**）、**柯尔**（**R. Curl**）合作进行模拟星际空间及恒星附近碳原子簇化合物形成过程的一系列实验时，在气化中获得了一些与含 40～100 个以上偶数碳原子相应的未知谱线。经测定，其中大多有 C_{60} 的稳定组成，结构为大分子对称球形结构，由 12 个五边形和 20 个六边形组成。因为与美国建筑学家富勒（R. B. Fuller）为 1967 年蒙特利尔世界博览会设计的网格球顶相同，于是将其命名为"富勒烯"，实际上，其中并无烯的组成，称为"富勒碳"更准确。

1990 年，**卡拉舒曼（Kratschmer）**以石墨作为电极，在 $1.33×10^4$ Pa 的氦气气氛中通电，分离出常量的 C_{60} 和 C_{70}。每天大约可合成 100 毫克 C_{60}。同年，美国材料和电化学研究公司通过用电弧加热石墨的方法实现了 C_{60} 的商业生产。1991 年晶体结构解析，证明了 C_{60} 的球形结构。"富勒碳"簇合物系列结构的发现是碳四面体结构和苯环结构之后，碳化学结构理论发展的又一个里程碑，因此，克罗托、斯莫利和柯尔共同获得了 1996 年诺贝尔化学奖。这类笼状原子簇合物的不断开发将开创无机化学又一个新的分支学科。

夹心化合物是指具有类似三明治结构的一类化合物。二茂铁 $[(C_5H_5)_2Fe]$ 在 1951 年由英国年轻的博士生**鲍逊（P. Pauson）**和他的合作者美国化学家**基利（T. Kealy）**最早合成出来，不过最初并没有给出正确的结构。1952 年，美国化学家伍德沃德和英国化学家**威尔金森（G. Wilkinson）**等分别根据红外吸收光谱、磁化率、偶极矩等的测定和反应性，推定出两个环戊二烯基（CP）离子夹着二价铁离子的夹心结构，伍德沃德将这个化合物命名为二茂铁。同一时期，德国化学家**费歇尔（E. O. Fischer）**等根据 X 射线结构解析对二茂铁的夹心结构也做出了结论。威尔金森和费歇尔之后也在有机金属化学方面做出了很多贡献，威尔金森和费歇尔因为对具有夹心结构的有机金属化合物的研究，获得了 1973 年的诺贝尔化学奖。

5.2 有机化学的新发展

在有机化学发展初期，是没有专门的有机化学而言的。19 世纪末有机化学理论体系基本建立起来，此时不但有了名副其实的有机化学家，甚至还可再分为有机合成化学家、有机理论化学家等。特别是 19 世纪下半叶发展起来的物理化学和现代物理学在很大程度上促进了有机化学的发展。

现代有机化学不但在深度上得到了长足的发展，主要表现在有机理论更加精确和定量化，有机现象得到了本质上的解释，有机化合物的提纯、分离、分析和合成等实验技术有了重大进展，而且在广度上，有机化学更是千姿百态，欣欣向荣，新的分支学科在不断萌发、产生和发展壮大。

19 世纪发展起来的有机结构理论主要是化合价理论和立体化学。它们的一个特点是经验归纳性比较强，这就使得它们常常不能从本质上来解释有机化学现象，也就限制了它们对结构测定、有机合成等实验工作指导的有效性。

随着 19 世纪末 20 世纪初电子的发现、原子结构的揭示、量子力学的建立，物质结构理论就大大改观了。一切化学现象从电子的层次、量子的角度得到了解释。特别是由于化学键理论的建立，化学亲和力或化合价得到了本质的说明。经典有机结构理论所困惑不解的许多现象也得到了清晰的解释，使有机化学理论获得了较大的发展。

19 世纪末，有机元素常量分析就已基本成型。但随着有机化学的发展，常量分析已不能满足人们对愈来愈少量的有机化合物进行分析的要求，于是有机元素的微量分析就发展起来。

有机元素微量分析系统是由奥地利化学家**普利格尔（Frita Pregl）**在 1912 年完成的。他首先是设计微量分析天平，然后是精制各种试剂，制造各种小型仪器，使分析样品的取量达到"微量"要求。

有机元素微量分析方法的建立，促进了有机化学的发展。一些有机化学的重大进展非元素微量分析不行。如 20 世纪 30 年代轰动一时的雄性激素的分离及结构测定，就是从 1.5 万升的尿内取得 15 毫克的激素进行分析。另外，这又使得许多有机化学的反应也可在半微量和微量水平上进行。正因为有机元素微量分析方法的巨大作用，使普列格尔荣获 1923 年的诺贝尔化学奖。现在有机分析的继续发展又形成了元素的超微量分析法，使有机分析化学获得了发展。

19 世纪下半叶，有机合成已蓬勃发展起来了，这与同期发展起来的经典有机结构理论的指导作用密切相关。但限于经典有机结构理论的浅显和非定量化，有机合成在很大程度上还带有盲目性。但现代结构有机化学的发展，尤其是物理有机化学的进步，使得合成有机化学又向新的高度迈进了，并表现出持久发展的势头。结构、反应和合成构成了现代有机化学的三个基本组成部分，三者的互相影响和制约协调着有机化学的发展。

20 世纪以来有机合成的发展有三大特点：一是原料来源多样化，二是有机合成范围在不断扩大，三是合成的方法、途径和技术有了较大的发展。这些特点使有机合成发展得相当迅速，以至于达到了只要需要，大多数就能生产出来的水平。

人们对与生命过程密切相关的天然有机化合物的认识由来已久，但是只是从 19 世纪后期开始才对它们开展了全面、深入的研究，发展到 20 世纪，则取得了许多重大突破。这样就逐渐形成了专门研究这类有机化合物的领域——天然有机化学。在天然有机化学中，科学家对糖类、生物碱、萜类和甾族化合物都有突破性的研究。如确定了蔗糖、麦芽糖以及多糖的结构；吗啡结构的确定和毒芹碱的合成；维生素 A 的合成；甲地孕酮以及避孕药的合成等。这对生产和生活都起了积极的作用。

元素有机化学是指除氢、氧、氮、卤素等常见元素之外的其他元素与碳直接合成键的有机化合物的化学。因为元素有机化合物在自然界中所占比例甚小，所以在有机化学发展初期对它们研究较少。但随着有机化学的发展，元素有机物被逐渐挖掘出来，使元素有机化学获得了快速的发展。

1912 年，法国化学家**格利雅（V. Grignard）**因发现格利雅试剂和格利雅反应而荣获诺贝尔化学奖，萨巴蒂因发现不饱和有机物金属催化氢化反应而分享了当年的诺贝尔化学奖。

德国化学家**齐格勒（K. Ziegler）**和意大利化学家**纳塔（G. Natta）**因发现金属有机催化烯烃定向聚合而分享了 1963 年的诺贝尔化学奖。德国化学家恩斯特·费歇尔和英国化学家威尔金森由于各自独立阐明夹心金属有机化合物的结构而分享了 1973 年的诺贝尔化学奖。

美国化学家**利普斯科姆（W. N. Lipscomb）**因对有机硼化合物结构的研究而获 1976 年的诺贝尔化学奖。

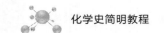

美国化学家**布朗**（H. Brown）和德国化学家**维蒂希**（G. Vithesch）由于分别发展了硼化合物和硼氢化反应以及有机磷化合物和维蒂希反应而共享了 1979 年的诺贝尔化学奖。

美国化学家**陶布**（H. Tawbe）因为在金属配合物电子转移反应机理研究方面的贡献而荣获 1983 年的诺贝尔化学奖。

元素有机化学与理论化学、合成化学、催化、配位化学、生物无机化学、高分子化学交织在一起，20 年中有 8 人在同一个三级学科获诺贝尔奖，从中可看出其重要影响和广阔前景。

19 世纪 30 年代以前，人类对天然高分子有了初步的认识，并能对它们进行一些化学处理。但是，这还算不上高分子化学，这仅仅是为高分子化学的产生和发展准备了条件。

19 世纪中叶以后，在对天然高分子认识和利用的基础上，逐步发展起来人工合成高分子化合物。但是这些工作大部分还都停留在经验阶段，对于高分子的微观结构和性质的关系尚缺乏理论上的解释。高分子化学是随着人们对各种有机高分子结构与性质的逐步深入研究而发展起来的，现在已发展成为与有机化学并列的化学的二级学科。

总之，从 19 世纪末以来，有机化学的发展速度是空前的，规模是前所未有的，出现了结构有机化学、分析有机化学、天然有机化学、元素有机化学、金属有机化学和物理有机化学等有机化学的分支，还有与有机化学相关的或是以有机化学为基础的学科，如分子生物学、生物化学、石油化学、高分子化学等。

5.3 分析化学的变革

进入 20 世纪，由于现代科学技术的发展，相邻学科之间的相互渗透，使分析化学的发展经历了三次巨大的变革。第一次在 20 世纪初，由于物理化学溶液理论的发展，为分析化学提供了理论基础。建立了溶液中四大平衡理论，使分析化学从一门技术更进一步地发展成为一门科学；第二次变革发生在第二次世界大战前后。物理学和电子学的发展，促进了分析化学中物理方法的发展，分析化学从以化学分析为主的经典分析化学发展到以仪器分析为主的现代分析化学；从 20 世纪 70 年代末到现在，以计算机应用为主要标志的信息时代的来临，给科学技术的发展带来巨大的冲击，分析化学正处于第三次巨大变革时期。

由于生产和现代科学技术的发展，特别是生命科学和环境科学的发展，对分析化学的要求不再局限于"有什么"和"有多少"，而是要求提供物质更多的、更全面的信息。使分析化学具有以下一些特点：从传统化学分析到仪器物理化学分析；从单组分的分步分析到多组分的同步分析；从组成分析到结构分析；从常量分析到超微量分析；从静态分析到动态分析；从间接分析到直接分析；从近距离分析到远距离分析；从破坏性分析到保护性分析；从单一手段到多种手段配合的多功能分析；从手工到自动化分析和数据处理等。从现代分析化学的整体看，上述十个方面是互补的，并不是后者完全取代前者，而是实现了辩证的综合。

对于传统定量分析尤其是重量分析和容量分析技术的改进，在 19 世纪末就已经有所进展，相继出现了一些酸碱指示剂，如酚酞、甲基橙等。1893 年，人工合成的酸碱指示剂已达 14 种。进入 20 世纪后，由于电离理论等溶液新理论逐渐得到公认，带来了定量分析的新发展。

重量分析方法的发展，首先是有机试剂化学合成的发展，使人们更有效地应用各种有机沉淀剂和指示剂，丰富了沉淀分离手段，推动了氧化还原滴定和沉淀滴定的发展。其次是沉淀性质和沉淀条件的研究，进入 20 世纪后，结晶化学、胶体化学以及化学反应机理研究成果的应用，使得人们研究沉淀形成机理和条件对沉淀性质及纯度的影响成为可能，化学家们提出了均匀沉淀法，1932 年，德国化学家哈恩更明确提出从溶液中进行缓慢沉淀的方法。

容量分析方法取得的最大成就是氨羧配位剂滴定法的提出。瑞士化学家**施瓦岑巴赫**（G. Schwarzenbach）在广泛研究氨三乙酸、乙二胺四乙酸（英文缩写 EDTA）等氨基多酸类化合物的物理化学性质的基础上，提出了以紫尿酸铵作为指示剂，用 EDTA 滴定水的硬度，获得成功。1946 年，他又提出用铬黑 T 作为指示剂，从而奠定了 EDTA 滴定法的基础。1956 年后，随着氟化铵、三乙醇胺等掩蔽剂的应用，到 20 世纪 60 年代，已有 60~70 种金属离子能用此法直接或间接滴定。

微量分析方法是 20 世纪发展起来的，奥地利化学家普列格尔对此做出了重大贡献。1907 年起，他就开始对李比希的碳氢燃烧法、杜马的氮分析法、蔡泽尔的甲氧基分析法和卡利乌斯的硫和卤素分析法的微量改进，并对所用仪器进行研制，使这些方法可以对少到几毫克的试样进行全面分析，1916 年，普列格尔用德文完成了他的经典著作《**定量有机微量分析**》。由于这些贡献，普列格尔获得了 1923 年诺贝尔化学奖。20 世纪20 年代，德国化学家**埃米希**（F. Emich）创立了点滴微量分析法并使之系统化。

生产和科学技术的发展，使过去应用的化学分析方法已远远不够，利用光、电和电子技术等各种仪器分析方法应运而生，使分析化学仪器化。这些仪器包括极谱、光谱、色谱、质谱、核磁共振波谱等。这些仪器不仅用于分析物质的化学组成和含量，还可以用来测定物质的结构、状态以及研究快速的化学反应和物理变化过程。

电化学分析法是基于电化学原理和物质的电化学性质而建立起来的一类分析方法的总称，是仪器分析的一个重要分支。在进行测定时，使试样溶液作为电化学电池的一个组成部分，然后研究它的某些电化学特征，测定某种电物理量来求得分析结果。电化学分析法有三种类型：电重量分析法（电解分析法）、电容量分析法、极谱分析法。

1800 年伏打制造了伏打电堆，开辟了电化学的领域。1864 年，美国化学家吉布斯首次利用电解分析法测量铜，并因此被推崇为电解分析法的奠基人。19 世纪 70 年代已将这种方法扩大到测定汞、铅、锌、铝、镉等金属。1938 年后在电解分析法基础上发展出一种特殊形式即库仑分析法，也叫电量分析法。库仑分析法发展到 20 世纪 50 年代已经适用于微量及痕量分析，而被广泛采用。20 世纪 70 年代以来又开发出一种自动滴定微库仑计，具有快速、灵敏、准确等优点，在石油化工和环境监测等方面很有用途。

电容量分析法主要是电位滴定和电导滴定。电位滴定开始稍早，1893 年，德国化学家吕布兰首先研制出标准氢电极。同年，德国化学家**贝伦特**（R. Behrend）发表了电位滴定的第一篇论文。1909 年，德国化学家哈伯等人制作了第一个玻璃电极，1920 年，美国化学家**因内斯**（M. Inners）等发现了一种很适于作为电极的玻璃材料，大大改善了玻璃电极的性能，使精确测定电位差和溶液 pH 成为可能，从而奠定了酸碱滴定的基础。又经过 20 余年的改进，到 20 世纪 40 年代，电位滴定成为了分析化学一个相当繁荣的领域。

继电位滴定法之后，1903 年德国化学家**科斯特**（F. W. Koster）基于在滴定等当点时溶液电导率发生突变这一原理，发明了电导滴定法。

1922 年，捷克化学家**海洛夫斯基**（J. Heyrovsky）创立极谱学。1925 年，海洛夫斯基与日本化学家志方益三合作研制了第一台极谱仪。1936 年捷克化学家**尤考维奇**（D. Ilkovic）提出扩散电流方程（$i_d = kc$），次年，海洛夫斯基等导出了极谱波方程。所有这些奠定了极谱定性和定量分析的理论基础。海洛夫斯基也因这方面的卓越贡献荣获 1959 年诺贝尔化学奖。此后，极谱分析成为电化学分析中最重要和最成功的分析方法之一，引起化学家们的高度关注和深入研究，产生出许多新方法和新技术。20 世纪 60 年代，由于对各种催化波机理的研究和利用使得极谱分析的灵敏度得到进一步提高。

由于化学修饰电极、生物电化学传感器、光谱-电化学方法、超微电极、微型计算机的应用，电分析方法产生飞跃。袖珍微型化、仪器袖珍化、电极微型化、生命过程的模拟研究、活体现场检测（无损伤分析）等，是未来的发展方向。

以紫外-可见光谱、红外光谱、核磁共振谱及质谱为核心，包括原子发射光谱与原子吸收光谱、荧光分析等在内的波谱分析技术已成为现代分析化学的主要分析手段。这些技术可以提供包括物质的组成、结构、几何形状、化学键和化学反应机理等原子和分子水平的信息。

波谱技术理论的研究起源于人们对自然光现象的研究，伴随着光谱学理论的不断完善，波谱分析技术也逐渐发展起来。

17 世纪 60 年代，牛顿在研究颜色问题时，发现了棱镜的分光作用，并首次运用"光谱"这一术语。他的这一发现标志着光谱学理论的诞生，也成为波谱分析技术的肇始。从光谱学的研究到应用光谱学的理论制作出光谱分析的仪器，经历了差不多两个世纪的探索。1800 年，英国天文学家**赫休尔**（W. Herschel）发现了红外辐射光谱。1801 年，波兰物理学家**里特**（J. W. Ritter）发现了紫外辐射光谱的存在。1802 年后，又发现了太阳光和其他星光的暗线的位置与波长，也观察到了电火花的明线光谱。到 1822 年又有人研究了火焰的光谱。但是这时尚未认识到光谱、焰色与温度三者的关系，也未认识到光谱技术的意义。1825 年出现了认识上的第一个转折，即把光谱线与特有的物质联系起来。英国物理学家**塔尔波特**（W. H. F. Talbot）设计制造了一台研究光谱的仪器，可以通过点燃浸有被研究物质溶液的干燥灯芯来观察各种金属盐的特征光谱。到了 19 世纪 50 年代，又发生了第二次转折，1852 年，瑞典物理学家**安斯特罗姆**（A. J. Angstrom）发现，金属的单质和它的化合物有相同的光谱。1854 年，美国物理学家**阿尔特**（D. Alter）正式提出了光谱分析的建议，并列举出许多元素在可见光谱区的光谱线表。1859 年，基尔霍夫和本生设计并制造了第一台为光谱分析使用的分光镜，实现了从光谱学原理到实际应用的过渡。

基尔霍夫和本生设计并制造的分光镜是第一台发射光谱分析仪，解决了具有划时代意义的科学课题，发射光谱分析技术由此诞生。19 世纪 60 年代以来用这种方法发现了铯、铷、铊、铟、镓等新元素。伴随着这一技术在定性分析方面取得的成就，很快就有人想到是否可以进行定量分析。19 世纪末有了一些初步研究，到 1930 年，苏联光谱学家**罗马金（Б. А. Ломакин）**在弄清了谱线强度与浓度之间的关系后，提出了"黑度差分析线对法"，成为光谱定量分析中普遍采用的方法。从此，该方法得到迅速发展，其仪器的结构也不断得到改进完善，光栅光谱仪的出现，又进一步提高了分辨率。20 世纪 60 年代以来，还注意改进光源，先后研制成功了高频直流低压火花、电感耦合高频等离子（ICP）等新光源，尤其是 ICP 具有光源稳定性好、激发温度高等特点，自 1970 年以来，已有各种型号的 ICP 光谱仪问世，把原子发射光谱分析推向一个新的发展里程。

原子吸收光谱现象发现较早，但正式提出将其用于化学分析是澳大利亚物理学家**沃尔什（A. Walsh）**1955 年发表的著名论文《原子吸收光谱在化学分析中的应用》，前后经历了一个多世纪的探索。也是在 1955 年，荷兰化学家**阿尔克麦德（J. T. J. Alkemade）**研制成功了世界上第一台原子吸收分光光度计。原子吸收光谱分析技术最关键的问题是如何提高原子化装置的温度。1965 年，化学家**威尔斯（J. B. Wills）**将氧化亚氮-乙炔焰成功地用于火焰原子吸收分光光度计，将温度提高到近 3000℃，使可测的元素从 30 多种扩展到 70 多种。20 世纪 60 年代，苏联科学家**吕沃夫（Б. В. Львов）**等人研制了石墨炉原子化器，进一步提高了分析的灵敏度。后来由于高强度空心阴极灯的制成，光源的短脉冲供电及双光束原子吸收分光光度计的设计等新的进展，特别是近年来，使用电视摄像管作为多元分析鉴定器、中阶梯光栅的引入以及激光和塞曼效应的应用，为原子吸收光谱分析技术开辟了新的广泛应用领域。

包括紫外-可见光谱和红外光谱的分子吸收分光光度法的起源可追溯到古老的比色测定。人类在长期的实践中认识到，有色物质溶液颜色的深浅与该物质的浓度之间存在正比的关系，由此发明了比色分析法。1729 年由法国物理学家布古厄（P. Bougouer）提出、1760 年德国物理学家和数学家朗伯（J. H. Lambert）进一步研究、1850 年德国数学家比尔（A. Beer）最后建立的朗伯-比尔定律是分子吸收分光光度法的理论基础。

1833 年**布莱乌斯特（Brewester）**观察并记录吸收光谱之后，1862 年英国人**米勒（W. A. Miller）**系统地研究了紫外区的光谱，并指出物质的吸收情况与基团、原子和分子的性质有关。第一台紫外-可见分光光度计于 1918 年由美国国家标准局制成，此后不断发展。20 世纪 60 年代，已基本取代了光电比色计，目前已有单光束、双光束双波长以及带微处理机的多种型号紫外-可见分光光度计。

1891 年，**朱利叶斯（W. H. Julius）**揭示出分子的化学结构与红外光谱的关系，引起人们的重视。1905 年美国物理学家**科布伦茨（W. W. Coblentz）**发表了《红外光谱研究》的著作，从理论上奠定了红外光谱分析的基础。1910 年，美国物理学家**伍德（R. W. Wood）**

制成了第一台高分辨率的光栅红外光谱仪。1930 年以后，红外光谱仪的性能有了改进和提高。1947 年，第一代红外分光光度计——自动记录式双光束棱镜红外光谱仪研制成功。1950 年，第二代红外分光光度计——光栅红外光谱仪诞生。1962 年，第三代红外分光光度计——采用干涉调频分光的傅里叶变换红外光谱仪制成。第四代红外分光光度计——利用激光技术、具有惊人自分辨率的自旋反转激光拉曼和激光二极管红外光谱仪也已问世。

早在 1575 年，西班牙人**莫纳德斯**（N. Monardes）就发现了荧光现象，但其后进展缓慢。1852 年，英国物理学家**斯托克斯**（G. G. Stocks）阐明荧光的发射机制，1905 年，伍德发现了共振荧光。1926 年**格威拉**（Gaviola）进行了荧光寿命的直接测定以后，才逐步发展到现代水平。1928 年，设计出第一台光电荧光计，其灵敏度很有限。到 20 世纪 80 年代，发展成高度精密的、稳定性较好的荧光分光光度计。如今，荧光分析法已发展成为一种重要且有效的光谱化学分析手段。

核磁共振波谱分析技术是 20 世纪 50 年代发展起来的新技术。1953 年，瓦里安公司制造的第一台 NMR 光谱仪，很粗糙、分辨率低。经过十几年，到 20 世纪 60 年代制成了稳定性好、易操作的 NMR 光谱仪，使 NMR 分析技术成为化学实验室中可以广泛应用的分析技术。

质谱分析技术的原理不是物质对电磁波的发射或吸收，它是使试样中的各种组分在离子源中发生电离，生成不同核质比的带正电荷的离子，然后通过电场和磁场的作用将它们分开，经过聚焦得到质谱图。1910 年英国物理学家 J. J. 汤姆逊设计制成了一种没有聚焦的抛物线质谱装置，用来研究各种同位素。1919 年，英国物理学家阿斯顿引进了速度聚焦，改进了汤姆逊的质谱仪，研究了 50 多种非放射性元素，发现了天然存在的 287 种核素中的 212 种。20 世纪 80 年代以来，质谱发展更加迅速，相继出现了各种类型、各种用途的质谱仪及色谱-质谱联用仪，被广泛应用于多个领域。

色谱法（又称色层法或层析法），起初是作为一种分离手段来研究的。20 世纪 50 年代，人们把这种分离手段与检测系统联合使用，构成了一种独特的分析方法。色谱法按两相的状态分类，常分为气相色谱和液相色谱。

第一台气相色谱仪由奥地利科学家在 1947 年组装而成。气相色谱自 1952 年由英国化学家**詹姆斯**（A. T. James）和马丁首先提出后，得到迅速发展。1956 年，美国工程师**戈雷**（M. J. E. Golay）发明了一种高效玻璃毛细管色谱柱，使色谱分离速率大大提高。从 1954 年到 1965 年，多国学者先后研制成功热导检测器、氢焰离子化检测器、电子捕获检测器、火焰光度检测器，使气相色谱仪的灵敏度和选择性不断提高。

进入 20 世纪 50 年代，继气相色谱之后，又出现了高效液相色谱分析技术。1967 年，美国耶鲁大学化学家**浩尔瓦**（C. Horvath）使用新型的 Pellicular 柱填料和高灵敏度的紫外吸光式检测器，设计了第一台高效液相色谱仪。此后，这项技术得到迅速发展和不断完善，应用也越来越广泛。20 世纪 80 年代初出现的超临界流体色谱，20 世纪 80 年代末迅速发展的毛细区带电泳，使色谱分析继续充满活力，蓬勃发展。

分析化学在发达国家中已渗透到工业、农业、国防以及科学技术的各个领域。事实表明，分析化学水平是衡量国家科学技术水平的重要标志之一。以美国为例，它是西方工业和科学技术最发达的国家，它在分析化学领域也处于国际领先地位。美国现有化学家约 20 万人，其中分析化学家 4 万人，远远高于其他化学学科。美国"分析化学"杂志具有国际第一流的学术水平，也是发行量最大的杂志，超过美国所有其他化学学术刊物。美国一年一度的匹兹堡分析化学会议是世界上规模最大的分析化学学术会议。如 1989 年参加会议人数达 26000 余人，学术论文 1600 多篇，参展仪器公司 850 家，展览面积相当于 14 个足球场，美国在分析仪器创造及使用方面也明显居于世界领先地位。1989 年，世界分析仪器销售额估计为 48 亿美元，而美国购买分析仪器最多。市场的竞争就是产品质量的竞争。美国每年用于产品质量控制分析的费用为 500 亿美元，每天进行 2.5 亿次分析，控制美国全国 2/3 产品的质量。严格的分析监测使美国大多数产品稳定在国际第一流水平。由此可见，分析化学在国民经济中的地位十分重要，分析化学的发展所带来的经济效益十分可观。

分析化学的飞跃发展，使分析化学经典的定义、基础、原理、方法、技术与仪器分析等方面都发生了根本的变化。与经典分析化学密切相关的是定性分析系统、重量法、容量法、溶液反应、四大平衡等；基本原理主要是化学热力学及少量化学动力学理论。而现代分析化学与之密切相关的是化学计量学、过程控制、传感器、自动化分析、机器人、专家系统、界面、固定化、胶束介质、生物技术和生物过程以及分析化学微型化带来的微电子学、集微光学和微工程学等，而这些名词术语已经远远超出了化学的概念，突破了纯化学的领域。

近年来，以化学为基础的过程分析化学的形成对分析化学的发展起了巨大的推动作用。它打破了经典分析化学仅限于提供分析数据的界限，在现代工业的自动化生产中，进行过程质量控制分析，从而成为保证产品质量的关键。分析化学正在经历着一次极其深刻的变革，它将产生质的飞跃，一个崭新的分析化学时代已经到来。

5.4　物理化学理论的系统化

19 世纪是物理化学的创立时期，物理化学的创立沟通了物理学和化学两大领域的联系。20 世纪，物理化学从深度和广度上更进一步揭示了物理现象和化学现象之间的内在联系，并且物理化学在已经形成的次级学科领域内有了长足的进展，逐渐形成了一些新的研究领域。

20 世纪，热力学得到了两方面的发展：一是把宏观的经典热力学推进到完善阶段，二是研究对象从可逆过程进入到不可逆过程，形成了不可逆过程热力学。

19 世纪创立了热力学第一定律和第二定律，弄清了熵的物理意义。1904 年，德国化学家能斯特在《理论力学》中发表了与众不同的看法，并在 1906 年提出了当热力学温度 T 趋于 0 时，$\Delta G = \Delta H$，$\Delta S = 0$，这就是著名的能斯特热原理或能斯特热定律。这个原理说明在热力学温度为零度时，任何变化都不会引起熵的变化，但这并不排除 $T=0$ 时熵为负值或无穷大的可能性。1911 年，**普朗克（M. Planck）** 进一步补充了这一原理，指出物质凝聚相在绝对零度时的熵为零，即 $S_0=0$。这个结论被称为热力学第三定律。1927 年，路易斯在普朗克工作的基础上又做了进一步补充，指出液体和无定形体在热力学温度为零度时的熵值并不为零，只有纯粹的完美晶体在热力学温度为零度时才具有零熵。后来，热力学第三定律得到了证实，它大大加深了我们对物质在超低温时行为的认识，也完善了经典热力学。

经典热力学揭示了一个系统处于平衡态以及从一个平衡态过渡到另一个平衡态的可逆过程的运动规律。对于非平衡态，它只能告诉我们孤立系统变化的必然趋势是无序的平衡。但是，可逆过程是理想化的假定，真实过程都是不可逆的。这样，研究不可逆过程或非平衡态热力学，就成为 20 世纪物理化学的重要任务。不可逆过程热力学的发展，分为两个阶段：第一个阶段是线性不可逆热力学，第二个阶段是非线性不可逆热力学。美籍挪威物理学家、化学家**盎萨格（Lars Onsager）**的倒易关系和比利时物理化学家**普里高津（Ilya Prigogine）**的最小熵产生原理是线性可逆热力学的两块基石。在这个基础上，逐步形成了线性不可逆过程热力学。后来，普里高津创立了耗散结构理论，这是非线性不可逆过程热力学的重要标志。

由于化学思想和处理方法的不同，20 世纪产生了多种溶液理论。这些理论尚未统一，形成了溶液理论多元化发展的趋势。这些理论互相竞争，这本身就预示着人们对溶液认识将要产生重大突破。

从 20 世纪 30 年代开始，出现了各种物理模型理论。这些理论先设想一个液体的结构模型，然后以此为基础建立一个配分函数，最后应用统计力学公式算出液体的各种热力学性质。20 世纪 30～50 年代，**古根海姆（E. A. Guggenheim）**和**福勒（R. H. Fowler）**建立了似晶格模型理论。这个理论是一个半经验理论，基本上是定性的，是一个范围较广的非电解质溶液理论。

为了深入研究电解质溶液的特性规律，德拜和休克尔提出了强电解质溶液离子互吸理论，这一理论很有影响，但偏差较难校正，适应范围较小。1973～1979 年，**皮策（K. S. Pitzer）**对这一理论做了重要改进，建立了一个半经验的统计力学理论，得出了形式简洁的普遍方程，其应用范围很广。人们对其评价较高。有人认为，高浓度电解质溶液理论在平衡态方面已基本解决。但关于盐效应和熔盐方面远未成熟。

电化学主要研究化学运动和电运动之间的联系。一个电化学体系中，最重要的是两部分，一部分是液相，另一部分是电极。20 世纪在电极研究方面取得了重要的成果。

1922～1924 年，**皮萨尔冉夫斯基（L. V. Pisayzhcvsky）**系统地提出了电极电位产生的溶剂化理论。1926～1928 年，**依士加雷夫（N. A. Izgaryshev）**发展了皮萨尔冉夫斯基的定性理论，指出了电极电位与金属中键的强度及溶剂化存在密不可分的关系。1932 年，美国学者**格尼（R. W. Gurney）**提出了类似的看法，格尼的理论是定量的，对电极电位理论的形成起了重要作用。

电化学不仅在电极电位的形成上，而且在电极-溶液界面的结构上同样取得了很大的进展。1924 年，**史特仑（O. Stern）**提出了双电层的吸附模型，为我们提供了一个新的双电层结构图像。20 世纪 50 年代，**格来亨（D. C. Grahame）**对这个模型做了发展性研究。

20 世纪在电化学的应用研究上，取得了一些可喜的成就。1954 年用半导体硅制成了第一个太阳能电池，现在这种电池已用于宇宙飞行。用电化学方法进行有机合成，可以得到高质量的聚合物。20 世纪 60 年代初开始用电解法生产原料己二腈。

20 世纪，物理化学的一个重大发展就是胶体化学和表面化学的开拓性研究。1861～1864 年，**格雷厄姆（T. Graham）**提出了胶体的概念，但是真正胶体化学是在 20 世纪确立的。1903 年，奥地利-德国化学家**齐格蒙（R. Czsigmondy）**等对胶体做了深入的研究，阐述了胶体溶液的许多性质，而且第一次为人们研究胶体提供了直接的观测方法和手段，奠定了胶体化学的基础。1907 年，瑞典学者**斯维德贝格（T. Svedberg）**设计了电粉碎法，1923 年，他又研制了超离心机，发明了超离心法。利用这些方法，对胶体粒子和高分子的分布、大小、形状、质量或分子量都有了更深入的研究。他的学生**梯塞留斯（A. W. K. Tiselius）**改进了电泳方法并且提出了进行吸附分析的方法，既可以进行定性吸附分析，又可以进行定量吸附分析，促进了胶体化学的发展。

对吸附现象的研究导致了表面化学的产生。1913～1942 年，朗缪尔对表面化学进行了大量的研究，提出了气体在固体表面的单分子吸附层理论。根据他的水面油膜实验，提出水面油膜定向说。这些工作，帮助我们认识到有关单分子表面膜的行为和性质，也对 20 世纪的各种催化学说产生了一定的影响。

物理化学揭示了物理学和化学两大领域之间的内在联系，从而否定了割裂学科之间相互联系的形而上学观点，丰富了唯物主义辩证法，从而指导人们用普遍联系的观点来进行科学研究。另外，物理化学这门边缘学科与其他学科相互渗透，又逐渐形成一些新的边缘学科。如电化学与其他学科作用产生了量子电化学、固体电化学、光电化学等，对科学本身的发展也具有重要的现实意义。

5.5　生物化学的飞跃发展

生物化学是关于生命现象化学本质的科学。生物化学的研究对象可以从两个方面来考察。一个是静态的角度，主要研究生命物质的化学组成、性质、结构和功能等；另一个是动态的角度，主要研究生物体内各种化学物质怎样变化、怎样相互转化、怎样相互制约以及在变化过程中能量转换等问题。

生物化学是一个重要的交叉科学。它的产生和发展可划分为四个阶段：第一个阶段是零散知识的积累时期；第二个阶段是生理化学的时期；第三个阶段是生物化学诞生并从整体水平上的研究时期；第四个阶段是分子水平时期。20 世纪 60 年代以来，生物化学发展得非常迅猛，为科学家们展现出美好的广阔前景。这种情况不是偶然的，而是社会、生产、科学等多方面发展的必然结果。

18 世纪前，关于生命机体，人们只获得了一些零散知识，这就是零散知识的积累阶段。18 世纪后期到 19 世纪，化学已经形成了比较系统的体系，奠定了近代化学的基础。同时，其他科学如物理学、生物学和医学也有了很大的发展。生理学也发展成为独立的学科。在此期间，由于一些比较重要的工作和发现，把生理问题和化学思想结合在一起，用化学来解释生理现象。生理化学阶段为生物化学的形成做了准备。18 世纪后期到 19 世纪前期，**英根-霍兹（Ingen-Housy）**、**塞纳比尔（J. Senebier）**等科学家从化学观点研究了植物生理，并取得了一定进展。英国医生**威廉·普劳特（W. Prout）**等科学家从化学观点研究动物和人体的生理现象，他发现食物中含有糖、脂肪、蛋白质三种养料。1836 年，贝采里乌斯提出"蛋白质"一词。1842 年，李比希出版了《生物化学》，他用化学理论阐述了动物生理和人体生理的问题，对生物化学的形成起了巨大的作用。

19 世纪末到 20 世纪初，科学家发现了一些重要的化学物质，为进一步研究生命的本质，创造了条件。这一时期的主要科学成就是：科学家对酶有了进一步的认识；**贝尔纳（C. Bernard）**发现了糖原；**沃特（Carl Voit）**和他的学生**马克斯·鲁布纳（Max Rubner）**对人体与气体氧的关系进行了深入的研究，提出"等能定律"。

1912 年波兰化学家**卡西米尔·冯克（Casimir Funk）**对脚气病、坏血病、糙皮病等病症进行了研究，提出了"维生素"的名称；**德拉孟特（J. C. Drammond）**命名了维生素 A、B、C 和 D。

在整个人类历史上，缺乏维生素一直是死亡的重要原因。在 18 世纪，人们发现少量的柑橘果实可以防止长途航海中的坏血病。这是因为柑橘果实提供了维生素 C。1912 年，科学家把这种人体所必需的"食物附加因子"命名为维生素。从那以后，许多维生素相继被分离鉴定。虽然维生素本身不是酶，但它对于多种酶的作用是必需的。因此，它被称为"辅酶"或"辅助因子"。

维生素 B_{12} 是防止恶性贫血和日常食物所必需的组分。它的分离和鉴定在 1948 年就已有报道。1956 年，科学家们用 X 射线晶体衍射和化学研究法，测定了它们的分子结构，发现它是现有维生素中最复杂的。1976 年，B_{12} 辅酶的功能和作用机理方面的研究，也有了很大进展。

此外，人们对核黄素的认识也有了相当大的进展。核黄素，即维生素 B_2，是黄素的一个例子。各种形式的黄素是正常代谢过程中所必需的各种氧化还原系统的辅酶，现已知道有一百多种黄素蛋白。有趣的是近来发现一种修饰的黄素是生产甲烷的细菌中的一种辅酶，它在开发甲烷作为能源的研究中可能是有意义的。

人们很早就知道维生素 D 是防止佝偻病所必需的。儿童缺少维生素 D 会使骨骼发育不良。利用先进的化学和光谱技术，现在已证明维生素 D 实际上是一种激素前体。在体内它被代谢成一种活性很强的二羟基衍生物，调节着吸收食物中的钙和在肾脏中钙的再吸收，以及钙在骨骼中的代谢。现在，人们还不了解维生素 D 激素如何完成它的功能，研究工作还在进行中。科学家们已经合成了维生素 D，并证明它对许多骨骼疾病是很有效的。目前正在进行试验，以便正确估计它对治疗骨质疏松症的效用。这种化合物是极好的研究材料，随着研究工作的深入，无疑还会发现维生素 D 的新功能。

另一种结构已知的是维生素 K。在生产帮助血液凝结的蛋白质的过程中，它是必需的辅酶。我们仍需要弄清楚维生素 K 是如何起作用的，对其结构的了解是达到此目的的关键步骤。

在相当长的一段时间内，我们就知道来自维生素 A 的一种化合物是眼睛感光所必需的。然而，现在人们也认识到维生素 A 在高等动物的生长中也起着基本的作用。它在骨骼发育、精子发生及胎盘发育中都很重要。维生素 A 必须先转化成几种有关的化合物，才能发挥上述功能。目前，在阐明这些化学变化方面已取得了重要进展。例如，为了在上皮组织中发挥功能，似乎它必须先转变成视网膜酸。其中的有些酸和人工合成的类似物，在治疗皮肤疾病，如痤疮方面是很有效的。另一重要进展是发现维生素 A 能够阻碍某些化学致癌作用。

维生素 E，亦称"生育酚"，属脂溶性维生素。极易被氧化从而保护其他物质不被氧化，故而有抗氧化作用，是某些动物维持生殖机能的重要因素，缺少它会造成不育、流产等，对人类生殖机能的重要作用尚不甚明确，但在临床上常用于防止流产和不育等症。近年来有很多报刊报道，维生素 E 具有防止心脏病、减缓老化过程、减少人患白内障及某些癌症的作用。

19 世纪末期化学家承认了某些器官能分泌对动物体某些部分产生巨大影响的物质，这是科学家对腺体的初步认识；1901 年，**阿尔德里希（T. B. Aldrich）**等提取出肾上腺素，产生了近代激素概念；1902 年，**贝利斯（W. M. Bayliss）**和**斯塔林（E. H. Starling）**发现了胰岛素；1888 年俄裔法国细菌学家**梅契尼可夫（Elie Metchnikoff）**最先提出抗生素学说。这个阶段的生物化学实际是用化学的观点研究生物的生理问题，为 20 世纪前期形成生物化学这门独立的学科奠定了基础。

20 世纪以来，由于化学方法、物理方法的发展以及农业、畜牧、医学、食品工业、发酵工业的发展，使人们对蛋白质和核酸的研究获得了突破性的进展。这是生物化学不断发展的重要标志。

20 世纪初，费歇尔在蛋白质的化学结构研究中，做出了巨大的贡献。最初他研究了氨基酸；1902 年提出了蛋白质的多肽结构理论；1907 年，他合成了含有 18 个氨基酸的长链，正确地反映了蛋白质的基本结构，为蛋白质研究的进一步发展指明了方向。

20 世纪 20 年代，美国化学工作者搞清了核酸的化学成分及其最简单的基本结构。弄清了核酸由四种不同的碱基所构成，即腺嘌呤、鸟嘌呤、胸腺嘧啶和胞嘧啶。1929 年，又确定了核酸有两种，即 DNA 和 RNA。这些研究工作使人们触及到了生命的本质问题，为生物化学的突破性发展奠定了坚实的基础。

1953 年，美国生物物理学家**沃森（J. D. Watson）**和英国化学家**克里克（F. H. C. Crick）**用 X 射线衍射方法研究 DNA，并在前人大量工作的基础上，进行综合分析和理论计算，在 1953 年 5 月发表了《*核酸的分子结构*》这一著名论文。在这篇论文中，他们提出了 DNA 分子的双螺旋结构模型。这篇论文的发表震动了全世界，DNA 双螺旋结构的确定是生物化学进入分子水平的标志，奠定了分子生物学的基础。

1953～1955 年，沃森和克里克又提出了中心法则，以此来说明 DNA 遗传信息的自我复制和指导蛋白质合成所遵循的一般原则。后来，人们又发现有的噬菌体没有 DNA，只有 RNA，在这种情况下必须有一个特殊的"反向转录酶"，它的 RNA 就可决定后代的 DNA。这个发现推翻了中心法则的不可逆性，从而丰富了遗传信息的传递规律。

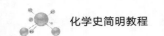

1965 年 9 月，我国科学工作者在世界上首次人工合成了结晶牛胰岛素。美籍印度科学家**克那拉**（M. G. Khoranat）在核酸的化学合成方面具有杰出的贡献。蛋白质和核酸的合成对生物化学的发展起到了巨大的推动作用。在 1956 年，伽莫夫曾提出四个碱基组成一个密码的设想，他还推想，一种氨基酸可能有一个以上的密码。1963 年，20 种氨基酸的遗传密码全部被揭示出来。1969 年，64 种遗传密码的含意也全部被测知。这些成就标志着生物化学的内容越来越丰富。

生物化学突飞猛进的发展是有一定的原因的。首先是社会实践的要求，例如病毒的控制、环境污染的控制、培养优良品种等都要求通过生物化学的途径去解决，这在客观上推动了生物化学的发展。其次，生物化学是一门边缘性基础学科，其本身的内在矛盾促使其不断发展。最后，物理、化学等学科思想和方法各方面的影响是推动生物化学迅速发展的又一重要原因。

生物化学的产生和发展具有重大的科学意义、哲学意义和现实意义。

生物化学的产生和发展对其他学科产生了深远的影响。如分子生物学的建立为现代遗传工程学奠定了基础，人们可以根据需要，使用类似工程设计的方法，有目的地把一些生物的或人工合成的 DNA 片断带入别的生物细胞中去，从而创造出兼有某些新的遗传性状的物种，因此具有巨大的科学意义和现实意义。生物化学基础上的分子生物学，已成为第三次科学革命的标志之一，成为新的带头学科。

辩证唯物主义认为世界是统一的，它的统一性在于它的物质性。任何自然现象，不管它多么复杂多变，都可以而且只能在物质自身中寻找原因。生物现象只不过是物质运动的一种高级形式的表现，因此人们完全可以用物质运动的理论来解释。生物化学的产生和发展，以铁的科学事实否定了"活力论"等形形色色的唯心主义思想，指出了生物和非生物在化学成分上没有任何本质的区别，因此丰富了辩证唯物主义自然观的物质统一性思想。

生物化学通过遗传信息在 DNA、RNA、氨基酸之间复制、转录和翻译过程的研究，揭示了生物大分子的蛋白质与核酸之间的相互联系，同时还通过对全部 20 种氨基酸的遗传密码的破译，揭示了一切生物物种之间的内在联系。从而否定了把事物彼此割裂的形而上学的观点，丰富了唯物辩证法。

生物化学通过对生命各基本物质及其相互关系的研究，深刻揭示了结构决定功能的规律性，从而进一步丰富了辩证唯物主义的自然观。

5.6 高分子化学的建立与发展

高分子化学是研究高分子化合物的反应与合成、结构与性质的新兴学科。高分子化学与国计民生有着极为密切的关系。天然高分子有棉花、毛、丝等，合成高分子有塑料、橡胶、人造纤维等，这些都是高分子化学研究的范围。20 世纪 20 年代，由于高分子概念的建立才有了高分子化合物这个名称，进而高分子化学才诞生和逐渐发展起来。但是，人类简单直观地认识有机高分子物质却可以上溯几千年。

5.6.1　对天然高分子的认识和利用

在古代，随着人类物质文明建设的发展，人们就开始了对天然高分子的认识和利用，因为天然高分子与人类的物质生活是紧密联系在一起的。例如，作为食物的蛋白质、淀粉，作为织物的棉、毛、丝等都是天然高分子物质。人类生活是离不开这些物质的。再如，我国古代四大发明之一的造纸，实际就是利用麻布、植物纤维这些天然高分子进行物理化学加工，从这一点讲，中国对天然高分子进行物理化学加工要比西方早得多。

天然的树脂与油漆的利用，中国也比西方早，中国古代的漆器在世界文明中占有十分重要的地位。中国古建筑、壁画、墓葬中的油漆工艺水平是非常高的。我国较早使用的桐油和大漆，后来传到许多西方国家。人类对天然高分子的认识和利用，主要体现在天然橡胶和天然纤维两大领域。

早在 11 世纪，就有了关于天然橡胶的记载。据记载，那时在中美洲洪都拉斯附近曾发掘出橡胶球。哥伦布第二次远航，曾到达拉丁美洲的海地，亲眼看到当地人用天然橡胶做的球做游戏。1530 年，**恩希拉（P. M. d'Anghiera）**著有《*关于新世界*》一书，其中提到，在巴西、秘鲁、圭亚那等美洲国家会用天然橡胶制作生活用品，如雨布、雨鞋、容器等。橡胶一词原文的意思是"木头的眼泪"，美洲野生的橡胶树，割开树皮之后，就会流出乳液，这种乳液就是橡胶。天然橡胶以美洲为佳。亚洲的喜马拉雅山南麓的河谷中，非洲中部的森林中，也有野生橡胶树，但与美洲的科属不同，质量比较差。1876 年，巴西橡胶被移植到英国，后来又移栽到亚洲的一些国家。到 1898 年，锡兰就开始出口天然橡胶，1910 年以后，亚太地区出口天然橡胶的数量达到美洲地区的 1/10。到 20 世纪 70 年代，亚太地区出口的橡胶量占世界出口总数的 90%，约 270 万吨。

如何把天然橡胶加工成具有人们需要的性能，一直是科学研究的重要课题。1763 年，**马凯尔（P. J. Macquer）**和**赫立桑（L. A. P. Herissant）**等人发现用乙醚等有机溶剂可以溶解橡胶。后来，又发现橡胶硫化后可以改变性能，从而能制成人们需要的产品。1832 年，德国人**吕德斯杜夫（F. Ludersdorff）**把橡胶与含 3% 硫黄的松节油共煮，获得黏性小的橡胶产品。后来又发现在橡胶中加入松节油、硫黄、白铅等经高温加热，可以得到不黏而又有弹性的制品。这一工艺经过一系列的改进之后，广泛地用于对天然橡胶的加工方面。

人类对天然纤维很早就广泛利用了，这比对天然橡胶要早得多，古人把天然纤维经纺织以后，解决穿衣问题。中国马王堆出土的汉墓中，丝织品已具备 36 种颜色，各种织物纹理整齐，水平很高。在古印度、古埃及、古罗马、古希腊等古老国家中，都出土过极为古老的织物，这些都是古人利用天然高分子纤维的有力证明。

随着历史的进步，人类为了得到满足需要的多功能天然高分子，进一步对天然纤维进行加工，如漂白、染色、抽丝等，经过简单加工和化学处理的天然纤维可以更适合人们的需要。

总之，19 世纪 30 年代以前，人类对天然高分子有了初步的认识，并能对它们进行

一些化学处理。但是，这还算不上高分子化学，这仅仅是为高分子化学的产生和发展准备了条件。

随着实践和认识的发展，人们学会了对天然高分子进行深加工，从而制成人们迫切需要的物质。1832 年，**勃莱孔诺**（H. Braconnot）用浓硝酸处理天然纤维。1845 年，瑞士化学家**申恩拜因**（C. F. Schonbein）又对勃莱孔诺的方法进行了改进，用硝酸和硫酸混合起来处理天然纤维，从而制成了硝化纤维，这就是火药棉炸药。1872 年，**海厄特**（J. W. Hyatt）进一步加工硝化纤维，从而制成了"赛璐珞"塑料，这种塑料可以制梳子、照相底片等。1884 年，英国又制成了脱硝硝化纤维，减小了这种物质爆炸的危险。1885 年，法国把用棉花制成的硝化纤维用硫氢化铵脱硝，从而制成了适用的人造丝。1892 年，把棉纤维进行化学处理制成了黏胶纤维，这种纤维性能更优越。1894 年以后，英、美、瑞士等国又用醋酸酐等物质处理天然纤维制成了醋酸纤维，这种纤维制品可以用来制作照相底片、电影胶片等。这些对天然高分子物质进行深加工的研究，逐步促成了人工合成高分子的实现。

5.6.2 高分子化学的建立

尽管从 19 世纪中叶至 20 世纪初对天然高分子的改性以及从双烯烃得到了合成橡胶，从酚及醛合成了塑料，取得显著成果，并且建立了相应的工业，但对这些物质的结构仍不清楚。

关于蛋白质，1906 年，费歇尔提出它是分子量在 1000 以上的多肽结构。关于纤维素与淀粉，1913 年，**维尔施泰特**（R. Willstatter）等人经研究确定了它们的组成单元为 $C_6H_{10}O_5$，并认为它们具有 $(C_6H_{10}O_5)_n$ 的通式。关于橡胶，1860 年，英国化学家**威廉斯**（G. Williams）首先确定了它的组成单元为 C_5H_8。1892 年，英国化学家**泰尔登**（W. A. Tilden）进一步确定它的基本单元是异戊二烯。

由于对蛋白质、橡胶、纤维素与淀粉的深入研究，发现它们的分子量都非常大，但认为它们是由一般的小分子聚集而成的胶体。打破这个常识确立高分子化学的是德国化学家**施陶丁格**（H. Staudinger）。

施陶丁格，哲学教授之子，曾在慕尼黑大学和哈雷大学受教育，1903 年获哈雷大学博士学位。1926 年起任弗莱堡大学教授，直到 1951 年退休。最早是有机化学家，因研究酮出名。1920 年左右起集中精力研究高分子化合物。他测定了橡胶的分子量，1917 年首次发表观点称像这样分子量很大的分子是以共价键连接的长链状大分子，1920 年对此观点又做了扩展。但是，这个观点与通常认为的高分子化合物是胶体的观点不同，所以招致强烈反对。他以聚甲醛和聚苯乙烯制备不同聚合度的聚合物推进了研究。1929 年，总结了有关聚甲醛的研究成果，展示了支持聚合物是长链大分子的证据。进而在聚苯乙烯的研究中发现了在不同条件下制备的聚合物可以区分不同分子量的成分。施陶丁格为了确定高分子的分子量，使用了当时可以利用的各种物理手段，特别是通过溶液黏度的测定进行了详细的研究。1930 年，施陶丁格又进一步提出高分子溶液的黏度与它们分子量之间的定量关系式，从而进入定量测定高分子分子量的阶段。1932

年，他发表了第一部关于高分子有机化合物的总结性论著。于是，从大分子概念的提出进一步迈入了高分子化学的建立阶段。由于施陶丁格在高分子化学领域的发现而荣获1953 年诺贝尔化学奖，当时，他已经 72 岁了。

施陶丁格从有机化学的立场展开高分子化学的研究，而从物理化学的观点对高分子化学的发展做出重大贡献的是美国科学家**马克**（H. F. Mark）。马克等发展了采用 X 射线结构解析技术的高分子物质结构研究，1932 年后，进一步展开了聚合机理和高分子溶液黏度、橡胶弹性的研究，以及在广泛领域内的高分子化合物研究，为将高分子物质的研究从有机化学的一个领域发展成高分子科学，做出了巨大贡献。

20 世纪 20 年代到 30 年代初，基本弄清了高分子的结合过程以及聚合物结构，为20 世纪 30 年代塑料、纤维、合成橡胶制造中的技术革新开辟了道路，提供了坚实理论基础，使塑料、纤维、合成橡胶工业等发展迅速，给人类生活带来了很大变化。

时至今日，高分子化学早已从有机化学分离出来，发展成为一个完全独立的二级学科。由于它对于分子结构与性能之间的相互关系研究得最有成效，从而对于合成高分子的分子设计提供了有利条件。由于高分子化学的研究经常紧密联系着高分子物理，因而经常统称为"高分子科学"。

5.6.3　高分子化合物的合成

高分子化学发展中的一个重要突破是尼龙-66 的合成，这是第一个合成纤维。**卡罗瑟斯**（W. H. Carothers）从 1929 年开始研究了一系列的缩合反应，从而导致 1935 年试制成功了尼龙-66，并于 1938 年实现了工业化生产。

卡罗瑟斯，美国工业化学家。他是一位教师的儿子，勤奋地读完了大学。1924 年在伊利诺伊大学获哲学博士学位，以后在伊利诺伊和哈佛大学任化学讲师。1928 年进杜邦公司任有机化学研究部主任。卡罗瑟斯的早期工作在于把电子理论应用于有机化学，但在杜邦公司他主要从事聚合反应方面的研究。他的第一项伟大的成功是生产了合成橡胶氯丁橡胶（1931 年）。他在研究乙炔时发现，盐酸和乙烯基乙炔反应便产生氯丁二烯，它很容易聚合产生一种在某些方面优于天然橡胶的聚合物。在系统寻求类似丝和纤维素的合成物时，他制备了很多缩聚物，特别是聚酯和聚醚。1935 年用己二酸和己二胺缩聚获得一种聚酰胺，它具有优良的性质，并在 1940 年开始大规模生产，这就是尼龙-66。但是卡罗瑟斯并没有活到能看到他的成就，尽管他非常成功，但却不能忍受大萧条的折磨，在年仅 41 岁时自杀了。

涤纶纤维是 1940 年英国化学家**温费尔德**（J. R. Whinfield）与**狄克逊**（J. T. Dickson）用苯二甲酸与乙二醇为原料首先合成的。1941 年进行纺丝，发现具有很好成纤性能。但由于第二次世界大战的影响而被搁置。到 1945 年，英国卜内门公司才进入工业化研究。由于苯二甲酸纯化的困难，1946 年温费尔德又改用对苯二甲酸二甲酯与乙二醇为原料，于 1950 年建成了年产 5 万吨的大厂。以后，各国相继生产，在 20 世纪 70 年代，它已经成为合成纤维中发展最快、产量最大的品种。

卡罗瑟斯的助手**弗洛里**（P. J. Flory）于 1936 年曾总结了一系列缩聚反应，从而又提

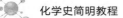

出了缩聚反应中所有功能团都具有相同活性的基本原理。他一方面提出反应动力学，另一方面还提出了分子量与反应程度之间的定量关系式，对缩聚反应的研究奠定了良好的基础。

弗洛里，美国聚合物化学家，1934 年在俄亥俄州立大学获博士学位，然后同卡罗瑟斯一起工作，为研制尼龙和氯丁橡胶做出贡献。当时一个特别重要的问题是聚合物分子没有一个确定的大小和结构，得到的聚合材料是由大量不同链长的大分子组成的。弗洛里使用了统计学的方法探讨了这个问题，获得了表明链长分布的表达式。他发展了非线性聚合物的理论，还进一步提出了排斥体积效应对聚合物的性质能够进行有意识的测定给定溶液的温度的"弗洛里温度"的概念。在后来的工作中，弗洛里整理总结了他的理论研究成果，出版了两本权威著作《聚合物的化学原理》和《链状分子的统计力学》。因为他在该领域中的贡献，弗洛里被授予 1974 年诺贝尔化学奖。

卡罗瑟斯在 20 世纪 40 年代已把当时的合成高分子化合物大体上分为两类，一是从聚合反应得到的缩合高分子，另一是从加成反应得到的加成高分子。加成高分子的蓬勃发展成为这个时期的主要内容。

关于合成橡胶，首先是美国人**纽兰德**（J. A. Nieuwland）和**柯林斯**（R. T. Collins）由乙炔得到氯丁二烯聚合成为氯丁橡胶，并于 1931～1932 年由卡罗瑟斯在杜邦公司实现了工业化生产。不久后德国在 1934 年采用乳液共聚合生产了丁苯橡胶和丁腈橡胶。第二次世界大战中，美国通过全国合成橡胶协作计划，大量生产了丁苯橡胶。当时苏联仍然只生产了丁钠橡胶，无论强度、耐磨性、发热性都远不如丁苯橡胶。1948 年，美国又开始生产低温丁苯橡胶。

烯烃聚合与热塑性塑料工业的兴起是这个时期的中心内容。

首先应提到聚氯乙烯，虽然氯乙烯的聚合早在 1912 年已经发现，但一直无法加工。至 1928 年，氯乙烯与醋酸乙烯共聚合成功，1935～1937 年，美、德等国都将其实现工业化。1932 年发现增塑剂后，英国卜内门公司于 1937 年应用磷酸酯增塑剂生产聚氯乙烯，用它来代替某些钢材，用于制造化工设备，从此聚氯乙烯很快便成为产量最大的热塑性塑料了。

其次是聚苯乙烯，德国在 1930 年、美国在 1934 年已经生产聚苯乙烯，作为优异的高频绝缘材料。第二次世界大战后，原来生产丁苯橡胶的苯乙烯转为民用，聚苯乙烯及其共聚物才获得迅速发展，在美国成为热塑性塑料的第二大品种。1947～1951 年间，美国人**达莱利奥**（G. F. D' Alelio）等成功地合成了聚苯乙烯的正型和负型的离子交换树脂。

1927 年，罗姆-哈斯公司在德国，其后又在美国生产了聚甲基丙烯酸甲酯——有机玻璃。在 20 世纪 40 年代中期，开始生产的水溶性高分子聚丙烯酰胺，用于选矿絮凝、水的净化以及石油钻探等方面，显示出它具有重要和广泛的用途。聚丙烯腈合成纤维是 20 世纪 40 年代后期的产品，但发展很快，现在已成为合成纤维中的第三大品种。

聚四氟乙烯是线型高分子，而且是具有耐高温（250℃）特性的最早的典型例子，既有优异的耐化学腐蚀性能，又有很好的电绝缘性能。1938 年发现了四氟乙烯的聚合，于 1950 年美国杜邦公司实现了这种塑料的工业化生产。

上述各类乙烯类高分子是通过自由基加成聚合反应而得到的。但是经典有机化学几乎不包括自由基反应。不少工业部门建立起高分子的合成与应用的研究机构，并资助大学建立研究室，于是乙烯类自由基聚合反应的基本理论研究也成为这个时期化学家们十分重视的课题。

关于乙烯类高分子的链结构，在 1938～1942 年间，经**马维尔（C. S. Marvel）**研究证明，大多数单体是按照头尾相接方式形成主链。1940 年普莱斯（C. C. Price）又证明是引发剂分解出来的自由基以共价键方式连在聚合物一端而成为端基的。1943 年，**梅尤（F. R. Mayo）**通过研究溶剂的链转移常数，从而提出链转移方程式。

关于引发剂的问题，在 1946～1949 年间，**巴特利特（P. B. Bartlett）**等人对于过氧化物、H_2O_2 与 Fe^{2+} 的氧化还原体系等，分别进行了深入的研究。

对于加成聚合反应，人们通过分子量测定，发现先后形成的聚合产物其分子量不像缩聚反应那样有很大差别，所以推断它不是逐步反应，而很可能是链式反应。1935～1938 年间，马克、**布莱登白赫（J. W. Breitenbach）**和**舒尔茨（C. V. Schulz）**等根据链式反应中的稳态假定分别得出聚合速率动力学方程。舒尔茨（于 1938 年）、马维尔（于 1940年）通过实验对该方程加以证实。随后**瓦尔（F. T. Wall）**等又提出关于竞聚率的测定与共聚合方程式。在 1945～1947 年间，巴特利特等又通过间歇照射光聚合方法测定了聚合方程中的各种速率常数。于是自由基聚合反应机理与动力学的研究进入了比较完善的阶段，从而自由基化学也获得了迅速的发展。

5.6.4　高分子化学工业的建立与发展

随着高分子化合物的合成和对高分子化学理论研究的不断深入，高分子化合物合成工艺逐渐得到发展和完善，主要包括合成橡胶、合成塑料、合成纤维等化学工业。

（1）合成橡胶工业

1826 年，法拉第首先对天然橡胶进行化学分析，确定了天然橡胶的实验式为 $C_5H_{8.8}$。1860 年，**威廉斯（G. Williams）**从天然橡胶的热裂解产物中分离出 C_5H_8，定名为异戊二烯。1882 年，英国化学家**泰尔登（W. A. Tilden）**确定了异戊二烯的结构，并通过实验证明从异戊二烯可以得到弹性体。这种弹性体的某些性质与天然橡胶相似。从此人们确认从低分子单体合成橡胶是可能的，并开始对 C_5H_8 进行聚合研究。

第一次世界大战期间，德国的海上运输被封锁，切断了天然橡胶的输入，他们于 1917 年首次用 2,3-二甲基-1,3-丁二烯生产了合成橡胶，得到两种产品。由 2,3-二甲基-1,3-丁二烯在 70℃ 热聚合历经 5 个月后制得的橡胶，取名为甲基橡胶 W。而由上述单体在 30～35℃ 聚合历经 3～4 个月后制成的橡胶，称为甲基橡胶 H。在战争期间，甲基橡胶共生产了 2350 吨。这种橡胶的性能比天然橡胶差得多，而且当时单体的合成和聚合技术都很落后，故战后停止生产。

1927～1928 年，美国的帕特里克首先合成了聚硫橡胶（聚硫化乙烯）。1931 年，卡罗瑟斯利用纽兰德的方法制得了氯丁橡胶，杜邦公司进行了小量生产。苏联也制得了丁钠橡胶，1931 年建成了万吨级生产装置。在同一期间，德国从乙炔出发合成了丁二烯，也用钠作为催化剂制取了丁钠橡胶。

20 世纪 30 年代初期，由于德国施陶丁格的大分子长链结构理论（1932 年）和苏联 H. H. 谢苗诺夫的链式聚合理论（1934 年）确立，为聚合物学科奠定了基础。聚合工艺和橡胶质量有了显著的改进。在此期间出现的代表性橡胶品种有：丁二烯与苯乙烯共聚制得的丁苯橡胶，丁二烯和丙烯腈共聚制得的丁腈橡胶。1935 年德国法本公司首先生产丁腈橡胶，1937 年法本公司在布纳化工厂建成了丁苯橡胶生产装置。丁苯橡胶由于综合性能优良，至今仍是合成橡胶的最大品种，而丁腈橡胶是一种耐油橡胶，目前仍是特种橡胶的主要品种。20 世纪 40 年代初，由于战争的急需，促进了丁基橡胶技术的开发和投产。1943 年，美国开始试生产丁基橡胶，至 1944 年，美国和加拿大的丁基橡胶年产量分别是 1320 吨和 2480 吨。丁基橡胶是一种气密性很好的合成橡胶，最适于做轮胎内胎。稍后，还出现了很多特种橡胶的新品种，例如美国通用电气公司在 1944 年开始生产硅橡胶，德国和英国分别于 20 世纪 40 年代初生产了聚氨酯橡胶等。第二次世界大战期间，由于日本占领了马来西亚等天然橡胶产地，更加促使北美和苏联等加速合成橡胶的研制和生产，使世界合成橡胶的产量从 1939 年的 2.312 万吨剧增到 1944 年的 88.55 万吨。战后，由于天然橡胶恢复了供应，在 1945～1952 年间，合成橡胶的产量在 43.29 万～89.39 万吨范围内波动。

20 世纪 50 年代中期，由于发明了齐格勒-纳塔和锂系等新型催化剂，石油工业为合成橡胶提供了大量高品质的单体，人们也逐渐认识了橡胶分子的微观结构对橡胶性能的重要性；加上配合新型催化剂而开发的溶液聚合技术，使有效控制橡胶分子的立构规整性成为可能。这些因素使合成橡胶工业进入生产立构规整橡胶的崭新阶段。代表性的产品有 20 世纪 60 年代初投产的高顺式-1,4-聚异戊二烯橡胶，简称异戊橡胶又称合成天然橡胶；高反式-1,4-聚异戊二烯橡胶，又称合成杜仲胶；高顺式、中顺式和低顺式-1,4-聚丁二烯橡胶，简称顺丁橡胶等。此外，尚有溶液丁苯和乙烯-丙烯共聚制得的乙丙橡胶等。在此期间，特种橡胶也获得相应的发展，合成了耐更高温度、耐更多种介质和溶剂或兼具耐高温、耐油的胶种。其代表性品种有氟橡胶和新型丙烯酸酯橡胶等。60年代，合成橡胶工业以继续开发新品种与大幅度增加产量平行发展为特征，出现了多种形式的橡胶，如液体橡胶、粉末橡胶和热塑性橡胶等。到 20 世纪 70 年代后期，合成橡胶已基本上可代替天然橡胶制造各种制品，某些特种合成橡胶的性能是天然橡胶所不具备的。

合成橡胶的产量，1950 年约达 60 万吨，20 世纪 50 年代以后，由于石油化工高速度发展，相应的合成橡胶产量也几乎是每 5 年增加 100 万吨左右。到 1979 年突破了 900 万吨，达到高峰，1980 年产量开始下降，以后几年稳定在 800 万吨左右，约为天然橡胶产量的两倍，合成橡胶的年产能力约达 12 兆吨。

（2）合成塑料工业

1869 年美国人海厄特发现在硝酸纤维素中加入樟脑和少量酒精可制成一种可塑性

物质，热压下可成型为塑料制品，命名为赛璐珞。1872 年在美国建厂生产。当时除用作象牙代用品外，还加工成马车和汽车的风挡和电影胶片等，从此开创了塑料工业，相应地也发展了模压成型技术。

1872 年，拜尔发现，苯酚与甲醛在酸存在下，能形成树脂状物质，但当时并未引起人们重视。1907 年后，比利时出生的美国化学家**贝克兰**（L. Beakeland）在用苯酚和甲醛来合成树脂方面，取得了突破性的进展，获得了第一个热固性树脂——酚醛树脂的专利权。在酚醛树脂中，加入填料后，热压制成模压制品、层压板、涂料和胶黏剂等，这是第一个完全合成的塑料。1910 年建厂投产。在 20 世纪 40 年代以前，酚醛树脂是最主要的塑料品种，约占塑料产量的 2/3，主要用于电器、仪表、机械和汽车工业。

1911 年，英国的**马修斯**（F. E. Mathews）制成了聚苯乙烯，但存在工艺复杂、树脂老化等问题，未得到重视。1930 年，德国法本公司解决了上述问题后，在路德维希港用本体聚合法进行工业生产。1934 年，美国也开始了工业生产。目前，聚苯乙烯产量在塑料中居第四位。

1926 年，美国人**西蒙**（W. L. Simon）把尚未找到用途的聚氯乙烯粉料在加热下溶于高沸点溶剂中，冷却后，意外地得到柔软、易于加工且富于弹性的增塑聚氯乙烯。这一偶然发现打开了聚氯乙烯得以工业生产的大门。1931 年德国法本公司在比特费尔德用乳液法生产聚氯乙烯。1941 年，美国又开发了悬浮法生产聚氯乙烯的技术。从此，聚氯乙烯一直是重要的塑料品种。

1933 年，英国卜内门化学工业公司在进行乙烯与苯甲醛高压下反应的试验时，发现聚合釜壁上有白色固体物质存在，从而发明了聚乙烯。1939 年该公司开始生产低密度聚乙烯。1953 年德国齐格勒用三乙基铝和四氯化钛作为催化剂，使乙烯在低压下制成高密度聚乙烯，1955 年，德国赫司特公司首先工业化。目前，聚乙烯产量在塑料中居第一位，约占塑料总产量的 20%。

1957 年，意大利化学家纳塔改进齐格勒的催化剂，制出了高产率、高结晶度的聚丙烯，1957 年意大利蒙特卡蒂尼公司首先工业生产。

从 20 世纪 40 年代中期以来，还有聚酯、有机硅树脂、氟树脂、环氧树脂、聚氨酯等陆续投入了工业生产。

20 世纪 70 年代后，又有聚 1-丁烯和聚 4-甲基-1-戊烯投入生产，形成了世界上产量最大的聚烯烃塑料系列。同时出现了多品种高性能的工程塑料。1958～1973 年的 16 年中，塑料工业一直处于飞速发展时期。目前，以塑料为主体的合成材料的世界体积产量早已超过全部金属的产量。如今塑料已广泛应用于农业生产和人民生活中。世界塑料的人年均消费量 1970 年为 8 千克，1980 年为 13.4 千克，1995 年达到 22.5 千克，工业发达国家多超过 50 千克。

（3）合成纤维工业

1884 年，法国人**夏尔多内**（H. B. Chardonnet）将硝酸纤维素溶解在乙醇或乙醚中制成黏稠液，再通过细管吹到空气中凝固而成细丝。这是最早的人造纤维——硝酸酯纤维，于 1891 年在法国贝桑松建厂进行工业生产。由于硝酸酯纤维易燃，生产中使用的溶剂易爆，纤维质量差，未能大量发展。

1899 年，由纤维素的铜氨溶液为纺丝液，经化学处理和机械加工制得的铜氨纤维实现工业生产，1905 年，黏胶纤维问世，因原料（纤维素）来源充分、辅助材料廉价、穿着性能优良，而发展成为人造纤维的主要品种。继黏胶纤维之后，又实现了醋酯纤维（1916 年）、再生蛋白纤维（1933 年）等人造纤维的工业生产。1922 年，人造纤维的产量超过了真丝产量，成为重要的纺织原料。1940 年，黏胶纤维的世界产量超过 1 兆吨。20 世纪 40 年代以来，人造纤维的发展速度相对减慢，人们主要致力于提高现有纤维的质量。20 世纪 50 年代，出现了各种黏胶纤维强力丝。20 世纪 60 年代，石油蛋白质纤维稍有发展。

由于人造纤维原料受自然条件的限制，人们试图以合成聚合物为原料，经过化学和机械加工，制得性能更好的纤维。1939 年杜邦公司首先在美国特拉华州的锡福德实现了尼龙-66 纤维的工业化生产。随后德国于 1941 年、1946 年分别进行了尼龙-66 纤维、聚氯乙烯纤维的工业化生产。20 世纪 50 年代以后，聚乙烯醇缩甲醛纤维、聚丙烯腈纤维、聚酯纤维等合成纤维品种相继工业化。1953 年由英国卜内门化学工业公司希尔博士主编的《合成纤维》一书出版，总结了合成纤维工业发展初期的研究成果和生产实践，对合成、加工工艺和理论做了全面阐述，并对以后的发展做了预测。

20 世纪 60 年代，石油化工的发展，促进了合成纤维工业的发展，合成纤维产量于 1962 年超过羊毛产量，1967 年又超过了人造纤维，在化学纤维中占主导地位，成为仅次于棉的主要纺织原料。20 世纪 70 年代初，化学纤维的总产量超过了 10 兆吨。在这期间，人造纤维的产量一直维持在 3 兆吨左右。20 世纪 70 年代合成纤维仍然得到一定的发展，1978 年突破 10 兆吨，1984 年达到 11.9 兆吨。在生产技术方面，20 世纪 70 年代以后，合成纤维技术开发的重点，从创造新的成纤聚合物，转向通过改性或纺丝加工去改进纤维的性能。通过化学和物理改性，纤维的使用性能，如染色、光热稳定、抗静电、防污、抗燃、抗起球、蓬松、手感、吸湿等都有较大改进。各种仿棉、仿毛、仿麻的改性品种逐步开发，并投入生产。生产工艺技术向着连续化、自动化、大型化和高速化的方向发展。

化学纤维的应用领域不断扩大，开发了一些具有特殊性能的合成纤维品种。此外，还有作为增强材料的碳纤维等问世。同时，对现有的化学纤维品种的改进也取得了明显成效，有改变纤维的抗静电、吸湿、吸汗、抗起球、耐热、阻燃、高卷曲、高收缩、高蓬松纤维，有改变纤维形状的异形、中空、超细、特殊立体卷曲纤维，还有仿棉、仿毛、仿麻、纺丝类纤维。此外，用于三废处理的反渗透膜、离子交换纤维以及高分子光导纤维、导电纤维、医用纤维、超细纤维等也纷纷投入使用。

5.7　环境化学的兴起

环境化学是 20 世纪后期新兴的一门学科。由于环境问题的探索是一个交叉学科，涉及到生物学、地学、化学、物理学、医学、社会科学和工程技术，人们通常称环境科学。毫无疑问，化学首当其冲。在人类征服大自然的征程中，化学不仅有效地利用自然界中原有的物质，而且创造出自然界前所未有的新物质，当然也生产了废物，污染了环境。在早期，化学曾被认为是改造世界的英雄，在某种意义上说又是污染环境的元凶。人们终于认识到，科学是把双刃剑，罪过不在化学而在掌握化学的人，在于人类自身。化学既是污染环境的元凶，也是治理污染的能手，于是环境化学应需而生。

5.7.1　环境化学形成的背景及建立

20 世纪 70 年代以来，环境问题被人们列为重大的社会问题之一，同时它也是新兴的重要科学技术课题之一。所谓环境问题主要是指影响人类生活的环境污染与环境破坏。20 世纪 50 年代以来，环境污染空前严重，引起了学术界和社会人士的普遍重视。在 20 世纪 60 年代末 70 年代初甚至形成了一个"环境运动"高潮。事实上，环境问题由来已久，只不过是近几十年来更加突出而已。

环境问题真正成为社会问题是随着大规模工业生产的发展而逐渐表现出来的。1661 年英国人**伊夫林（J. Evelynn）**给英国政府（英王查理二世）写了一个关于伦敦污染的报告《*驱逐烟气*》，其中已指出空气污染的危害，并提出了一些防治对策。18 世纪后期以来的一百多年里，英、法、德、美等国先后进行了工业革命，生产力得到了很大发展，环境污染也日益严重。煤炭、冶金、化工和交通运输业的发展，工矿企业排出大量废弃物，不断造成一些人为的灾害。英国伦敦发生了几次可怕的毒雾事件，都是煤烟污染空气造成的。在 19 世纪末和 20 世纪初，美国就有一些城市因多烟而出名。19 世纪后期，足尾铜矿区因废气毁坏了整片山林和庄稼，使矿山周围 24 平方千米的土地成为不毛之地，总受害面积竟达 400 平方千米。铜矿排出的废物和污水流入渡良濑川，严重危害沿岸土地和人民。总的来说，18 世纪后期到 20 世纪初期，在一些资本主义工业发展的国家，环境污染已经在个别地点和局部地区造成严重问题。

20 世纪 20 年代以来，工业有了进一步发展，特别是石油和天然气生产急剧增长，燃油的各种机动车广泛使用，从而出现了前所未有的石油污染问题。一个著名的事例是美国洛杉矶的光化学烟雾事件。此地自从 1936 年开发石油以来，工业迅速发展，城市人口剧增，汽车大量使用，因而产生了空气污染的新问题。从 1943 年开始，在洛杉矶上空出现了浅蓝色的烟雾，它是由排放到空气中的污染物（特别是汽油蒸气和汽车尾气）经阳光照射，连续发生化学反应而产生的一些物质所形成的气体，主要有害成分是臭氧、过氧乙酰硝酸酯（PAN）等。20 世纪 50 年代，美国一些学者的研究基本上阐明了一系列光化学反应过程。这种烟雾刺激人的眼睛、咽喉，威胁居民健康，同时也影响农牧业生产，特别是多叶蔬菜受到严重损害。此外，由于有机化学工业的发展，化工污染也愈来愈突出。例如含酚废水的污染已较普遍地出现。这类污水不仅危害水生生物，破坏水域资源，而且能够使人慢性中毒。

除"三废"造成的污染外，这一时期又有两项威胁性很大的新污染问题，这就是核能和农药带来的灾难。20 世纪 50 年代和 60 年代初，美国在大气中大规模进行核试验，

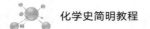

这一时期放射性物质沉降量特别高。核爆炸产生的放射性尘埃可以直接或通过食物链进入人体。放射性同位素 ^{90}Sr 能被草地吸收，通过奶牛吃草，人喝牛奶，^{90}Sr 就进入人体，像钙一样储存于骨骼。这种 ^{90}Sr 能潜伏多年而导致白血病和骨髓癌。此外，原子能发电工业的发展也可能因核电站本身、核燃料再处理、放射性废物处理以及发生严重事故而导致放射性污染。有机农药污染则是相当广泛的、威胁性很大的环境问题，第二次世界大战后到处推广的 DDT、六六六等有机氯农药是最突出的例子。大量试验表明，有机氯农药在一定时间内可残留在土壤、水域和生物体，并随着食物链逐步浓缩在高等动物和人体内而引起一些不良后果。20 世纪 60 年代中期开始，有人研究某些农药的致癌作用。事实上，不仅放射性物质和一些有机农药有致癌作用，而且一些化工原料和产品乃至空气中的一些污染物都可能诱发癌症、畸形和遗传性变异而带来不良后果。

环境化学兴起的另一个重要学术基础是化学的进展，特别是化学分析方法的革新。20 世纪中期化学在微量分析方面进展很快，应用广泛的比色法和色谱法就很突出。20 世纪 30～40 年代紫外和红外分光光度计开始应用。20 世纪 50 年代又出现了原子吸收分光光度计。20 世纪 40 年代以来纸色谱开始广泛应用。20 世纪 50 年代以来气相色谱逐渐成为应用最广的色谱分析方法。此外还出现了质谱仪、能谱仪等精密仪器。这些仪器分析方法在检定痕量物质方面发挥了重要作用，这也为污染研究提供了基本的实验手段。正是采用新的精密仪器和现代分析方法，使环境本底和污染程度的准确测定成为可能，并促进了环境化学的形成。显然，环境质量研究，特别是环境监测的开展，在很大程度上依赖于化学分析方法的进展。20 世纪 70 年代前期常用于水污染分析的实验仪器分析有：原子吸收光谱，比色，散射光谱，气膜电极，离子选择电极，活化分析，X 射线荧光，气相色谱、质谱，薄层色谱，红外光谱等。此外，还发展了许多用于野外监测的仪器设备，从而给环境化学研究带来了更有效的手段。

环境化学的发展大致可划分为三个阶段：孕育阶段（1970 年以前）、形成阶段（20 世纪 70 年代）和发展阶段（20 世纪 80 年代后）。

5.7.2　环境化学的重要分支

环境化学是一门新兴学科，发展很快。国内外已出版很多种专著和教科书。以"Chemosphere"（化学圈）命名的国际性期刊于 1972 年创刊，迄今已出版多卷。环境化学的定义及其范围迄今尚不统一，已有一些著作各自从不同的角度和学科的基础上给出其研究范围或内容，差别很大，但也有其共同点，即都是以化学（污染）物质在环境中的化学行为及其特征为主要内容。以刘静怡为首的中国环境化学家，根据环境化学产生和发展的历史演变及其研究的主要内容，提出如下定义：环境化学是"一门研究化学介质在环境介质（大气、水体、土壤、生物）中的存在、化学特性、行为和效应及其控制的化学原理和方法的科学。"它是化学科学的重要分支，也是环境科学的核心组成部分。

对于"化学物质"的含义和范畴，目前尚有不同的看法，这是因为环境中除了一般公认的污染物外，还有营养物、信息物（包括在自然界生物之间的化学信息物）以及一些目前尚未被人们认识或完全确定的"潜在有害化学物质"等。随着人们对作用于环境（自然界）和生态系统（生命界）的化学物质危害性的逐渐认识，将有更多的"潜在有害化学物质"列入"污染物"之列。因而最终会引起有害生态效应的那些化学物质，从本质上看也是属于危害生态的"污染物"，例如，对臭氧层有破坏作用的痕量气体，虽然在对流层中并不引起化学效应，但是在平流层发生了化学反应，最终会引起环境的变化（气候变化）而导致对生态的危害。

环境化学一方面向环境地学渗透交叉，另一方面向生命界有关学科，如生态学、环境生物学和环境医学等学科渗透交叉，综合研究自然界化学（污染）物质的环境化学问题及与生态环境有关的化学问题。人们可以看到一门新的学科正在诞生，它将使人们对地球表层系统的结构和新陈代谢过程获得新的认识，它涉及地球的大气圈、岩石圈（包括土壤层）、水圈和生物圈的组成、行为和相互作用。它与地质学、海洋学、生态学、气象学等学科交叉与渗透，有地球系统科学、全球性变化和生物地球化学等多种名称。它丰富了边缘学科的发展。

环境化学所要研究的主要内容为：

① 查明潜在有害物质在环境介质中的存在量与形式；

② 查明这些潜在有害物质的来源，它们在某一环境介质中及不同环境介质之间的环境化学行为；

③ 查明这些有害物质对环境（生态系统）和人体健康产生效应的途径、机制和风险；

④ 探讨缓解或消除这些有害物质所造成的影响或防止它们造成影响的方法和途径；

⑤ 积累数据，建立有害化学物生态安全评价的理论和方法学。

环境化学的主要特点是从微观的原子、分子水平上，来阐明和研究宏观的环境现象与环境变化的化学原因、过程机制及其防止途径，其核心是研究环境中的化学转化和化学效应。环境化学的主要分支学科有以下几个。

（1）环境分析化学

20 世纪 90 年代以来，环境生态破坏和健康问题不断出现，资源环境的破坏、管理和修复，污染控制和防治的深化以及环境科学各种研究开展的需要，促使各种新理化方法、技术、仪器的发展和应用，大大推进了环境分析化学的发展。

近年来环境有机物的分析发展尤为迅速。如直接涉及人体健康的饮用水、室内空气中剧毒化学物质的超痕量分析的灵敏度提高；复杂介质体系中有机毒物的分离提取；多残留等混合物质的同时测定；农药包括除草剂环境化学行为、降解代谢产物中未知物结构鉴定以及难挥发、热不稳定性和强极性农药的痕量、超痕量分析仍不断发展等。

从分析化学及环境分析仪器研究来看，近年来环境化学与有关学科、技术工作的一体化研究和开发成效更为显著。快速、可靠、简便以及现场分析仪器的小型化、灵敏度不断改进。近年来金属和金属有机物的形态分析仍然是研究的热点，其内容及分析手段均在扩大中，联用技术受到了重视。

人类工作生活活动及居住环境引起的室内空气污染直接影响人体健康，有关分析化

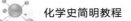

学也在迅速发展。瞬态物种的测定在大气化学研究中已很重要，它的分析和检测可准确地认识大气化学动态过程，如傅里叶变换红外技术、激光技术和各种联用技术仍在发展中。

总之，环境分析化学当今的发展是和目前环境问题的研究或现实问题的剖析密切联系的；应用高新技术，如激光、微波、分子束和核技术等在环境中愈加显示出它们的威力，使原来的分析方法、步骤或程序，从根上有所革新；为达到上述高灵敏度、瞬时快速和在线分析等要求，还必须从高新技术上进行多方面的探索和联用，这也将是今后发展的重要途径。

（2）环境污染化学

环境污染化学是研究化学污染物在不同的环境介质中的环境行为，包括迁移、转化过程在化学行为、反应机理、积累和归宿等方面的规律。19 世纪中叶，瑞典大气科学家**罗斯比（Rossby）**和英国化学家**史密斯（Smith）**就分别开始对大气颗粒物的扩散和全球循环以及降水的组分进行研究，这是大气化学研究的开始，但进展一直缓慢。20 世纪 40 年代起，1943 年，洛杉矶由于车辆多，耗气油量大，向大气排放大量的氮氧化物、一氧化碳等污染物，造成了光化学烟雾事件；1948 年 10 月，美国宾夕法尼亚州多诺拉镇发生了烟雾事件；1952 年 12 月，英国伦敦发生烟雾事件。这些大气污染事件促使人们对大气污染进行研究。20 世纪 60 年代后，瑞典土壤学家**奥顿（S. Oden）**发现酸性降雨是欧洲一种大范围现象。1972 年瑞典政府向联合国人类环境会议提出报告：《穿越国界的大气污染：大气和降水中的硫对环境的影响》，指出酸雨已成为全球性的环境污染问题之一。之后导致了对 SO_2 和 NO_x 等酸化前体物及其成酸途径和致酸作用机理的研究。20 世纪 70 年代，发现南极臭氧空洞后，通过监测和实验研究，确定破坏臭氧层的罪魁祸首是氟里昂的组成成分之一氯氟碳类（CFCs），同时发现引起温室效应、导致气候变暖的元凶是大气中的 CO_2、CH_4、N_2O 等痕量气体浓度增加。1995 年，三位不同国度的大气环境化学家荷兰的**克鲁森（P. Crutzen）**、美国的**罗兰（F. S. Rowland）**和墨西哥的**莫利纳（M. Molina）**，因提出平流层臭氧破坏的化学机制而获诺贝尔化学奖。三位科学家通过阐述对臭氧层厚度产生影响的化学机理，为我们寻找解决可能引起灾难性后果的全球环境问题做出了贡献。这些基础理论的研究成果导致《*蒙特利尔议定书*》的签订，同时也标志着大气环境化学已进入到成熟的阶段。

随着化学污染物多途径进入水体、土壤系统，如农药、化肥、生物质燃烧等农业活动加剧，大气污染物沉降和酸雨影响，污灌和污泥的土地利用，工矿、生活固体废弃物的堆放、填埋，放射废物储存的管理不善，等等，破坏了水体、土壤系统，近年来水体、土壤系统中重金属、农药等有机物的环境化学行为研究比之前更受重视。进入 21 世纪以后，大气环境化学研究的重点已从关注大气转移到关注大气、海洋和陆地生态系统之间的相互作用。环境污染化学的具体内容包括大气环境化学、水体环境化学、土壤环境化学等。

（3）污染控制化学

污染控制化学主要从化学的角度，运用"寿命周期分析"方法，研究评价所有材料、工艺和产品的环境影响，设计研究合适的工艺和产品。

（4）污染生态化学

污染生态化学主要研究的是化学污染物与生态系统相互作用的微观机制、环境污染的生态毒理效应和污染生态风险评价。包括环境污染对大气生态系统的影响、环境污染对水生生态系统的影响、环境污染对陆地生态系统的影响等。

5.8　材料化学的崛起

材料是人类生活和生产活动必需的物质基础。材料的使用和发展同人类文明、科技进步和社会发展密切相关，是人类社会进步的标志。按使用材料水平，人类社会发展的历史经历了石器材料、陶瓷材料、青铜材料、铁器材料、钢铁材料、复合材料时代。新材料的出现和使用总是伴随着生产力的新飞跃，人类文明的新发展，从而推动科技的进步和社会的变革。

5.8.1　材料化学的兴起

自 20 世纪 70 年代起，人们就将材料、能源和信息视为现代文明的基础，成为国民经济的三大支柱产业，而材料又是能源和信息技术的物质基础。20 世纪 60 年代前，并没有独立的材料科学的概念，当时的几大类材料各有特点，学科基础各不相同，相互之间缺乏联系：金属材料——冶金学；无机非金属材料——陶瓷学；高分子材料——有机化学。随着科学技术的进步和发展，特别是各种功能材料的研究发展，新型材料不断涌现，使人们对材料的了解越来越深入，各种材料之间的联系也越加密切，于是，支撑各种材料的知识内容由原来分属不同学科逐渐融为一体，成为一门独立的学科。20 世纪 60 年代，美国人首先提出了材料科学的概念，材料科学主要是研究材料的化学成分（结构）、合成方法（工艺流程）、结构与性能以及它们之间相互关系和变化规律的科学。它是物理、化学、数学、生物以及工程等一级学科交叉形成的新兴科学领域。其中，化学学科的支撑作用尤为广泛，在过去的一个世纪里，正是化学家以结构-功能关系为研究主线，设计、合成了许许多多各种功能的分子，推出了形形色色的新型材料，形成了一系列有关新型材料合成的化学理论与实验体系，在促进材料科学发展的同时，兴起了新的化学分支学科——材料化学。

化学科学的发展推动了材料化学的发展。一种新的原型材料化合物的合成及其功能特性的发现与实际应用，常带来一个新的科技领域的产生和一种新产业的兴起。如 1944 年，新化合物非晶硅的合成，开发后带来了太阳能电池新产业的兴起；1969 年，发光化合物 $Y_2O_2S:Eu^{2+}$ 的合成，开发后带来了彩色电视机产业的兴起。正是借助于化学科学特别是侧重于固体化学的发展，材料科学才得以迅速崛起。同时，借助固体物理理论，以固体物质结构和成键复杂性为基础，研究通过分子设计和剪裁，运用化学反应技术，在非常规的极端条件或非常和缓条件下，发展新材料和新器件，合成新的化合

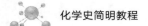

物的材料化学便应运而生了。

新型材料的需求刺激了材料化学的新发展。伴随着国民经济、国防建设的不断发展和人民生活水平的日益提高，社会发展对新型材料的需求与日俱增，特别是由于与之相对应的一些理论预测可以存在的化合物尚不能合成，从而要求化学采取两个途径来解决这类问题，这就是材料化学中的硬化学和软化学。硬化学是指在极端（超高温、超高压、强辐射、无重力、仿地、仿宇宙）条件下，实现新物质的合成，并原位、实时地研究化学反应、材料结构和物性。如利用金刚石双顶砧压机在 4000K 和大于 3×10^{11} Pa 的条件下的合成，燃烧温度在 1500～3500K 的自蔓延高温合成等。

软化学则是在温和的反应条件下和缓慢的反应进程中，以可以控制的步骤一步步进行化学反应。如溶胶-凝胶方法：源物质→分子的聚合、缩合→团簇→胶粒→溶胶→凝胶→热解，以及金属有机气相沉积、酶促合成骨骼和人齿等。

5.8.2　材料化学的重要分支

伴随着材料科学的不断发展，材料的种类日益增多，其分类方法也有多种。如可以把材料分为结构材料和功能材料，也可以分为传统材料和新型材料。但通常按材料的物理化学属性，把材料分为金属材料、无机非金属材料、有机合成高分子材料、复合材料。所以材料化学也主要有金属材料化学、无机非金属材料化学、有机合成高分子材料化学、复合材料化学等分支学科。

金属材料化学是以功能和用途为原动力，设计和合成金属与金属复合新型功能合金材料。现代金属材料化学可追溯到 18 世纪。由于产业革命的兴起，钢铁材料迅速发展并成为产业革命发展的物质基础。1856 年，英国冶金学家**贝塞麦**（H. Bessemer，1813～1898 年）发明转炉炼钢，使钢铁的生产成本大幅度下降，降低达 90%，引发了钢铁产量的迅速提高，人类社会开始从落后的农业经济社会进入文明的工业经济社会。1868年，德国-英国发明家**西门子**（W. Siemens，1823～1883 年）发明平炉炼钢，使全世界钢的总产量从 1850 年的不到 6 万吨增加到 1900 年的 2800 万吨。随着炼钢技术的发展，合金钢以及其他有色金属的生产和应用也陆续得到发展。19 世纪 80 年代稀土元素开始得到应用，进入 20 世纪后，高速钢、硅钢、不锈钢和耐热钢、高温合金、精密合金等得到发展。同时，离子交换和萃取提纯技术的应用，使得稀土元素的纯度提高，价格下降，用途扩大，20 世纪 60 年代开始用于催化剂、荧光粉，70 年代用于永磁材料，80年代用于低温超导和光盘材料。

无机非金属材料化学是以某些金属元素的氧化物、碳化物、氮化物、硼化物、硫系化合物（包括硫化物、硒化物和碲化物）以及硅酸盐、钛酸盐、铝酸盐、磷酸盐等含氧酸盐为主要组分的无机材料，通常包括陶瓷、玻璃、水泥、耐火材料、搪瓷、磨料以及新型无机非金属材料。无机材料是基本建设、冶金、化工、水电等部门不可缺少的物资。另外石墨、金刚石等在原子能、钻探等技术中也有应用。无机非金属矿大约有 100多种，工业上已得到广泛应用的有 30 多种。最早的无机非金属材料可追溯到旧石器时代的天然石材，其后是陶瓷、玻璃等。18 世纪工业革命后，伴随着建筑、机械、钢铁等工业的兴起，以水泥为代表的无机非金属材料有了较快的发展。1824 年，英国工程师**阿斯普丁（Aspdin）**发明了波特兰水泥。此后，出现了化工陶瓷等新品种陶瓷、光学玻璃等新品种玻璃、炼钢炉用耐火材料和快干早强水泥等一系列无机非金属材料。

无机材料虽然具有质轻、高强耐热的特点，但是也有许多尚未解决的问题，如脆性问题、耐温度急变差、耐机械冲力能力差、易产生瞬间断裂，这些都影响了它们的应用范围。进入 20 世纪后，随着电子技术、航天、能源、计算机、通讯、环境保护等新技术的兴起，促进了特种无机非金属材料的发展。20 世纪 30～40 年代，出现了高频绝缘陶瓷、热敏电阻陶瓷等半导体陶瓷，50～60 年代开发了碳化硅、氮化硅等高温结构陶瓷、气敏陶瓷等。在各种各样的材料中，无机非金属材料占有非常重要的地位，其涉及领域几乎包括现代高科技的各个方面。这些无机非金属材料的开发，不仅带来了材料性质和功能的突破，更重要的是促进了相关理论的发展和创新。

第二次世界大战以后，发展起了新型陶瓷。由于新型陶瓷远远超出了传统陶瓷的范畴，已逐渐将陶瓷概念扩大到几乎整个无机非金属材料，因此有人将固体无机材料统称为陶瓷。导电陶瓷和高温陶瓷是两类应用比较广泛的陶瓷。

把半导体材料的提纯技术和合成技术应用于陶瓷材料，使之能够控制陶瓷材料的导电性、介电性和电光性能，制成了具有各种功能的导电陶瓷。最早的电子陶瓷是滑石瓷，主要用作高低压绝缘子。之后出现的是氧化铝瓷，第一次世界大战末期作为火花塞。由于氧化铝瓷的机械强度高，热导率大，耐化学腐蚀性好等优异性能，至今还作为装置陶瓷广为应用，在电子工业中用于制作厚薄膜电路、混合集成电路的基片和集成电路的封装外壳等。1978 年，高 Al_2O_3 含量的、机械电气性能好的氧化铝瓷制件已用于高能技术和能源工业。近年来还制成了着色氧化铝瓷。

最早的介质陶瓷是 20 世纪 20 年代中期应用二氧化钛制成的金红石瓷。以后陆续出现了钛酸钙、钛酸镁、锡酸钙、镁镧钛系瓷等。20 世纪 40 年代出现了以钛酸钡铁电陶瓷为代表的压电陶瓷。20 世纪 50 年代后，随着科研的深入和生产的需求，导致了一系列新陶瓷的出现。

20 世纪 50 年代末以来，由于对氮化硅（Si_3N_4）气相合成法、液相界面反应法等制造方法的开发，1981 年日本特殊陶业公司研制成功被称为"理想的节能发动机"——"全陶瓷发动机"，它的重量轻、耐热性和抗磨损性能好，被称作第二代发动机。美国已研制成功发电 3 万千瓦的陶瓷燃气轮机和用于火箭的陶瓷涡轮发动机。氮化硼（BN）陶瓷也是一种重要的新型陶瓷。目前，氮化硼的合成方法有十几种。近年来，氮化硼陶瓷广泛应用于宇航技术、电子工业及原子能工业中。近年来研制的还有光电材料陶瓷、光学材料陶瓷、磁性材料陶瓷等。

当前，无机材料的发展可以概括为两个方向。其一是传统的结构材料更新换代，例如，以氮化硅、碳化硅为基础的非氧化物材料，比金属耐磨，且比金属材料耐热。其二是利用无机材料的光、电、声、磁等性能，发展功能和信息材料。例如，用无机材料制成各种特殊敏感元件，如声敏、气敏、热敏和力敏等元件。有专家预测，今后材料科学发展的重要趋势之一是可能要从有机合成走向无机合成，有机合成材料的无机组分越来

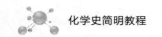

越多。

有机合成高分子材料化学是以高分子化合物为基础制得的一类新型材料，包括橡胶、纤维、涂料和高分子复合材料等。

复合材料是由两种或两种以上不同性质或不同形态的材料（组分材料）组合而成的一种新型材料。最早的复合材料可追溯到几千年前的古代。如我国商周时代的漆器就是用麻布等纤维材料与大漆复合而成的，混凝土实际上是砂石和水泥基体的复合物。20世纪60年代以来，由于高科技的发展，对材料的综合性能要求日益提高，而单一种类的材料难以满足这些要求，于是，复合材料越来越受到重视，从而迅速发展起来。

5.9　其他化学分支学科的兴起

现代化学发展全面、迅速，除上述介绍的无机化学、有机化学、分析化学、物理化学、生物化学、高分子化学、环境化学、材料化学等学科的发展外，还有很多新兴学科兴起。下面只简述农业化学、药物化学、地球化学、海洋化学的兴起。

5.9.1　农业化学的兴起

大约在公元前8000年，开始出现农业的萌芽，是人类企图用增加食物供给来增强自己生存的开始。那时的人口极少。人类经历了数百万年至1800年前后，达到10亿人口，此后每增加10亿人口的时间越来越短。

解决问题的出路，必须需要科学的帮助，化学是最重要的学科之一。在历史上，化学曾在扩大世界粮食供应过程中起过关键作用。这就是氨的合成和现代农药的使用，以及它们的工业化。

现代农药工业是20世纪40年代有机农药大量出现以后逐渐发展形成行业的。在此之前，农药的使用已有悠久的历史，大体上可分为利用天然物质和利用化工产品两个阶段。

自古以来人类在农业生产和日常生活中经常遭受各种生物灾害的侵蚀。古代人在同有害生物的斗争中，不断寻找各种防治方法，在利用植物、动物、矿物的有毒天然物方面，积累了许多经验并流传下来，这就是化学防治方法和农药的起源。例如中国西周时期有熏蒸杀鼠的记载，古希腊也曾提到硫黄的熏蒸作用。在公元前5世纪~公元前2世纪成书的《山海经》中，有用石（含砷矿石）毒鼠的记载。公元533年北魏贾思勰所著《齐民要术》里有麦种用艾蒿防虫的方法。公元900年前，中国已知道利用砒石防治农业害虫，到15世纪，砒石在中国北方地区已大量用于防治地下害虫和田鼠，在南方地区用于水稻防虫，明代李时珍收集了不少有农药性能的药物，记载于其名著《本草纲目》中。16~18世纪，世界各地陆续发现了一些杀虫力强的植物，其中最著名的有烟草、鱼藤和除虫菊，至今仍在应用。

近代化学工业出现以后，化工产品逐渐增加，其中不少被作为农药试用。同时，农药科学试验开始发展起来，农药的应用逐渐有了科学依据。除硫黄粉早有应用外，1814 年发现石硫合剂的杀菌作用，1867 年发现巴黎绿的杀虫作用。1882 年法国的**米亚尔代**（P. M. A. Millardet）发现用硫酸铜和石灰配制的波尔多液，具有良好的防治葡萄霜霉病的效果，及时拯救了酿酒业，米亚尔代因此被称赞为民族英雄，成为农药发展史上一个著名的事例。1892 年，美国开始用砷酸铅治虫，1912 年开始以砷酸钙代替砷酸铅。农药逐渐从一般化工产品的利用发展到专用品的开发，在化工产品中农药作为一个分类的概念开始形成。20 世纪初，随着有机化学工业的发展，农药的开发逐渐转向有机物领域。1914 年德国的 I. 里姆发现对小麦黑穗病有效的第一个有机汞化合物即邻氯酚汞盐，1915 年由拜尔股份公司投产，这是专用有机农药发展的开端。20 世纪 20～30 年代，有机合成化学和昆虫学、植物病理、植物生理等生物科学的进步，为有机农药的开发创造了条件。20 世纪 30 年代以后，有机农药品种开始增多，在用途上杀虫剂、杀菌剂、除草剂等分类概念也逐渐确立。

以第二次世界大战为分界线，农药工业从 20 世纪 40 年代开始，进入了飞跃发展时期，很快形成一个新的精细化工行业。

1938 年瑞士嘉基公司的**米勒**（P. Mueller）发现滴滴涕的杀虫作用，并于 1942 年开始生产。滴滴涕是第一个重要的有机氯杀虫剂，在第二次世界大战后一段时间大量应用于农业和卫生保健，起过很大作用，米勒因此获得诺贝尔奖。1942 年英国的**斯莱德**（R. E. Slade）和法国的**迪皮尔**（A. Dupire）同时发现六六六的杀虫作用，1945 年由英国的卜内门化学化工公司首先投产。1942 年美国的**齐默尔曼**（P. W. Zimmerman）和**希契科克**（A. E. Hitchcock）发现 2,4-D 的除草性能，1943 年英国的**坦普尔曼**（W. G. Tanpullman）和**塞克斯顿**（W. A. Sexton）发现二甲四氯的除草性能，这两种除草剂分别在美国和英国投产。1943 年有机硫杀菌剂第二个系列的品种代森锌问世。从 1938 年起，德国法本公司的**施拉德尔**（G. Schroeder）等系统地研究了有机磷化合物，发现许多磷酸酯具有强烈杀虫作用，于 1944 年合成了对硫磷和甲基对硫磷。战后，此项技术被美国取得，对硫磷 1946 年首先在美国氰氨公司投产。在短短几年中，同时有如此多的重要品种开发投产，使农药工业出现前所未有的进步，奠定了形成行业的基础。应该指出，农药工业的发展，是当时化学工业发展到能提供多种廉价原料和有机单元反应技术发展成熟的结果。这些产品在农业上迅速推广应用，药效比旧品种显著提高，使化学防治方法成为植物保护的重要手段。

20 世纪 50～60 年代是有机农药的迅速发展时期，新的系列化品种大量涌现。在杀虫剂方面，有机氯杀虫剂又出现了氯代环二烯和氯代莰烯系列。有机磷杀虫剂的品种增加最多，1956 年氨基甲酸酯类的第一个重要品种甲萘威投产，其后不断有新品种问世。在杀菌剂方面，1952 年出现了第三个系列有机硫杀菌剂克菌丹。其后，有机砷杀菌剂系列相继问世。1961 年日本开发了第一个农用抗生素杀稻瘟素 S。内吸性杀菌剂在 20 世纪 60 年代后半期的出现是一个重大进展。在除草剂方面，开发的品种系列更多。众多农药品种的生产和广泛应用，日益扩大了农药工业在国民经济中的作用，农药工业出现繁荣发展局面，产量和销售额均有较大增长。

农药广泛应用以后，由于滥用引起的人畜中毒事故增多，环境污染加重，有害生物的抗药性问题也严重起来。在此背景下，农药工业从 20 世纪 70 年代起加快了品种更新，新农药开发的重点转向高效、安全为目标。一些药效较低或安全性差的品种如有机氯杀虫剂（包括滴滴涕、六六六）、某些毒性高的有机磷杀虫剂、有机汞和有机砷杀菌剂都逐渐被淘汰，而代之以相对高效、安全的新品种，如拟除虫菊酯杀虫剂、高效内吸性杀菌剂、农用抗生素和新的除草剂。农药工业的生产技术相应提高，质量有明显的改进，剂型和施药技术多样化，品种增多，产量提高，朝着精细化工方向发展。与此同时，各国政府加强了对农药的法规管理，实行严格的审查登记制度，倡导科学合理地施药，到 20 世纪 80 年代，世界农药工业走向健全发展的道路。

粮食产量不能仅仅通过耕种新垦土地而大幅度地提高，最好能够通过生物体系来解决这些问题。例如，病虫害的防治，我们的目的是控制虫害，而不是消灭昆虫。这样就能避免由于长期生态平衡的失调而引起的潜在危险。通过了解生物体自身的生物化学，就能通过一种不给自然界带来危害的途径，限制害虫对粮食生产的危害。生物体系中的这些基本问题越来越成为分子结构和化学反应方面的问题。

5.9.2　药物化学的建立与发展

药物化学是有机化学的重要分支。由于有机化学中各分支和生物化学、生理学、药理学等的发展，以及计算机、生物技术等在药物化学中的应用，近年来，药物化学有了很大的发展。

第一次世界大战前夕，当时最基本的 10 种药品是乙醚、鸦片及其衍生物、毛地黄、白喉抗毒素、天花疫苗、汞、酒精、碘、奎宁和铁剂。在第二次世界大战结束时，列在常用药品表首位的是磺胺药、阿司匹林、抗生素、血浆及其替代品、麻醉剂和鸦片衍生物、毛地黄、抗毒素和疫苗、激素、维生素和肝浸膏。

19 世纪末，出现了一股寻找具有药用价值化学品的热潮。德国免疫学家**艾里希**（P. Ehrlich）是化学疗法的最热情的探索者之一。艾里希从身为组织学家的表兄**威格特**（C. Weigert）那里学习了将细菌染色的技术。他注意到特定的染料选择性地染色特定细菌和组织的现象，想到如果使用适当的染料可能就会杀死相应的细菌，1891 年，他发现亚甲基蓝对疟原虫产生作用。艾里希提出了他的杀菌作用的侧链理论。根据这一理论设计一种具有侧链的分子而对某一寄生菌有抑制作用应该是可能的。所以有必要发展化学疗法，制造出使寄生细菌致死的具有特效的化合物。

早在 20 世纪初，艾里希等就发现偶氮染料锥虫红对治疗锥体虫所引起的疾病有特效。该化合物是由**贝尚**（A. Becamp）于 1863 年研制成功的。艾里希进一步证实了该化合物对于锥体虫有作用，但发现它不能使用，因为它的毒性太强会损害视觉神经。他对贝尚所研制的对氨基苯胂的化学结构表示怀疑，并提出了该化合物的正确结构。因为他对染料有丰富的实践经验，所以他还提出，该结构会出现一个游离的氨基。

在这一时期，引起梅毒的生物体梅毒螺旋体已被**霍夫曼**（E. Hoffman）和**绍丁**（F. Schaudinn）发现。艾里希设计了在患这些疾病的兔子和老鼠身上做实验的一些新的砷化合物。他合理地推断三价砷比五价砷更为有效。艾里希实验室的**伯塞姆**（A. Bertheim）制备了这些化合物，发现阿撒司丁（对乙酰氨基苯胂酸）是治疗锥虫病特别有效的物质。此后，艾里希在他的日本助手秦佐八郎的协助下进行了有机砷化物的系统试验，更多的化合物在实验室里被合成出来，并在 1909 年用 606 号化合物治疗梅毒获得成功。该药物后来在市场上销售时名为洒尔佛散或胂凡纳明。后来在 1912 年又有一种更方便的化合物——新洒尔佛散被研制出来了。使用这些砷制剂的治疗法很快就被介绍开来。虽然新洒尔佛散并不是没有缺点，但在 20 世纪 40 年代前，在有效的抗生素未被用来治疗梅毒的时间内，它一直是医治这种疾病的标准药物。

　　拜尔 205 即日耳曼宁，在 1920 年被采用为治疗非洲昏睡病的特效药。巴斯德研究所的**福尔诺**（E. Forno）尽管是在未获得专利权和拜尔公司拒绝为他的研究提供药品的情况下，还是把这种化合物鉴定出来了。通过查阅战前德国的专利文献，福尔诺得知他们对复杂的尿素衍生物进行了大量研究。通过一种测试分析排除了几百种可能的化合物之后，范围缩小到 25 种，并对每种化合物都进行了合成以及生物和化学方面的实验。其中的一种福尔诺 309 被证实具有拜尔 205 所具有的杀锥虫能力，无毒性并具有化学稳定性。两种化合物是完全一样的，德国人拒绝承认这两种化合物是一样的；福尔诺 309 在英国和美国获得专利权，该化合物对早期昏睡病有显著疗效，但对晚期昏睡病却无能为力。1919 年**雅各布斯**（W. A. Jacobs）和洛克菲勒医药研究所的**海得尔伯**（M. Heidelberger）证实了锥虫砷胺对影响中枢神经系统的晚期瞌睡病具有疗效。

　　19 世纪末，抗疟疾药物得到了极大的重视，虽然喹啉早已被证明是构成奎宁分子的要素，但许多年内奎宁的剩余部分却一直被认为是"次要的另一半"。20 世纪以后，很多人开始对这"次要的另一半"进行研究，弄清楚了这另一半的结构，1944 年伍德沃德和多林完成了奎宁的全合成工作。1926 年法本公司制出了扑疟喹啉。该药物能杀死疟疾原虫的抗奎宁生殖体，但由于其毒性太强不能广泛使用。大约在 1903 年，阿的平被应用，但直至第二次世界大战中爪哇的奎宁供应被切断后，这种药物才被普遍使用。它像奎宁一样能侵袭处于裂殖体时期的寄生虫，并能防止对红细胞的破坏。由于其来源广，效果佳，现在仍然被使用。

　　由于战争初期抗疟疾药物的短缺，美国实行了一项雄心勃勃的研究计划，要将所有可能成为疟疾药剂的各种化合物进行合成和检验，但无一能够作为阿的平和奎宁的合适替代用品。抗日战争期间，大后方昆明的条件十分困难，中国 26 岁的年轻化学家邢其毅为了寻找抗疟药物，千方百计收集云南边境地区的金鸡纳树种，开展对金鸡纳的成分分析提纯研究，并取得成果。此外在抗疟药物方面，中国科学工作者曾调查分析出多种抗疟草药，其中有常山和青蒿，效力超过奎宁。20 世纪下半叶，中国科学家在研究青蒿素及其衍生物合成中做出杰出贡献，中国女科学家屠呦呦因此获 2015 年诺贝尔生理学或医学奖。

　　磺胺类药物是在 20 世纪 30 年代开始应用的。最先被使用的磺胺类药物是法本公司的百浪多息，由德国化学家**多马克**（G. Domagk）开始用于治疗链球菌和葡萄球菌感染的动物。1932 年，多马克发现注射这种染料对老鼠的链球菌感染非常有效。多马克通过他的

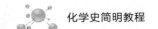

小女儿、美国总统的儿子——小罗斯福、英国首相温斯顿·丘吉尔等非常直接的途径发现百浪多息的作用对人体也是适用的。1939 年，多马克获得了诺贝尔生理学或医学奖。

受磺胺成功的刺激，制药公司对很多其他具有磺胺基团的化合物进行了筛查，英国的 May&Baker 公司制造了对肺炎有效的磺胺吡啶和磺胺噻唑。

磺胺类药物标志着在化学疗法方面的一大突破，但在 20 世纪 40 年代它却在很大程度上被迫让位于抗生素。1928 年，在伦敦圣玛丽医院供职的英国细菌学家**弗莱明**（A. Fleming）偶然观察到在一只培养葡萄球菌的培养皿上长出了一种蓝色霉菌。在这种霉菌周围有一没有细菌生长的晕圈。显然是这种霉菌能分泌出一种杀死细菌的物质。弗莱明将这种抗菌物质命名为青霉素。

由于弗莱明医务缠身，使他不能专心致志地继续观察研究；而随着磺胺类药物的出现及优良的使用效果使人们普遍对他关于青霉素的报告不感兴趣。直至 1936 年，奥地利药物学家**弗洛里**（H. W. Florey）和从纳粹统治下逃出的德国化学家**钱恩**（E. B. Chain）才在牛津重新对青霉素进行试验。他们证实了弗莱明的观察结果，并继续工作，1940 年，他们得到了有强力杀菌作用的含杂质的青霉素粗制品。1942 年，钱恩制成了纯净的青霉素粉末。通过临床实验确认了它的疗效。在美国联邦政府的强力支持下，完善了青霉素的量产体制，及时解决了青霉素面临的生产问题，使之能为战争提供充足的药品。

1943 年，美国药物学家**瓦克斯曼**（S. A. Waksmann）和他的同事们共同研究，从链霉菌中离析出了链霉素。

金霉素是由**杜格尔**（B. M. Duggar）于 1948 年从金霉菌培养液中分离出来的；普菲泽尔公司的科学家们则从龟裂链霉菌中分离出了土霉素。它们被称为广谱抗生素。

1945～1965 年间，青霉素开始大量使用，同时发现了头孢菌素。四环素、氯霉素、红霉素等也被广泛应用。除了发酵得到的各种抗生素外，还开发了人工合成抗生素。

近几十年来，研究最多、进展比较快的药物有两类：一类是治疗心血管病类药物，另一类是治疗癌症的药物。

5.9.3　地球化学的形成

地球化学是地质学、矿物学、物理学、化学等科学相互结合、交叉渗透而产生的边缘学科，主要研究地球构成物质的结构、化学组成、循环、演化等，通过在空间上研究广阔的地球内部和表面的元素、同位素、化学物种的存在分布、迁移、变化，以发现影响它们的规律和原理。分析化学、无机化学、物理化学、有机化学最新发展的化学手段和思路为地球化学的形成奠定了基础、准备了条件。地球化学的发展经历了萌芽、形成、发展三个阶段。

19 世纪一些工业先进国家逐渐开展的系统的地质调查和填图、矿产资源的寻找及开发和利用促进了地球化学的萌芽。1838 年，德国化学家**舍恩拜因**（C. F. Schonbein）首先提出地球化学这一术语。19 世纪下半叶，是地球化学的萌芽阶段。

19 世纪末到 20 世纪 60 年代是地球化学的形成阶段。1907 年，美国化学家博尔特伍德发表了第一批化学铀-铅法年龄数据。1908 年，美国地球化学家**克拉克**（F. W. W. Clarke）出版了《*地球化学资料*》一书，该书汇集了大量矿物、岩石和水的分析资料，并在 1924 年修订出版了第 5 版，提出了地球化学研究对象是地球的化学作用和演化，标志着地球化学的正式诞生。

1922 年苏联地球化学家**费尔斯曼**（Ферсман）出版了《*俄罗斯地球化学*》一书，论述了俄罗斯的地球化学特征，成为首部区域地球化学基础著作。1924 年另一位苏联地球化学家**维尔纳茨基**（Вернáдский）出版了《*地球化学概论*》，首次为地球化学提出了研究任务。他首先注意到生物对地壳、生物圈中化学元素迁移、富集和分散的巨大作用。1927 年，他创建了生物地球化学实验室，这是世界上第一个地球化学研究机构。20 世纪 30 年代，费尔斯曼出版了《*地球化学*》（4 卷），多方面分析了地壳中各种原子迁移的规律。

20 世纪 60 年代后是地球化学的发展阶段。地球化学在继续研究矿产资源的同时，开辟了地球深部和地球外空间、海洋的领域研究，产生了一系列新的年代测定方法，如铀系法、裂变径迹法等。未来的地球化学还将在全球变化、生物圈与生态环境、国际减灾、深海观察等领域开展新的探索研究。

随着研究的深入，研究手段不断增多，对研究领域、课题任务越来越明晰，地球化学出现了以下主要分支学科。元素地球化学，是从岩石等天然样品中化学元素含量与组合出发，研究各个元素在地球各部分以及宇宙天体中的分布、迁移与演化；同位素地球化学，是根据自然界的核衰变、裂变及其他核反应过程引起的同位素变异，以及物理、化学和生物过程引起的同位素分流，研究天体、地球以及各种地质体的形成时间、物质来源与演化历史，具有代表性的研究领域是同位素年龄测定方法学；有机地球化学，主要是研究自然界产出的有机质的组成、结构、性质、空间分布、在地球历史中的演化规律，以及它们参与地质作用对元素分散富集的影响，有机地球化学建立的一套生油指标，为油气的寻找和评价提供了重要手段；环境地球化学，是研究生存环境的化学组成、化学作用、化学演化及其与人类的相互关系，人类活动对环境状态的影响及相应对策；天体化学，主要研究的是宇宙中元素和核素的起源，元素的丰度、宇宙物质的元素组成和同位素组成及其变异，天体形成的物理化学条件及其在空间、时间的分布及变化规律。以上地球化学的分支学科是研究的热点，其他地球化学的分支学科还有勘察地球化学、矿床地球化学等。

5.9.4　海洋化学的出现

海洋化学是研究海洋各部分的化学组成、物质分布、化学性质和化学过程以及海洋化学资源在开发利用中的化学问题的科学。既是海洋科学的一个分支，也是化学的一个分支，具有自己明确的研究目标，同时和海洋科学、化学、生物学、物理学、地质学有密切的关系。

1670 年前后，英国波义耳研究了海水的含盐量和海水密度变化的关系，这是海洋化学研究的开始。1819 年，马塞特发现世界大洋海水中主要成分的含量之间，有几乎恒定的比例关系。1900 年前后，丹麦**克努森**（M. H. C. Knudsen）等学者建立了海水氯度、盐度和密度的测定方法。20 世纪 30 年代，芬兰海洋化学家**布赫**（K. K. V. Booher）建立了海水中碳酸盐各存在形式的浓度计算方法。英国海洋化学家**哈维**（H. W. Harvey）1955 年出版的《*海水的化学与肥度*》一书，是当时关于海洋化学的经典著作。20 世纪 60～70 年代，科学家们开始对海水中各类化学平衡进行定量研究，并提出一些相关的初步理论。进入 20 世纪 70～80 年代后，海洋化学进入快速发展阶段，形成了一系列海洋化学理论体系。中子活化分析、质谱分析、X 射线荧光分析等技术被广泛应用，已能深入探索海洋化学的规律。海洋化学的两个重要的分支学科：化学海洋学、海洋资源化学也逐步形成。

第6章

近代和现代的中国化学

6.1　近代化学的传入

　　1661 年波义耳《怀疑派的化学家》的发表，标志欧洲近代化学的开始，1803 年道尔顿的原子学说提出后，近代化学进入了快速发展时期。在古代中国，化学无论在化学工艺、化学观念以及炼丹术各方面都超过同期的欧洲，但是，到了近代，由于社会制度、思想文化等多方面的原因，科学的化学没有在我国产生。这样，我国的化学不得不从欧洲引入。

　　欧洲近代化学传入中国，是在 19 世纪中叶，鸦片战争刚失败，帝国主义船坚炮利打破了满清封建帝国的闭关锁国的落后状态，促使一些仁人志士向西方学习，翻译和介绍西方科学技术的书籍。1855 年在上海出版了一部英国人**合信（B. Hobson）**著的《**博物新编**》里面介绍了化学科学。我国化学家**徐寿**在 1867～1884 年间，所译化学及其他著作共 17 部，计 168 卷（册），涉及化学的有《**化学鉴原**》（无机及有机化学）六卷，《**化学求数**》（定量分析）八卷。

　　《博物新编》共三集，内容庞杂，包括天文、气象、物理、动物各方面的内容。化学知识载于《博物新编》第一集，说"天下之物，元质（即化学元素）五十有六，万类皆由之而生"。这大概反映了西方 19 世纪初期的水平。书中没有引入西方的化学符号，内容比较浅陋，没有系统。书中介绍了氧（书中用"养气"或"生气"）、氢（"轻气"）、氮（淡气）、一氧化碳（"炭气"）以及硫酸（"磺强水"或"火磺油"）、硝酸（"硝强酸"或名"水硝油"）、盐酸（"盐强水"）等的性质和制备方法。除《博物新编》外，1866 年，京师同文馆出版的《格致入门》中也有化学知识的介绍。

　　最早对西方化学知识做系统介绍的是我国化学家徐寿。徐寿，号雪村，江苏无锡人。早年徐寿曾参加过一次为取得秀才资格的童生考试，但没有成功，后放弃参加科举考试，开始涉猎天文、历法、算学等各种书籍，走上了学习科学、传播科学、运用科学之路。他从合信的《博物新编》中学到一些化学知识，并且做了一些化学实验。1861年，他被吸收到曾国藩手下作为幕僚。1867年徐寿进入上海江南制造局，对船炮、枪弹都有所研究，自制强水、棉花（即硝棉）、药汞（雷汞）、炸药。徐寿对近代中国技术发展的最大贡献在于译书，前后达17年之久。徐寿编译的书籍共17部，其中13部是化学著作。《化学鉴原》影响较广，书中概述了一些化学基本原理和重要元素的性质，对西方近代化学知识在我国的传播起了很大的作用。当时翻译困难很多，有些名词需自己拟定。《化学鉴原》已有元素64个，徐寿所提出的用西方名字第一音节造新字的命名规则，如铀、锰、镍、钴、锌、镁等被后来的中国化学家接受，一直沿用至今。徐寿翻译的《化学鉴原续编》内容是有机化学方面的知识；《化学鉴原补编》是专论无机化合物的书，其中叙述到1875年发现的新元素镓（Ga），《化学考质》是译自德国**伏累森纽斯**（K. Fresenius）的定量分析；还有《化学求数》（定量分析），《物体遇热改易记》（物理化学初步知识）等书。再加上徐寿的儿子**徐建寅**译的《化学分原》（定性分析）和**江振声**译的《化学工艺》（制酸制碱等化工方面的著作），在江南制造局前后共出版了8种化学书籍，可谓比较全面地介绍了当时西方的化学知识。

译书之外，徐寿还参与创建了兼具学校、学会、图书馆和博物馆多种性能的科普机构——格致书院，并在格致书院里建立了化学实验室，举办科学讲座，向听讲的人做示范性的化学实验。徐寿的儿子徐建寅也是一位科学家，去过英、法等国考察，翻译过多种科学书籍。1901年在武汉试验无烟火药，不幸因火药爆炸身亡。徐建寅之子**家宝**也继承家传，从事有关科学技术书籍的译著工作。徐家几代都为传播科学知识，特别是化学知识做出了卓越的贡献。

6.2　新中国成立前的中国化学

在半封建半殖民地的旧中国，化学科学得不到很好的发展。仅在第一次世界大战期间，帝国主义暂时放松了对我国的控制，那时我国民族工业兴起。相应地，我国于1916年建立了"地质调查所"进行了广泛的化学分析工作；1923年建立了"黄海化学研究所"，偏重化工方面，特别是海盐利用的研究；1928年"中央研究院"成立，设立化学研究所；1929年又成立了"北京研究院"设有化学研究所和药物研究所。同时在20世纪20年代，大学开始建立，不少大学中设有化学系。在研究所和一大部分大学中进行研究工作的，大多是曾经留学欧美的化学家。化学先辈如**曹慧群**、**王琎**（季梁）、**张淮**（子高）、**侯德榜**、**吴承洛**、**陆敏行**（季讷）、**郑贞文**、**曾昭抡**等都留学外国，回国后为中国化学事业做出了贡献。应该说，在20世纪30年代，中国化学学科有了一些发展，为我国化学打下一点基础，与当时的中国化学家的辛勤劳动是分不开的。

但是，那时的中国，科学缺乏经济基础，几乎没有重工业。科学成了啼笑皆非的点缀品，化学的情况当然不能例外。国民党为了打内战，对军火工业的生产还比较重视一些，与军火有关的化学工业有了一些发展。那时，由于制药与轻工业有一些发展，有机化学的基础比较好些。在大学中化学教学是非常不完整的，表现在基本没有"无机化学"课程，因此，学生缺乏有关元素的系统知识。轻视实验，不承认感性认识和理性认识的辩证关系，当然更谈不到为谁服务的问题。

中国化学会于 1932 年 8 月成立于南京，当时的教育部为讨论化学译名、国防化学和大中学化学课程标准，召集**陈裕光、曾昭抡、戴安邦**等化学家 45 人在南京开会，会上发起筹组中国化学会，通过了由王琎等三人起草的组织大纲，宣告"中国化学会"正式成立。选举陈裕光为中国化学会第一任会长，创办了《**中国化学会会志**》，从此开展了有组织的化学学术活动，对于中国的化学起了一定的推进作用。

1937 年日本帝国主义者向我国发动全面进攻，我国的化学机构大部分损失严重，迁往西南内陆的部分勉强维持，没有什么大的成就可言。在这时候，独放异彩的要推 1942 年侯德榜的联合制碱法的成功了。制碱工业在化学工业中很重要，19 世纪欧洲化学工业的发展史就是路布兰制碱法的兴衰史。路布兰法基本是由下列反应所组成：

$$Na_2SO_4 + 2C \Longrightarrow Na_2S + 2CO_2$$

$$Na_2S + CaCO_3 \Longrightarrow CaS + Na_2CO_3$$

高温固相反应不能连续生产而且浪费原料，污染环境，后来 Na_2SO_4 虽可由食盐和硫酸制得以生产副产品盐酸而苟延残喘，随着氯化氢的生产又可由电解食盐水所代替，但最终一蹶不振，被索尔维法所代替。索尔维法用食盐和石灰石为原料，以氨为媒介原则上实现下列反应：

$$2NaCl + CaCO_3 \xrightarrow{NH_3} Na_2CO_3 + CaCl_2$$

该方法原料路线合理，而且能实现连续生产。但是丢弃了原料的一半，所得的副产品 $CaCl_2$ 没有用处，而且污染江河。因此这种工厂只能设立于海滨。而侯氏制碱法的原理是：低温下用氨饱和了的饱和食盐水中通入 CO_2 可析出 $NaHCO_3$，此时母液中的 Na^+ 减少而 Cl^- 则相当多。若加细盐末，因同离子效应，在低温下 NH_4Cl 的溶解度小，$NaCl$ 的溶解度随温度变化不大，因而 NH_4Cl 析出，$NaCl$ 不析出。再用氨饱和，再通 CO_2，如此反复，析出 $NaHCO_3$ 与 NH_4Cl，$NaHCO_3$ 经加热可得 Na_2CO_3，而 NH_3 可通过空气中的 N_2 和水中氢化合制得，CO_2 可自煤燃烧中来。这样原料充分利用，而且得到两种宝贵产品：碱和肥料。侯氏制碱法主要化学反应如下：

$$NaCl + CO_2 + NH_3 + H_2O \xrightarrow{30\sim35℃} NaHCO_3 + NH_4Cl（在碱母液中）$$

$$NH_4Cl（在母液中）+ NaCl（固体）\xrightarrow{10\sim15℃} NH_4Cl + NaCl（在铵母液中）$$

此法是抗战时于四川五通桥试验成功。抗战爆发塘沽永利碱厂和南京硫酸铵厂技术人员迁往内地，筹建川厂。侯德榜任总工程师设计联合制碱法成功。把索尔维碱法同氮气工业两种工业自然地联合起来，在国际上引起很大反响。侯德榜因此获得英国皇家学会、美国化学工程学会、美国机械学会荣誉会员称号。

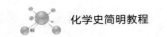

6.3　新中国成立后的中国化学

　　1949 年中华人民共和国成立后，科学事业发展迅速。同年成立中国科学院，作为全国科学事业的学术领导核心。中国科学院在短短的八年期间由接管时不到二十个机构增长到六十几个机构。在化学部门中有北京化学研究所、长春应用化学研究所、上海有机化学研究所、上海药物研究所和大连石油研究所，以后又增加了许多研究所，还成立了环境保护研究院。如今由中国科学院直属的与化学有关的研究所有几十个。此外，在产业部门有关化学的研究所更多。1952 年高等学校院系调整时，全国只有十五所综合性大学中设有化学系，有两所化工学院以及一些科学工业中设有化工系，如今这个数字有几十倍增长。在大学中化学研究工作已成为整个科研工作的重要组成部分。

　　中国化学家有自己的组织——中国化学会和中国化工学会。目前出版的刊物相当多，其发行最广影响最大的有《化学学报》《化学通报》《化学译报》《化学教育》；在化工方面有《化工学报》和《化学世界》等。根据《十年来的中国科学》化学部分的资料看，我国在第一个五年计划完成以后，化学的发展是迅速的，在无机合成、配合物化学、稀有元素化合物、物质结构、化学动力学、溶液理论与电化学、胶体化学、无机化学合成与有机化学反应、天然有机化合物的化学元素、药物化学、高分子化学、化学分析、仪器分析等各方面都取得飞快进展。有的是从无到有，有的是发展壮大。这从化学试剂的生产和用量可以看出。

　　新中国成立前，我国化学试剂，只有三酸等小量生产，每月不过几千公斤，也没有规格，大部分化学试剂依靠进口。1949 年只有两个试剂厂，1959 年全国有 21 个试剂厂。无机试剂 1949 年只有十几种产品，1959 年已有 600 多种，开始生产光谱纯试剂、标记化合物和超纯半导体材料。旧中国没有真正的制药工业，只有规模很小的制剂工厂，原料工厂更少，到 1959 年 80％的药品可以自给，抗生素方面还可以出口，研究人员比新中国成立前增加了百倍。

　　对治疗血吸虫病的药物进行系统的研究，基本控制了疫情，对氯霉素的结构和药理作用的关系也做了系统的研究。对酰肼和抗结核菌的关系做了研究，缩短了合成的流程，改进了甾体激素、维生素 A 的合成方法。

　　曾任科学院化学部委员、中国化学会副理事长、北京医学院（现北京大学医学院）药学系主任的**王序**说："解放后我国卫生保健事业的主要成就之一是公费医疗，而保证提供廉价药物，则是与我国化学家的努力分不开的。"第一个五年计划化学科学和化学工业的成就巨大，保证了 1964 年我国原子弹研制成功的有关材料的生产部分，其顶峰是 1965 年牛胰岛素的全合成。

　　从中国科学院厦门物质结构研究所的建立和发展可以看出我国化学科学的发展过程。这个研究所开始只是厦门大学化学系的结构教研组，原属物理化学教研组，1956年才分出来，1953 年着手建立简陋的实验室，1958 年研究设备才初具规模，如今已经能够进行生物固氮的化学模拟的研究工作，并已取得进展。而这个所的负责人**卢嘉锡**曾担任我国科学院院长、中国化学会理事长，他是我国优秀化学家的代表。已故前化学会理事长杨石先在 1982 年 8 月纪念中国化学会成立五十周年大会上说："我国化学家与生物学家合作，首先合成了蛋白质——结晶胰岛素。1981 年底我国化学家又发扬了团队攻关的优良传统，合成了化学结构与天然物相同的核糖核酸，为人工合成生命物质迈开了新的一步"。这就有力回答了侯德榜早期所说过的话："难道黄头发绿眼睛的人能搞出来，我们黑头发黑眼睛的人就办不到吗?"

新中国成立后的七十年中国化学的进步巨大，若非"文革"十年，我国化学科学和化学工业的进步可以取得更大的成就。党的十一届三中全会后，中国开始了改革开放。改革开放 40 年来，中国的化学教学、化学研究和化学工业都取得了惊人的进步。如 20 世纪末，我国化学学科的门类已经建立齐全，其中二级学科有物理化学、无机化学、有机化学、高分子化学、分析化学、化学工程学、环境化学，此外，还有生物感光化学、冶金化学、农业化学等，共有 60 多个三级学科。我国高校共有 250 多个化学院系，有各类化学研究机构近千个。

6.4　中国的化学家

在学习了化学史以后，读者似乎都有一个共同的感觉，对中国的化学家介绍太少。应当承认我国优秀的化学家并不少，但由于各种原因，很少介绍我国化学家。

我国已故的著名化学家有侯德榜、庄长恭、曾昭抡、黄子卿、傅鹰、赵承嘏、黄鸣龙、王琎、张子高、丁绪贤、杨石先、朱子清、袁翰青、戴安邦、高济宇、孙承谔、蒋明谦、张青莲、汪猷、邢其毅、梁树权、王葆仁、王应睐、陈光旭、卢嘉锡、唐敖庆和严东生等。

侯德榜，以发明侯氏制碱法著名，福建闽侯人，青年时期就学于福建英华书院，后考入上海铁路学堂，1911 年考入清华学堂，1913 年赴美留学入麻省理工学院学习化工，其后在哥伦比亚大学研究院学习，并获得博士学位。1921 年回国，应范旭东邀请筹建永利碱厂，后任总工程师。侯德榜曾五次为印度设计碱厂。中华人民共和国成立后，被委任为中央财经委员会委员，永利化学公司总经理，1959 年任化工部副部长。曾任全国科协副主席，中国化工学会理事长，主要论著是《制碱》，1931 年出版，用英文写成。该书将索尔维法全部秘密首次完整地公之于世，视为制碱首创。此书一出风行世界各地，为中国学术界争得光荣。

新中国成立后，侯德榜与谢为杰、陈东合作发明"碳化法合成氨流程制碳酸氢铵"荣获国家科委创造发明奖证书。曾有一千多个中小型合成氨厂采用这种方法。这些厂合成氨的年产量占全国合成氨总产量的一半以上。为我国小氮肥"遍地开花"做出贡献。侯德榜常以"勤能补拙"勉励青年。他认为外国人能做到的中国人也能做到。他以自己的模范行动为我们国家和民族争得了光荣。

庄长恭，我国有机化学的先驱，生于福建泉州，1921 年毕业于美国芝加哥大学，1924 年获得博士学位，回国后任东北大学教授，化学系主任。1931 年"九一八"东北沦陷，再度出国去德国哥廷根大学及慕尼黑大学，研究有机化学。归国后任当时中央大学理学院院长，中央研究院化学研究所所长。抗战初期留上海药物研究所研究，珍珠港事件后去昆明，抗战结束后赴美考察。1948 年任台湾大学校长，新中国成立前夕回到祖国大陆，新中国成立后任中国科学院有机化学研究所所长，1955 年被选为中国科学院学部委员，并被任命为中国科学院数理化部副主任。1962 年逝世于上海。

庄长恭教授四十年一直从事科学研究和高等教育工作。对有机合成，特别是有关甾体化合物的合成，以及天然产物结构的研究，如麦角甾醇结构的研究，做出了卓越的贡献，有力地推动了多环化合物化学的发展。除此之外，他还致力于生物碱结构的研究，从中药中分离出了两种生物碱并测定其结构。在国际有机化学界享有很高声誉。庄长恭治学严谨，观察敏锐，他从麦角甾烷的氧化物中发现有极微量的难溶的钠盐悬浮于乙醚和水层之间。酸化后，得到推断麦角醇结构的关键物质——去甲异胆酸。研究结果发表后，同实验室的人说他运气好。庄长恭说："科学研究不是靠运气，不仅要有严谨的态度和敏锐的观察力，而且要有坚强的毅力。"

庄长恭很重视基础课学习，他常鼓励学生把最基本的大学课本弄清楚，再去研究更专门的著作，根深才能叶茂，好高骛远不行。他告诉学生："不要只满足于琴声出自何处，还得思考琴弦何以能发出声音来。"美国一家大药厂以高额年薪重聘不去。德国拜尔药厂买他的专利，他说："成果不是属于私人的"。新中国成立前夕，毅然离台，不当台大校长回大陆。郭沫若（科学院长）称他为我国化学家的一面旗帜。

曾昭抡，湘南湘乡人。历任中国化学会会长（1937～1939 年，1942 年）、理事长（1949～1951 年）和中国化学会会志总编辑（1933～1952 年）。曾任北京大学化学系主任，教务长。新中国成立后曾任中国科学院化学研究所所长，教育部高教部司长、高教部副部长，为我国化学科学和化学教育的发展以及我国的教育事业，做出重大的贡献。

曾昭抡 16 岁考入清华留美预备学校。21 岁时留学美国麻省理工学院攻读化工，成绩优异，在三年内读完四年课程。后转读化学，1926 年获博士学位，论文题目《有选择的衍生物在醇类、酚类、胺类及硫醇鉴定中的作用》。1926 年回国在南京中央大学任教授、化工系主任。1931 年在北京大学任教授兼化学系主任。曾昭抡是我国化学界最早提倡高校应搞科研的人。曾昭抡做了大量的科学研究，特别是他和胡美合成的对亚硝基酚已载入有机化学词典。他所改良的马利肯（Mulliken）熔点测定仪曾为我国各大学普遍采用。曾昭抡同孙承谔曾提出了一个计算化合物沸点的公式，想求某一化合物的沸点只需将各原子半径代入即可算出。曾昭抡曾测得四氯乙烯的偶极矩为零，证明此物为对称结构；还测得乙二酸的偶极矩为 4.04 德拜，推断此酸应有桶形结构。

曾昭抡是中国化学会的发起人之一，历任会长、理事长，任《中国化学会会志》总编辑达 20 年之久。解放后曾任政府高级行政职务，工作深入实际，跑遍了大半个中国。工作之余他参加审定大化学名词有一万五千多个。1957 年主持起草了《科学纲领》被错划为右派。1958 年到武汉大学任教，能上能下，能官能民，是一位既善于努力做好行政领导工作，又能专心做好业务工作难得的教授之一，为发展我国元素有机化学做出了贡献。曾昭抡注意培养人才，有以下特点：打基础抓外文、通过科研和教学实践、通过著书立说、发现人才重点培养。

黄子卿，中国物理化学家、化学教育家。1900 年出生于广东梅县。几度赴美国留学深造，1935 年获美国麻省理工学院博士学位。早在 20 世纪 30 年代便致力于热力学研究，对水的三相点的测量做出当时最精确的测定，即 0.00981℃，为热力学研究提供了主要标准数据。其后美国国家标准局组织人力重新验证黄子卿数据，完全一致。从此黄子卿的三相点被公认为国际上通用的标准数据。黄子卿从此被选入美国的世界名人录。1954 年，在巴黎召开的国际温标会议再次肯定黄子卿的测定数据。并以此为标准，确定热力学温度为 273.15K。黄子卿是一位爱国的科学家，1949 年新中国成立，有人劝他不要从美国回来。他说"我是中国人，我要为中国的科学事业努力。"黄子卿在五十多年的教学里，为祖国培养了大批化学人才。

傅鹰，我国著名的胶体化学家，化学教育家，祖籍福建闽侯县，1902 年出生于北京。他早年留学美国攻读化学，1928 年毕业于密执安大学研究院，获得博士学位。他抱着"我是中国人，学习科学应为祖国服务"的愿望，于 1929 年回国，历任北京协和医学院、重大、厦大教授。1944 年末拒绝国民党让他出任厦大校长职务出访美国。新中国成立后，于 1950 年回国，历任北大、清华、石油学院教授，北大副校长等职。傅鹰讲课幽默风趣，别具一格，富有启发性。傅鹰名言："化学给人以知识，而化学史给人以智慧。"他对学生说："是给你一捆干柴呢？还是给你一把斧子！"值得注意的是，傅鹰在 20 世纪 50 年代写的具有我国特色的《无机化学》，较之 70 年代从西方引进的《普通化学》或《无机化学》教材毫不逊色。

赵承嘏，江苏江阴人，清末秀才。1910 年去英国曼彻斯特大学学习，是著名染料合成大师帕金的学生。他是我国应用科学方法进行草药研究的创始人之一。他对植物化学特别是对生物碱的分离结晶有独到的专长。曾系统研究了麻黄、雷公藤、细辛、三七、贝母、常山、防己、钩吻、延胡索等 30 多种草药的化学成分，发现许多新的生物碱。赵承嘏一生勤恳，八十高龄时，仍每天坚持工作五六个小时，坚持亲手做实验，不肯假他人手。他常说："我没有什么爱好，总觉得一不到实验室就好像少了什么似的……"。

黄鸣龙，江苏扬州人，1919 年赴欧留学，先后在瑞士苏黎世大学、德国柏林大学攻读化学获得博士学位。曾研究草药有效成分以及化学结构。1945 年去美国哈佛大学任博士级研究员，从事甾族化学研究，并研究 Kishner-Wolff 还原改良法，后又到工厂从事副肾皮质激素人工合成研究。黄鸣龙回国后一直从事甾族化合物合成的研究，他所发明的"黄鸣龙还原法"是 Kishner-Wolff 还原法的改良，对有机化合物的合成和结构的测定，做出了卓越贡献。此法已为国际广泛应用，并写入各国有机教科书，普遍称之为黄鸣龙还原法。黄鸣龙曾在有机化学研究所任一级研究员，中国科学院学部委员，《四面体》杂志名誉编辑。黄鸣龙治学有术，育人有方，非常关心青年科技人员基本实验技术、外文的学习以及研究态度的训练。

王琎，我国分析化学和中国化学史研究的先驱者之一。他以分析实验为依据，并与历史考证相结合，开我国用新法治化学史的先河。他以五铢钱化学成分的研究，正确区别了汉、魏、晋（南北朝）和隋五铢。用分析结果澄清并得出结论，我国用锌开始于明

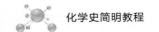

朝的嘉靖年间。

张子高，我国著名的化学家、教育家，湖北枝江县人，曾考中秀才，清末第一届官费留美学生。1909 年入美国麻省理工学院学习化学，为著名化学家诺伊斯（A. A. Noyes）的学生。为建立硫化氢定性分析系统做出了贡献。张子高同王琎、任鸿隽共同发起组织中国科学社，对传播世界先进科学成果做出了贡献。张子高曾任清华大学化工系主任，清华大学副校长。著有《中国化学史稿》（古代部分）一书（1964 年），总结了中国古代化学的发展。在九十高龄撰写了《中国化学史稿》的近代部分。张子高一生简朴，把他的全部精力贡献给祖国的教育事业。

丁绪贤，化学教育家、化学史家，安徽阜阳人，清末秀才，1904 年入江南高等学校。1908 年 24 岁的丁绪贤以安徽学生第一名留学英国。1909 年入伦敦大学化学系，师从英国著名化学家拉姆塞。1916 年回国，1917 年发起成立"理化学会"，创办我国早期的化学科学期刊之一的《理化杂志》。第一次世界大战期间，应蔡元培先生聘任北大化学系主任。丁绪贤是主张把科学史列为高校教学内容的教育家之一。他的《*化学史通考*》开我国世界化学史的先河。学生在他七旬寿辰时送他绣有《光荣的人民教师》的锦旗。

杨石先，有机化学家、教育家，生于浙江杭州，1918 年毕业于清华学校（清华大学前身）高等科，1931 年获美国耶鲁大学博士学位，回国后在南开大学任理学院院长。解放后历任一至五届全国人大代表，中国科学院学部委员，国家科委化学专业组组长，南开大学校长，元素有机化学研究所所长，中国科协副主席，中国化学会理事长和中国农药学会主任委员。为我国科学规划与农业规划的制定及化学科学的发展、人才的培养做了大量的工作。杨石先擅长有机磷农药的研究。在元素有机化学理论方面也取得可喜进展。杨石先注意实验，注意培养理论同实际结合的学风，关心青年的成长。

朱子清，我国著名植物碱化学家，安徽桐城人，曾为兰州大学一级教授，兰州大学有机化学研究所所长兼天然有机物研究室主任。朱子清于 1926 年毕业于东南大学，1929 年赴美伊利诺伊大学研究院学习，1933 年获得博士学位。1937 年赴德国慕尼黑大学继续研究有机化学。回国后历任教授、研究员、化学系主任。1955 年起为兰州大学化学系教授。在这一期间发表论文 20 余篇。其中关于贝母植物碱的论文有 10 多篇，有关论文曾在 1957～1961 年美国化学摘要（C. A）、德国科学院专刊上摘要刊载。国际上对他的研究工作有很高的评价。1957 年被聘为国际有机化学杂志《四面体》荣誉编辑。

袁翰青，江苏南通人，1929 年毕业于清华大学化学系。1931 年于美国伊利诺伊大学化学系学习获博士学位，曾任中央大学和北京大学教授，专长有机化学和化学史。新中国成立前是北京著名的"民主教授"之一，新中国成立后曾先后从事科学普及和科学情报的组织领导工作，继续研究化学史问题，曾任化学会秘书长，中国科学院学部委员，历任中国人民政治协商会议第一至六届全国委员会委员，中国科技情报所研究员兼顾问。他晚年半身不遂，仍坚持化学史研究和科学情报研究工作，关心化学学科的发展。他的关于立体化学的论文，特别是关于变旋作用的发现，受到化学界的重视。

戴安邦，1901 年生于江苏丹徒县，1924 年金陵大学毕业，1931 年获美国哥伦比亚大学博士学位，曾任南京大学教授、化学系主任、配位化学研究所所长、《化学通报》编委、中国科学院学部委员。他热心化学教育事业，曾著《无机化学》一书在我国颇有影响。戴安邦是中国化学会的发起人之一，也是《化学》杂志的创办人。

　　高济宇，1923 年去美留学，1931 年获博士学位，在当时的中央大学执教，院系调整后在南京大学任教，在 1981 年的化学学部委员中有 7 名是他的学生，为教育事业贡献出毕生的精力。

　　孙承谔，1911 年生于山东济宁，1933 年在美国威斯康辛大学获博士学位，1939 年在普林斯顿大学当研究助教，同当时美国著名化学家艾琳（H. Eying）合作写了关于三体碰撞反应的论文（$3H \longrightarrow H_2 + H$）。在 1976 年举行的美国化学会百年纪念时发表的《物理化学一百年》一文中曾列为百年成就之一，称之为"历史上第一个相当准确的计算并由现代精确实验证实"。

　　蒋明谦，20 世纪 70 年代初，他在世界上第一次找到"同系线性规律"。他在国内外浩如烟海的有机化合物光谱中，发现了同系化合物的分子结构与性能之间存在着定量关系，从而概括出一个简明的公式。应用这个公式，就能推算出化合物的 20 多种物理化学性能，其中包括 600 个以上的同系列，700 多种取代基，几千个化合物规律性属于优良级者达 90%，这是在物质结构与性能关系上的一项突破。

　　王应睐，化学家、生物学家，福建金门县人，毕业于金陵大学，后留学于英国剑桥大学，获得博士学位。新中国成立前，曾任当时的中央大学教授、中央研究院研究员。新中国成立后，任中国科学院生物化学研究所所长，上海分院院长等职，是中国科学院学部委员。王应睐的研究领域涉及到营养、血红蛋白、酶学以及蛋白质与氨基酸的代谢方面。在维生素的研究中对维生素 B 族和 C 做出多种测定方法的设计和改进，较有独创性。在血红蛋白的研究方面，他与英国的 Keilin 教授一起，在世界上第一个发现豆科植物根瘤中存在血红蛋白。对马蝇幼虫的血红蛋白的研究在世界上也具有独创性。1949 年后，王应睐对琥珀脱氢酶的分离纯化，辅基的鉴定以及辅基与酶朊连接方式进行了系统研究，取得了重要成果，解决了多年未澄清的酶的性质问题。王应睐在人工合成牛胰岛素的研究中，曾担任了生化所、有机所和北京大学三个单位的协作组长。

　　卢嘉锡，曾任中国科学院福建物质研究所研究员、所长、中国科学院院长、中国化学会理事长。原籍台湾省台南市。1915 年出生于厦门，1934 年于厦门大学化学系毕业。1939 年获英国伦敦大学博士学位，专长结构化学，提出原子簇结构的固氮酶活性中心模型。

　　唐敖庆，曾任吉林大学教授、校长兼理论化学研究所所长，中国化学会副理事长。江苏宜兴人，1915 年生，西南联合大学（北京大学）化学系毕业。1949 年获美国哥伦比亚大学博士学位，专长物理化学特别是量子化学。多年从事量子化学、高分子物理化学和分子轨道、配位场理论的研究和教学工作，是我国理论化学的开拓者和奠基人。

　　严东生，曾任中国科学院副院长，中国科学院上海硅酸盐研究所研究员、所长。1918 年生，杭州市人，1939 年燕京大学化学系毕业，1949 年于美国伊利诺伊大学获博士学位，长期从事无机高温材料与复合材料的研究。

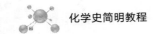

6.5　中国化学落后原因的探讨

在讲授中国化学史的时候，经常遇到一个难答的问题，我国近代化学为什么落后？我国古代化学工艺有很高的成就，是瓷器、造纸、火药发明的故乡，曾经对世界文明有过很大的贡献。我国钢铁生产也曾走到世界前列，这些确实可以激发我们爱国主义热情和民族自豪感。然而近代化学为什么不出自中国？也就是说近代中国科学技术落后的原因何在？因为这不单是化学一门科学。多少年来，人们一直对这个问题进行探索。

中国科学社的创办人之一任鸿隽先生 1915 年在《科学》创刊号上发表《论中国无科学之原因》时说："秦汉以来，人心梏于时学，其察物也，取其当然而不知其所以然，其择术也，骛于空虚而引避实际"，"知识分子多钻研故纸，高谈理性，或者如王阳明之格物，独坐七月；颜习斋之讲学，专尚三物，即有所得，也和科学知识风马牛不相及"。"或搞些训诂，为古人做奴隶，书本外的知识，永远不会发现"。

美国著名中国问题专家费正清在《美国与中国》一书中论及中国近代科学不发达的问题时说："一旦穿上了长衫，他就抛弃体力劳作，……用双手工作的都不是读书人。……这种手与脑的分家与达·芬奇以后的早期欧洲科学先驱者们形成截然不同的对照"。"人力的充足供应，不利于采用节省劳动的机械方法"。"官吏的主宰地位……使任何革新计划——经济的、政治的、社会的、文化的——曾经在许多世纪之内发展了规模宏大的自给自足，平衡和稳定……连续性已成惰性，积重难返"。

以上的学者都从不同的方面触及到了问题的本质，即要解答："为什么传统的中国科学技术比西方进步，但现代科学却不出自中国"？这个问题的另一面就是"它又为什么必然在欧洲产生"？这是世界科学技术发展历史的重大课题，理应引起全世界学者们的共同关注。我们认为考虑这样的问题必须从社会经济、政治、文化、思想的整体进行综合考察才能得出结论。即近代中国科学技术长期落后的原因是中国封建制度的长期束缚所造成的；而近代科学之所以在欧洲产生，其根本原因是由于新兴资本主义社会制度首先在欧洲兴起的结果，法国资产阶级革命和化学革命同时在法国产生并非偶然！

正如马克思早已指出的那样："资本主义生产第一次在相当大的程度上为自然科学创造了进行研究、观察、实验的物质手段"，而且也只有在资本主义的生产方式下"才第一次产生了只有用科学方法才能解决的实际问题。只有现在，实验和观察……以及生产过程本身迫切需要——才第一次达到使科学的应用成为可能和必要的那样一种规模。""因此，随着资本主义生产的扩展，科学技术第一次被有意识地和广泛地加以发展、应用，并体现在生活中，其规模是以往的时代根本想象不到的。"马克思的这些话已经把近代科学只能产生在资本主义发达的欧洲这个问题讲得十分清楚。

在欧洲，古代化学所以能上升为科学的化学，其中一个最重要的原因是采用了天平等衡量器具和数学的推论，但是中国的一些搞化学的人，如炼丹家常缺乏数学的素养，虽然也能搞出一些经验数据，但绝不能发现物质的定组成和质量守恒那样的定律，当然也上升不到道尔顿那样强调要测定原子的相对质量那样的原子学说。一句话，中国没有欧洲那样的定量实验化学基础。然而欧洲的实验化学基础从何而来？一言以蔽之：来自欧洲资本主义生产发展的需要，特别是采矿、冶金、纺织生产发展的需要。在中国没有那样的社会生产条件，所以不能产生近代化学。

然而先进在一定条件下可以变成落后，落后在一定条件下又可以转变成先进。我们深刻相信社会主义的中国的科学技术一定可以赶上和超过资本主义，正像当初资本主义国家曾把封建的中国抛在后面一样。改革开放的实践充分证明了这一点。

第7章

现代化学的发展趋势

现代化学始于 20 世纪。19 世纪、20 世纪之交的物理学革命，像一场巨大的风暴影响了自然科学和技术的各个领域，冲击着原子不可再分的观念，打开了原子和原子核内部结构的大门，把整个自然科学推进到更深一级的微观物质层次的研究。化学正是在这场科学革命的洪流当中，由于 X 射线、放射性和电子等三大新发现以及 20 世纪初原子结构的确证而进入现代化学的发展时期。

现代化学发展的 100 多年的历史，在理论、方法、实验技术和应用等方面较近代化学已发生了深刻的变化，出现了区别以往各个时期的显著特点。考察研究现代化学的特点，对于探讨现代化学的本质和规律，把握化学发展的趋势，具有重要的理论价值和现实意义。

7.1 现代化学发展的特点

化学从 19 世纪末到现在的发展，大体上经历了三个阶段：第一个阶段是从 19 世纪末到 20 世纪 20 年代，科学家们提出了一些重要的先行理论；第二个阶段是从 20 世纪 20 年代到 50 年代，人们奠定和完善了许多基础理论；第三个阶段是 20 世纪 50 年代后化学越来越向微观深入和横向综合的方向发展，并逐步实现了精确化和定量化。综观现代化学的发展，主要有以下六个特点。

（1）实验水平空前提高

化学实验是化学科学建立和发展的直接基础。化学实验水平的提高，主要取决于实验技术的不断进步。化学实验技术主要包括实验设备、实验方法和实验技巧三个方面。化学发展到现代阶段，由于现代科学技术的进步，不仅传统的化学实验技术得到了进一步的改善，而且还出现了实验设备的仪器化和计算机化。特别突出的是大量的多种功能的、高精密度的新式实验仪器进入实验室。如光谱仪、各种类型的分光光度计、X射线衍射仪、各种类型的电子显微镜、穆斯堡尔谱、四圆衍射仪、X射线光电子能谱仪、中子衍射仪、皮秒激光光谱、红外光谱、核磁共振、顺磁共振、质谱仪以及气相色谱-质谱联用、液相色谱-质谱联用等多种联用仪器。这些新型仪器标志着20世纪科学技术和化学实验技术的综合水平，体现了精确、灵敏、快速的特点。化学实验设备的仪器化使化学实验能够更精确地进行定量测定，已达到了微（10^{-6}）、纳（10^{-9}）、甚至皮（10^{-12}）数量级，促使化学科学更加精密化。

随着计算机科学和技术的迅速发展，近几十年来，计算机在化学中正逐步变成化学仪器的重要部件，出现了各种仪器的联机使用和自动化，不仅用于电分析化学、谱学、微观反应动力学、平衡常数的测定、分析方法的理论研究和分析仪器的控制、数据的存储与处理以及文献检索等，还能使经典（湿法）化学操作达到自动控制。另外还出现了计算机辅助的化学结构自动解析和计算机辅助有机合成反应路线最优设计等。

化学实验设备的仪器化和计算机化，也促使实验方法和实验技巧相应地发展，实现了方法的现代化，表现在分析方法的微型与芯片化、仿生化、在线化、实时化、原位化、智能与信息化、高灵敏度化、高选择化、单原子和单分子化；合成方法的芯片化、组合化、模板化、定向化、设计化、基因工程化、自组装化、手性化、原子经济化和绿色化。从而使实验水平空前提高，不仅迅速地改变化学的描述性、经验性和半经验性的状况，而且能使化学较快地赶上新技术革命步伐，并在其中发挥应有的推动作用。

（2）微观领域研究深入开展，已形成多层次的研究体系

19世纪末，物理学上的三大微观发现以后，许多物理学家和化学家开始致力于微观领域的研究，成果接连出现，从而建立起量子化学、核化学等新学科。化学键的价键理论、分子轨道理论和配位场理论是现代化学键理论的三个基本理论，它表明现代化学已经从原子结构、分子结构及其结构与性能关系的研究上，建立起了以现代化学键理论为基础的微观结构理论体系。

核化学是在放射性物质发现后诞生和发展起来的，是化学向微观层次深入的新的一页。

20世纪60年代以来，量子化学借助电子计算机技术的进步，又有了很大的发展。为了更好地处理量子化学中的多体问题，建立了许多新的方法，促进了量子化学的应用，也促进了分子结构、化学动力学、药物分子和生物大分子的结构和功能研究的迅速发展。同时，量子化学的计算结果可以阐明和补充某些实验结果，为分子设计指明方向。

结构化学借助于现代化仪器已对多种蛋白质的晶体结构进行了较深入可靠的测定。20世纪70年代又发展出精密结晶学，可以精密地测定分子中电子云分布和化学的成键状况。

20世纪60年代，分子轨道对称守恒原理提出，使分子轨道理论从分子静态的研究发展到化学反应体系的动态研究，预言和解释化学反应的历程。由于激光技术和分子束

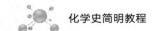

技术的兴起，微观反应动力学的研究已深入到态-态反应的层次。对反应物的选态激发可获得基本的态-态动态学信息。

随着科学技术的发展，现代化学已从注重研究原子和分子的反应和变化规律发展为整体化多层次，形成了许多新的研究层次，如分子片、超分子、多分子聚集态等。从而形成了原子层次的化学、分子片层次的化学、分子层次的化学、超分子层次的化学、宏观聚集态化学、介观聚集态化学、复杂体系的化学等多层次化学研究体系。

化学在微观领域的广泛研究和多层次的研究，成为区别于 19 世纪化学的显著特点之一。目前，这一领域的研究正在向新的阶段发展。

（3）数学化程度大大加强

19 世纪的化学以宏观性质研究为特征而建立的理论体系，基本上是以定性描述为主的理论体系。19 世纪后期的化学只用到一次方程。20 世纪以来，量子力学与化学结合产生了量子化学，数学在化学中的应用逐渐增多，特别是近几十年的发展，不但积分、微分方程必不可少，并且数学物理方法、线性代数、矩阵、向量、张量、统计学、概率论、群论、图论、拓扑学等也都有了广泛的应用。现在对于许多结构信息和物理化学性能的各种参量都可以进行数学处理和计算。由于计算机技术的发展，化学与数学结合得更加紧密，致使计算机已被应用到分析化学、物理化学、有机化学、量子化学，大分子化学等领域中，出现了许多新的发展方向和新的研究领域。特别是在量子化学中，计算机的应用促进了量子化学理论和方法的新发展，大大提高了用量子化学处理化学问题的能力，使量子化学的应用蓬勃发展起来。由于远离平衡态理论的出现，数学中的新分支——分歧理论，在化学中也得到了应用。运用数学、统计学、计算机科学以及其他相关学科的理论与方法形成了化学计量学。总之，化学的数学化程度大大加强，成为现代化学的一个突出特点。

（4）学科分化与融合日益增多

在 19 世纪，化学已形成了包括无机化学、分析化学、有机化学和物理化学四个分支在内的学科。但是，四个分支学科之间的联系却很少，几乎是各自独立地发展着。化学与其他学科的关系，除了物理化学一门边缘学科外，基本上没有其他的学科。

现代化学的发展十分迅速，分支学科越来越多，一方面是化学研究领域的不断深化和专业化，从而导致学科高度分化的结果。如无机化学就已经衍生出氢化物化学、硼化物化学、氟化学、稀有元素化学、稀土元素化学、超铀元素化学、同位素化学、无机合成化学等三级学科。另一方面，化学各分支学科之间、化学与其他学科之间相互交叉、渗透，结合成许多边缘学科，如生物化学、仿生化学、细胞化学、计算化学、量子化学、量子生物化学、神经生物化学、组织化学、分子遗传学、化学胚胎学、宇宙化学、环境化学、海洋化学、地球化学、药物化学、食品化学等。特别是现代化学还产生了一批综合性更强的学科，如曾从属于有机化学分支的高分子化学，已完全突破了其三级学科的界限，成长为横跨化学、物理学、生物学、医药学、材料科学等诸多一级学科的高分子科学。

现代化学之所以有如此强大的渗透力，能与许多学科结合而形成边缘学科，这完全在于化学的本性，是由它的研究对象的本质特征决定的，也恰好反映出现代科学的整体化发展的趋势以及化学在整个自然科学体系中所占有的重要地位。

（5）化学应用领域异常活跃

现代化学科学已经发展成为社会的一个重要部门。化工生产已成为社会物质生产的一个产业部门，在国民经济发展中占有极其重要的地位。化学科学的一个最大特点就在于它的实用性，从根本来说就是为了能够满足人类生产、生活的需要，即使是化学科学中的理论研究也都具有这一潜在的目的。

化学的应用性使得它同国民经济和人类生活各个方面有着极其密切的联系。从化学本身来看，每一种化学产品和每一项化工技术，如化肥、农药、染料的制造、煤的气化、液化、石油的裂解等，都是根据当时的社会需要产生和发展起来的。这些产品和技术在社会中的应用，人们又会发现它们的不足，这就又要求人们再研究和寻找性能更好的新产品和更先进的技术，以最大限度地满足人类的需要和最低限度的污染。当代化学的应用领域是一个异常活跃、十分重要又极其广阔的领域。如能源化学、材料化学、计算化学、资源化学、环境化学、仿生化学、生命化学、食品化学、地球化学、海洋化学、天体化学、星际化学等。这些领域蓬勃发展、前景诱人，已成为化学研究的前沿领域。

（6）大化学特征凸显

在化学的各个专门领域的深化与细分化发展的另一方面，化学内各专业领域间的共同研究，以及物理学和化学、化学和生物学、化学和医学等不同领域间的交叉领域和跨学科的研究变得很旺盛。这样的变化也给研究的方向、方法、方式等方面带来了很大变化。在近代化学中，化学的研究是依靠个人的创意和努力的小规模研究，化学家的个人作用比较突出。大多数化学家只是出于个人的兴趣和爱好，去选择化学研究方向、化学研究领域和化学研究方式。单枪匹马、各自为政、瓶瓶罐罐是近代化学家的主要研究方式。现代化学，特别是 20 世纪后半叶以后这种研究状况被大大改变了。尽管化学家依然扮演着重要角色，但与近代化学家已有了很大的不同，因为依赖大型昂贵设备的研究增多，团队研究的增多。化学家不仅有自己个人选择的自由和权利，同时也必须满足社会的需要，包括研究方向、研究领域和研究方式。化学家群体增长迅速，化学作为一项社会事业的规模也加速扩张。化学的发展已越来越受到来自经济、政治、文化、教育等社会因素的制约，化学与社会的互动在广度和深度两个方面都得到加强。化学的社会化和社会化的化学成为现代化学的时代特征，这是大化学的时代。

现代化学发展的特点反映出现代化学的本质特征。化学已经超越出描述性的、定性的、静态的、宏观的、经验科学的范围，正向着微观的、定量的、动态的理论科学过渡。现代化学将是实验科学和理论科学的高度的辩证统一。这表明化学科学正在从"必然王国"向"自由王国"飞跃。现代化学的发展正在进入一个更新的阶段。

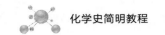

7.2　现代化学发展的动力

　　化学科学既是一门基础理论学科，又是一门重要的应用学科。现代化学发展的动力，从根本上来说来自两个方面：一是来自社会发展，二是来自化学科学本身。

　　从总体上讲，社会发展的需要不仅促成了化学科学的产生和形成，而且推动着现代化学不断发展。化学作为一门实用性很强的自然科学，自从诞生以来就同社会需要有着密切的联系。而现代化学仍然需要社会和时代的召唤。例如，全球性的粮食短缺和能源危机，促进了包括肥料、农药、植物激素及生长调节剂等领域的研究，推动了太阳能电池材料、生物质能源材料等领域的研究。铀元素早在 1841 年就被发现了，可是直到 20世纪 40 年代，在发现了铀核裂变现象并确定其有可能成为巨大能源时，才形成了以铀为主要对象的一个现代化学领域——核燃料化学。关于模拟酶催化剂的研究和合成也是一个突出的例子。酶是生物体内具有很好催化功能的蛋白质，其催化效率比非酶催化剂要高出 10 万倍以上，甚至高达 10 多万亿倍。但生物体内的酶易受外界因素的影响而失活，稳定性差。所以人们进行模拟酶催化的研究。现代化学已经能够模拟酶分子的结构和催化作用原理，并设计合成出酶型催化剂。虽然这种酶的催化效率比生物体内的酶差，但因模拟酶的结构简单，既易合成又较稳定，可以实现大规模应用。模拟酶催化既可以提高化工生产率，又可以节省能源，它在能源化学转化中，将会显示出巨大的作用。模拟酶催化的研究不仅促进了有机合成理论的发展，而且极大地促进了催化理论和化学键理论的发展，对整个化学工业的开发也具有指导意义。

　　20 世纪以来，现代化学还有一些其他重要领域，如石油化学、能源化学、高分子化学、生物无机化学、环境化学、食品和营养化学等，都是由于社会经济、生产、人类生存和生活的需要推动而形成和发展起来的。

　　化学学科新领域的开拓也是推动现代化学发展的动力之一。在化学理论的发展过程中，有些学科曾经作为化学的带头学科推动了整个化学的发展，而这些学科恰恰是由于建立化学基础理论体系和开拓新领域的需要而形成和发展起来的。例如量子化学、化学统计力学、结构化学、核化学、基本粒子化学、生物化学等学科。能够看到，现代化学所开拓出的化学新领域往往都是边缘学科，因而可以说新的边缘学科的兴起推动了现代化学的发展。

　　从化学自身的发展来看，推动化学发展的内部动力是化学系统内部的矛盾运动。现代化学的发展也不例外，化学系统内部的矛盾运动主要有三个层次：第一个层次是实验事实与化学理论之间的矛盾运动；第二个层次是化学理论之间的矛盾运动；第三个层次是化学认识主体的美学追求同化学理论体系自身逻辑基础的完备性和表达形式的完美程度之间的矛盾运动。

　　化学理论与化学实验的矛盾运动从两个方面展开：一个方面是化学实验为理论的提出、修改、突破、重新建构提供实验依据；另一方面表现为理论对实验的能动指导。化学理论体系越是趋于成熟，自我改进的机制越是完善，对实验的指导作用就越强。化实验和化学理论互动,从内部推动化学发展。

在化学发展史上,常常出现学说林立、理论纷争的局面。不同的理论、学说间的争论,使化学系统内部不断地发生着思想的对流和观点的碰撞,这些对流和碰撞启迪出批判的灵感,激发出创造的火花,一方面推动着理论的自我改进和更新,另一方面也丰富着实验研究的内容和形式。

化学理论体系一方面由于外部经验事实的证实或证伪而得到推动,另一方面,也要受到理论自身的逻辑自洽和表达形式的美学特征的制约和影响。化学所研究的自然界本身所固有的秩序、和谐、对称等特性,要求化学认识主体通过化学所特有的美学形式将其表达出来。同任何科学理论一样,化学家在其理论建构的活动中,把对简单、明晰、统一、和谐、守恒、对称的追求视为化学理论研究的最深层动力。例如道尔顿、门捷列夫、狄拉克、普里高津等都是如此。

需要指出的是,化学发展动力的两个方面并不是互不相关的独立因素,而是作为同一动力系统的两个方面,相互协调和耦合,才会构成化学发展的基本动因。

7.3　现代化学的前沿领域

化学科学经过 300 多年的历程,如今已建立起庞大的现代知识体系,开拓出广阔的前沿领域。全面认识、探讨和了解这个领域的综合发展趋势,对于化学科学未来的运筹和发展具有重要意义。

现代化学前沿,大体上可以分为基础化学前沿和应用化学前沿两个最基本的方面。同时现代化学前沿还明显地呈现出交叉综合发展的趋势。基础化学的前沿,在某种意义上可以说是传统四大化学学科(物理化学、有机化学、无机化学与分析化学)的推陈出新和变革开拓。其中以无机化学的复兴、物理化学的分支量子化学与结构化学的崛起、被誉为"新的"有机化学的自由基化学的诞生和化学反应动力学、催化科学的深化以及分析化学的现代化尤为引人注目。应用化学如今已经渗透到国民经济和人类生活的各个方面,并随着学科的交叉渗透综合和现代科学技术的飞速发展,形成了应用化学的前沿。如信息化学、激光化学、材料化学、环境化学、仿生化学、食品化学(包括颇有意思的味道化学)、计算化学、药物化学、地球化学及海洋化学等。这些学科不同程度地展现出十分诱人的前景。

量子化学是现代物理化学的一个重要领域,也是现代化学科学的理论基础。近几十年来,它的基础理论研究尽管取得了很大的成就,但仍不完善,面临着许多急需解决而又难以解决的问题。一方面需要对已有的量子化学基础理论做进一步的阐明与发展,另一方面紧密结合实验,并借助于计算机对大量新的经验材料加以概括,提炼出新概念、新思想和新方法。目前,密度矩阵理论、多级微扰理论以及运用格林函数方法的传播子理论,则是精确求解多粒子体系薛定谔方程的几条值得重视的途径。在量子化学应用方面,主要是在把量子化学的理论与化学实际中的一些重大应用课题相结合方面展现出广阔的发展前景。例如在合成具有指定性能的超导体、染料及其他色材、炸药、催化剂、药物等分子及新材料提供依据上，在光谱、波谱、能谱等各种谱图的解析以及其他精密测定实验的结果分析上，在对化学反应微观机理的研究及反应路线的预测上，在量子生物、量子药理、量子固体等化学边缘性学科的发展上等都呈现出极为活跃的态势。一个很有希望的突破口是对于金属原子簇及其配合物的研究。

目前，化学反应动力学的研究已进入微观层次，有着远大的前景。具体可以概括为以下几个发展方向：

① 量子化学的理论计算在探索微观反应动力学规律，获取化学键断裂与形成过程的直接信息方面，发挥越来越重要的作用。随着超大型计算机的发展，通过量子化学的理论计算可望获得精确结果，进而可以了解很多简单反应体系的性质。

② 多原子自由基化学性质的深入研究。这方面的研究包括多原子自由基的能量、光谱、反应性和光化学。

③ 利用激光技术来研究认识化学现象的本质和规律，进而能动地控制化学反应（包括生物化学反应）过程是一个崭新的领域，目前是许多化学家及有关科学家争先占领并给予重点关注的研究领域。尤其是真空紫外激光对化学反应的催化、诱发乃至定向控制的作用已获实验证明，前景十分诱人。人们正努力试图利用激光，有选择地设计化学反应，根据人们的意愿分解或合成所需要的化学物质，实现"分子裁剪"的设想。这就是人们所说的"化学的激光革命"。随着这场革命的到来，化学反应动力学领域将获得飞速发展，并有可能使整个化学领域发生巨大的变革或出现重大的突破。

化学合成和催化科学是近年化学前沿领域研究的重要方向之一。当代的化学合成正在向"分子设计"这个战略目标发展。所谓分子设计，即是按预定性能要求设计新型分子，并按科学理论计算得出合成路线，运用各种手段与技巧把它合成出来，如建造房屋、设计服装那样。分子设计可以从根本上改变化学中传统的"配方炒菜"式的落后方法，从而为材料科学等开辟众多新的方向（诸如高分子设计、药物设计、催化剂设计及合金设计等）。

实现化学合成重大突破的关键在于设计新反应途径和有效地控制化学反应过程。而催化作用又与此密切相关。目前，在下述几个方面的研究颇为引人关注：

① 对金属有机化合物的研究至今方兴未艾，1963～1979 年，这个领域有七个诺贝尔化学奖获得者。目前人们感兴趣的方向是：与能源开发、环境保护、新反应的探索及有关的小分子（如 CO、N_2、CO_2、O_2、H_2、SO_2 等）的催化活化研究；金属有机化合物应用在有机合成方面的研究，已扩展到 ⅢA、ⅣA、ⅤA、ⅥA 族元素和过渡元素等。

② 精心设计合成像沸石一样具有优良性质的新型固体，由此导致新型的半导体以及用于电池和具有记忆功能的固体离子材料、磁性材料的出现。

③ 近年来，人们对发展光助化学，选择光助反应途径方面的研究表现出极浓厚的兴趣。自从人类意识到矿物燃料的大量消耗和有限储量之间的矛盾之后，开发新能源就成为具有战略意义的研究课题。水的光催化作用对太阳能的储存和转化均有重要意义。目前，人们对光催化已经做了大量基础性研究和探索性工作，这无疑是对光-化学转换

的研究开创了令人兴奋的前景。若能实现阳光催化分解水制氢，人们就再也不必担心能源短缺和燃烧造成的污染了。尽管这些工作距离实用化还有一定差距，但是可以预言催化剂将会在研究光与物质作用的前沿做出新的贡献。

④ 目前，催化科学主攻目标是在分子水平上，加强对催化作用的基础理论研究，最终为催化剂的分子设计提供科学依据，不断开拓出新型、高效的催化体系。

生命过程的化学是生物化学向生命科学领域渗透而产生的边缘学科，又是目前化学发展中最活跃的领域之一。当前，生命化学研究的前沿领域很多。在基本完成人类基因组草图绘制后，蛋白质在生命起源中的地位、生命起源中的破缺等进化分子生物学问题以及基因产物功能、第三遗传密码、DNA 的单分子力学等化学生物学问题是亟待解决的基本化学问题。

宇宙化学和星际化学是两个以宇宙为研究背景的化学前沿领域。宇宙化学主要探讨元素的起源、形成以及它们在宇宙中的性质和行为。星际化学是个只有几十年历史的新兴化学边缘学科。它所依据的事实是在巨大的星际空间——天然反应室里所发生的化学反应。研究这些反应，可以弄清至今所揭示的化学定律能否推广到银河系以至整个宇宙空间。可见，星际化学的诞生必将促进化学同天文学的结合和发展，并为探索宇宙的演化、生命的起源以及外星文明开拓新的途径，并必将促进化学各个领域的发展。

综上所述，现代化学在理论研究和实际应用方面都处在急剧变革与迅猛发展之中，这种变革和发展十分鲜明地反映在化学前沿的各个领域。现代化学前沿所取得的每一个重大成果将不同程度地影响着人们的思维方式和生活方式，因而研究现代化学前沿的发展具有重要的哲学意义。

化学同其他自然科学一样，也是推进社会经济发展的重要因素。化学科学在这其中的特点是能够使物质变贱为贵，甚至变废为宝，创造巨大的经济价值，强有力地推进国民经济的发展。例如 19 世纪的德国，依靠煤的化学加工技术，从当时"一文不值"的"废物"煤焦油中制出了染料、香料和药物等几十种贵重产品，使德国很快摆脱了贫穷境地，一跃成为欧洲科学技术的中心和经济强国。又如在第二次世界大战以后，经济遭到战争严重破坏和资源极其短缺的日本，他们能够在短期内得以恢复，并发展成为世界经济大国，在很大程度上也是依赖于化学加工廉价而丰富的煤、水、空气和石油等原料，制得了价格高昂的合成纤维等化工产品，获得了巨额经济效益才实现的。日本政府始终对化学工业给以倾斜政策，对其发展首先提供保护和援助，因此使日本的化学工业在 1955~1965 年间，在国民经济中的比重增加了 19.7%，达到了 63.7%，超过了美、德、英、法等发达国家的发展速度，成了日本经济腾飞的最重要的推动力。据统计，日本在 1955~1966 年间，不同行业进步对整个国民经济发展的贡献度，以化学工业为最高，达到了 72.3%。苏联也是如此，他们在建国初期，就开始以"农业化学化"和"国民经济化学化"为杠杆，摆脱了贫困，跨进了世界经济大国的行列。由此可见，化学在国民经济发展中的作用是至关重要的。正因为如此，在一些科学技术先进的国家，正在考虑抓住化学的关键性问题进行研究，以推动经济、生产和化学的全面发展，并保持其领先地位。

目前，化学反应性能、化学催化剂及生命过程的化学被认为是化学领域的关键问题。许多新化学材料的研制及加工方法的成功与否，都依赖于对化学反应性能的详细了解和控制，它将成为进一步探索燃烧、腐蚀和电化学、聚合物、合成有机分子和新的固体材料等方面的重要途径。化学催化剂在研制扩大新能源、能量转换、国防技术、环境保护及食品等方面的需要中起着重要的作用。因而，在现代化学中，催化剂成为关键性的问题之一。另外，当前具有革命意义的一些生物问题，只有依靠化学才能够提供分子水平的说明，很多重要的问题要用化学的理论和方法说明和解决。总之，这三个关键问题既是基础理论问题又是直接与应用有关的重要问题，它们可以联系并带动现代化学前沿的发展，对化学未来的前景关系甚大。

当今时代，科学技术日新月异，是一个振奋人心的时代，催人奋进的时代，也是化学家和化学工作者大显身手的时代。回顾历史，化学在资源有效开发利用、环境保护与治理、人口健康和人类安全、高新材料开发和利用等方面做出了应有的贡献。同时，我们也要看到，由于媒介对化学品不恰当的宣传，严重误导了大众对化学科学的认识，使化学几乎成为了污染环境、危害人类生存的元凶。面对这种窘境，应该积极迎接挑战，发展新的合成和制备化学，为所有科学技术的发展提供必要的物质基础。而且，必须走出纯化学，进入大化学，不仅追求复杂分子结构细节和高超的合成技巧，更要注重化学理论的研究，走进环境科学、材料科学、能源科学、信息科学等大科学中，以独有的身份解决其中面临的亟待解决的化学问题。展望未来，现代化学作为自然科学中的一门重要基础学科，作为一种知识形态的生产力，将继续为人类提供宝贵的物质财富。21世纪必将成为化学科学又一个辉煌的百年！

参 考 文 献

[1] ［英］J. R. 柏廷顿. 化学简史［M］. 胡作玄，译. 北京：中国人民大学出版社，2010.

[2] ［美］H. M. 莱斯特. 化学的历史背景［M］. 吴忠，译. 北京：商务印书馆，1982.

[3] 张家治. 化学史教程［M］. 太原：山西教育出版社，2005.

[4] 林承志. 化学之路——新编化学发展简史［M］. 北京：科学出版社，2011.

[5] 林红，等. 化学发展史［M］. 北京：中国致公出版社，2002.

[6] 化学发展史编写组. 化学发展简史［M］. 北京：科学出版社，1980.

[7] 张明雯，等. 化学发展史［M］. 哈尔滨：哈尔滨工业大学出版社，1994.

[8] ［英］亚. 沃尔夫. 十六、十七世纪科学技术和哲学史［M］. 周昌忠，等译. 北京：商务印书馆，1985.

[9] 郭保章. 化学史简编［M］. 北京：北京师范大学出版社，1984.

[10] 赵匡华. 化学通史［M］. 北京：高等教育出版社，1990.

[11] 袁翰青，应礼文. 化学重要史实［M］. 北京：人民教育出版社，1989.

[12] ［日］汤浅光朝. 科学文化史年表［M］. 张利华，译. 北京：科学普及出版社，1984.

[13] ［德］C. 肖莱马. 有机化学的产生和发展［M］. 潘吉星，译. 北京：科学出版社，1978.

[14] 周嘉华，倪莉. 世纪中兴：无机物与胶体［M］. 上海：上海科技教育出版社，2002.

[15] 邓从豪. 现代化学的前沿和问题［M］. 济南：山东大学出版社，1987.

[16] 汪朝阳，肖信. 化学史人文教程［M］. 北京：科学出版社，2012.

[17] ［美］L. 鲍林. 化学键的本质［M］. 卢嘉锡，等译. 上海：上海科技出版社，1966.

[18] J. D. 沃森. 双螺旋——发现 DNA 的故事［M］. 刘望夷，等译. 北京：科学出版社，1984.

[19] 《化学思想史》编写组. 化学思想史［M］. 长沙：湖南教育出版社，1985.

[20] 赵匡华. 107 种元素的发现［M］. 北京：北京出版社，1983.

[21] 凌永乐. 化学元素周期律的形成和发展［M］. 第 2 版. 北京：科学出版社，2001.

[22] 凌永乐. 化学概念和理论的发现［M］. 北京：科学出版社，2001.

[23] 凌永乐. 化学物质的发现［M］. 北京：科学出版社，2001.

[24] 阿布拉罕·派斯. 尼尔斯·玻尔［M］. 戈革，译. 北京：商务印书馆，2001.

[25] 约翰·罗兰. 欧内斯特·卢瑟福——杰出的原子核物理学家［M］. 姜炳炘，译. 北京：原子能出版社，1978.

[26] 艾芙·居里. 居里夫人传［M］. 左明彻，译. 北京：商务印书馆，1984.

[27] 张瑞琨. 近代自然科史概论［M］. 上海：华东师范大学出版社，1988.

[28] 周嘉华，倪莉. 化学中的火眼金睛：现代分析技术［M］. 上海：上海科技教育出版社，2001.

[29] 钮泽富，钮因尧. 碳氢一族面面观：现代有机化学［M］. 上海：上海科技教育出版社，2001.

[30] 郭保章. 20 世纪化学史［M］. 南昌：江西教育出版社，1998.

[31] 刘宗寅，吕志清. 化学发现的艺术［M］. 青岛：中国海洋大学出版社，2003.

[32] 张家治等. 化学教育史［M］. 南宁：广西教育出版社，1996.

[33] ［日］广田襄. 现代化学史［M］. 丁明玉，译. 北京：化学工业出版社，2018.

[34] 侯纯明. 化学史话［M］. 北京：中国石油出版社，2012.

[35] ［保］卡·马诺诺夫. 世界化学家的故事［M］. 丘琴，等译. 北京：科学普及出版社，1980.

[36] 唐敖庆，等. 化学哲学基础［M］. 北京：科学出版社，1986.

[37] 姚子鹏. 探究物质之本：20 世纪化学纵览［M］. 上海：上海科技教育出版社，2002.

[38] 章宗穰. 运动中的分子：热力学与反应动力学［M］. 上海：上海科技教育出版社，2001.

[39] 陈敏伯. 走向严密科学：量子与理论化学［M］. 上海：上海科技教育出版社，2001.